普通高等教育电气信息类规划教材

单片机原理与应用
第 2 版

杭和平　邵明刚　编著

机械工业出版社

本书从实际应用出发，以 AT89C51 为蓝本，以 C 语言为主要编程语言，讲解了单片机原理与应用。书中也兼顾讲解汇编语言，主要目的是帮助对单片机原理的理解。本书力图从以前单片机教材纠缠具体单片机原理的解析上解脱出来，着重讲解单片机各种功能的应用，以及如何用 C 程序实现要求的功能。本书适合作为普通高等学校的工学/电气信息类本科专业的教材，也可以作为相关专业工程技术人员的技术参考书。

图书在版编目(CIP)数据

单片机原理与应用/杭和平,邵明刚编著．—2 版．—北京:机械工业出版社,2017.12(2020.8 重印)

普通高等教育电气信息类规划教材

ISBN 978-7-111-59020-0

Ⅰ．①单… Ⅱ．①杭… ②邵… Ⅲ．①单片微型计算机 - 高等学校 - 教材 Ⅳ．①TP368.1

中国版本图书馆 CIP 数据核字(2018)第 013912 号

机械工业出版社(北京市百万庄大街 22 号　邮政编码 100037)
策划编辑：时　静　　责任编辑：时　静
责任校对：张艳霞　　责任印制：常天培
固安县铭成印刷有限公司印刷
2020 年 8 月第 2 版·第 2 次印刷
184mm×260mm·17 印张·409 千字
2501—3300 册
标准书号：ISBN 978-7-111-59020-0
定价：49.80 元

凡购本书，如有缺页、倒页、脱页，由本社发行部调换

电话服务　　　　　　　　　　　网络服务
服务咨询热线：(010)88379833　　机 工 官 网：www.cmpbook.com
　　　　　　　　　　　　　　　　机 工 官 博：weibo.com/cmp1952
读者购书热线：(010)88379649　　教育服务网：www.cmpedu.com
封面无防伪标均为盗版　　　　金　书　网：www.golden-book.com

前　言

本书力图从之前的单片机教材纠缠于具体单片机原理的解析上解脱出来，着重讲解单片机各种功能的应用。本书的重点既不是AT89C51硬件原理的细节，也不是软件语法编程技巧，而是如何使用AT89C51的功能；如何针对应用需要，用C程序实现要求的功能。本书也介绍汇编指令，但仅仅是为了帮助读者加深对硬件及单片机工作原理的了解，因此对汇编语言仅作少量介绍，第6章以后所有例子都以C语言为主。

本书不再介绍8255、8279等芯片的应用，避免纠结于对芯片应用的具体细节。对于程序存储器的扩展也一带而过。书中的所有程序举例均调试通过，应用实例也在硬件和软件上调试无误。

本书以AT89C51为基础，如果书中出现MCS-51的字样，则表明对所有MCS-51内核的单片机均适用，具体的示例中一般使用AT89C51或AT89S51。

本书的第1版自2008年发行以来，许多读者对书中的错误和内容给出了指正，结合近几年使用该书作为教材进行的教学实践，对全书的内容、书后的习题进行了重新梳理，修订了错误，增添了部分内容。

本书由杭和平、邵明刚共同在第1版的基础上修订和编写，杭和平负责了第1、2、3、4、9、10章；邵明刚负责第5、6、7、8章。

本书在编写过程中参考了大量单片机方面的教材和技术书籍，力求编写出一本实用性强、重点突出、容易学习的教材。由于编者水平所限、时间仓促，其中难免有错误之处，恳请读者提出有益建议。

编　者

目 录

前言
第1章 单片机的基础知识 1
1.1 单片机概述 1
1.1.1 单片机的结构与组成 1
1.1.2 单片机的分类和指标 3
1.1.3 MCS–51 单片机及其兼容产品 3
1.2 其他常用单片机系列 5
1.2.1 Microchip 的 PIC 系列单片机 5
1.2.2 TI 公司的超低功耗型 MSP430 系列单片机 5
1.2.3 Atmel 公司的 AVR 系列单片机 5
1.2.4 ADI 公司的 ADuC8XX 系列单片机 6
1.2.5 飞思卡尔公司的 HCS12X 系列单片机 6
1.2.6 ST 公司的 STM32FXXX 系列单片机 6
1.3 单片机的特点及应用领域 7
1.3.1 单片机的特点 7
1.3.2 单片机的应用领域 8
1.4 一个单片机的简单应用系统 9
1.4.1 单片机的 I/O 电平 9
1.4.2 单片机电路中晶体管的应用 10
1.4.3 单片机的一个简单应用系统 10
1.5 单片机的数制与编码 11
1.5.1 进位计数制 11
1.5.2 进位计数制的相互转换 12
1.5.3 二进制数和十六进制数的运算 14
1.5.4 数码和字符的代码表示 16
习题 1 19
第2章 AT89C51 单片机的结构 21
2.1 AT89C51 单片机的内部结构及引脚功能 21
2.1.1 AT89C51 单片机的内部结构 21
2.1.2 AT89C51 单片机的引脚功能 22
2.2 AT89C51 单片机的存储器配置 25

  2.2.1 AT89C51 存储器配置的特点 …………………………………… 25
  2.2.2 AT89C51 的程序存储器 …………………………………………… 26
  2.2.3 AT89C51 低 128 B 的片内数据存储器 ………………………… 27
  2.2.4 AT89C51 的特殊功能寄存器 …………………………………… 31
  2.2.5 AT89C51 的片外数据存储器 …………………………………… 34
  2.2.6 AT89C52 的存储器配置 ………………………………………… 34
 2.3 AT89C51 的时钟电路与 CPU 时序 …………………………………… 35
  2.3.1 AT89C51 的时钟电路 …………………………………………… 36
  2.3.2 单片机时序 ……………………………………………………… 36
 2.4 AT89C51 复位与复位电路 …………………………………………… 38
 2.5 AT89C51 单片机的最小系统 ………………………………………… 40
习题 2 ……………………………………………………………………………… 41

第 3 章 MCS-51 单片机的指令系统 ……………………………………… 42
 3.1 指令系统基本概念 …………………………………………………… 42
  3.1.1 指令系统概述 …………………………………………………… 42
  3.1.2 指令格式 ………………………………………………………… 42
  3.1.3 寻址方式 ………………………………………………………… 43
 3.2 指令系统 ……………………………………………………………… 46
  3.2.1 数据传送类指令 ………………………………………………… 46
  3.2.2 算术运算类指令 ………………………………………………… 50
  3.2.3 逻辑运算及位移指令 …………………………………………… 53
  3.2.4 位操作类指令 …………………………………………………… 55
  3.2.5 控制转移类指令 ………………………………………………… 57
习题 3 ……………………………………………………………………………… 59

第 4 章 单片机的 C51 编程语言 …………………………………………… 63
 4.1 C51 编程语言概述 …………………………………………………… 63
  4.1.1 C51 语言编程与汇编语言编程相比的优势 …………………… 63
  4.1.2 单片机 C51 与 PC 上的标准 ANSI C 编译器的主要区别 …… 64
  4.1.3 C51 的开发过程 ………………………………………………… 65
 4.2 C51 的标识符和关键字 ……………………………………………… 66
 4.3 C51 的变量与数据类型 ……………………………………………… 68
  4.3.1 常量与变量 ……………………………………………………… 68
  4.3.2 数据类型 ………………………………………………………… 70
  4.3.3 变量的存储器类型 ……………………………………………… 72
  4.3.4 存储器模式 ……………………………………………………… 74
  4.3.5 C51 语言中的特殊数据类型 …………………………………… 76
 4.4 C51 语言的数组、指针与结构 ……………………………………… 82
  4.4.1 数组与指针 ……………………………………………………… 82
  4.4.2 对绝对地址进行访问 …………………………………………… 85

4.5 C51 的运算符和表达式 …………………………………………………………… 87
4.6 C51 语言的程序结构 ……………………………………………………………… 90
　　4.6.1 顺序结构 …………………………………………………………………… 90
　　4.6.2 选择结构 …………………………………………………………………… 91
　　4.6.3 循环结构 …………………………………………………………………… 92
4.7 C51 语言的函数 …………………………………………………………………… 93
4.8 中断服务程序 ……………………………………………………………………… 96
4.9 C51 的预处理 ……………………………………………………………………… 97
　　4.9.1 宏定义 ……………………………………………………………………… 97
　　4.9.2 包含文件 …………………………………………………………………… 98
　　4.9.3 条件编译命令 ……………………………………………………………… 99
4.10 C51 的库函数 ……………………………………………………………………… 100
　　4.10.1 本征库函数 ………………………………………………………………… 100
　　4.10.2 常用库函数介绍 …………………………………………………………… 101
4.11 使用 C51 编译器时的注意事项 …………………………………………………… 101
习题 4 ……………………………………………………………………………………… 102

第5章　MCS–51 单片机的程序设计 …………………………………………………… 104
5.1 程序设计基本方法 ………………………………………………………………… 104
　　5.1.1 单片机程序设计语言 ……………………………………………………… 104
　　5.1.2 程序设计步骤 ……………………………………………………………… 105
　　5.1.3 程序流程图 ………………………………………………………………… 106
5.2 汇编语言程序设计的基本概念 …………………………………………………… 107
　　5.2.1 MCS–51 伪指令 …………………………………………………………… 107
　　5.2.2 汇编语言程序的格式 ……………………………………………………… 110
　　5.2.3 汇编语言程序的汇编 ……………………………………………………… 110
5.3 单片机汇编语言与 C51 语言的程序设计 ……………………………………… 113
　　5.3.1 16 位加减法程序 …………………………………………………………… 113
　　5.3.2 顺序程序 …………………………………………………………………… 114
　　5.3.3 分支程序 …………………………………………………………………… 116
　　5.3.4 循环程序 …………………………………………………………………… 118
　　5.3.5 查表程序 …………………………………………………………………… 121
　　5.3.6 散转程序 …………………………………………………………………… 122
　　5.3.7 子程序 ……………………………………………………………………… 123
习题 5 ……………………………………………………………………………………… 125

第6章　MCS–51 单片机的中断系统与定时/计数器 ………………………………… 127
6.1 中断系统 …………………………………………………………………………… 127
　　6.1.1 概述 ………………………………………………………………………… 127
　　6.1.2 AT89C51 中断系统 ………………………………………………………… 129
　　6.1.3 中断应用实例 ……………………………………………………………… 134

6.2 定时/计数器及应用 …………………………………………………………… 137
  6.2.1 定时/计数器 0、1 的结构及工作原理 ……………………………… 137
  6.2.2 定时/计数器 0、1 的四种工作方式 ………………………………… 140
  6.2.3 定时/计数器 0、1 的应用 …………………………………………… 142
  6.2.4 AT89C52 定时/计数器 2 的结构 …………………………………… 148
  6.2.5 AT89C52 定时/计数器 2 的工作方式 ……………………………… 149
习题 6 ……………………………………………………………………………… 150

第 7 章 MCS-51 单片机串行通信及其应用 ……………………………………… 152
7.1 串行通信概述 …………………………………………………………………… 152
  7.1.1 并行通信和串行通信 ………………………………………………… 152
  7.1.2 异步通信和同步通信 ………………………………………………… 153
  7.1.3 单片机串行通信传输方式 …………………………………………… 154
  7.1.4 串行数据通信的传输速率 …………………………………………… 154
7.2 MCS-51 串行口 ………………………………………………………………… 155
  7.2.1 MCS-51 串行口的结构 ……………………………………………… 155
  7.2.2 MCS-51 串行口控制寄存器 ………………………………………… 156
  7.2.3 MCS-51 串行口的工作方式及波特率计算 ………………………… 157
7.3 串行通信协议 …………………………………………………………………… 161
  7.3.1 RS-232 协议 ………………………………………………………… 161
  7.3.2 RS-485 协议 ………………………………………………………… 164
  7.3.3 串行通信的数据校验 ………………………………………………… 166
7.4 串行通信的应用 ………………………………………………………………… 167
习题 7 ……………………………………………………………………………… 170

第 8 章 MCS-51 单片机接口电路 ………………………………………………… 171
8.1 单片机接口电路概述 …………………………………………………………… 171
8.2 人机接口 ………………………………………………………………………… 171
  8.2.1 LED 接口 ……………………………………………………………… 172
  8.2.2 键盘接口 ……………………………………………………………… 178
  8.2.3 蜂鸣器接口 …………………………………………………………… 186
8.3 数字 I/O 接口 …………………………………………………………………… 187
  8.3.1 光电隔离接口 ………………………………………………………… 187
  8.3.2 功率输出（继电器）接口 …………………………………………… 188
8.4 串行接口 ………………………………………………………………………… 190
  8.4.1 单片机和 PC 通信 …………………………………………………… 190
  8.4.2 串行口通信应用及实例 ……………………………………………… 191
  8.4.3 I^2C 接口存储芯片的应用 …………………………………………… 194
  8.4.4 SPI 串行总线应用及实例 …………………………………………… 201
习题 8 ……………………………………………………………………………… 206

第9章 MCS-51单片机总线系统与I/O口扩展 ... 207
9.1 单片机扩展总线概述 ... 207
9.1.1 片外总线扩展结构 ... 207
9.1.2 三总线扩展的方法 ... 208
9.1.3 AT89CX系列单片机的片内存储容量 ... 209
9.2 MCS-51单片机I/O口扩展及编址技术 ... 209
9.2.1 单片机I/O口扩展 ... 209
9.2.2 AT89C51单片机总线扩展的编址技术 ... 212
9.3 MCS-51存储器扩展技术 ... 215
9.3.1 AT89C51单片机的数据存储器扩展 ... 215
9.3.2 AT89C51单片机的程序存储器扩展 ... 219
习题9 ... 221

第10章 AT89C51单片机应用实例 ... 223
10.1 单片机系统设计方法 ... 223
10.2 温度采集与显示系统的设计 ... 224
10.2.1 温度采集与显示系统原理 ... 224
10.2.2 一总线（1-Wire）数字温度传感器DS18B20 ... 225
10.2.3 AT89C51单片机与DS18B20的接口 ... 227
10.2.4 AT89C51单片机读取DS18B20温度值的编程 ... 228
10.2.5 显示驱动芯片MAX7219 ... 232
10.2.6 AT89C51单片机与MAX7219的接口与编程 ... 236
10.2.7 温度的采集处理与显示程序 ... 239
习题10 ... 245

附录 ... 246
附录A MCS-51指令简表 ... 246
附录B 温度测量与显示系统原理图 ... 250
附录C Keil C51简介 ... 251

第1章 单片机的基础知识

单片机又称单片微控制器（Microcontroller Unit，MCU）。单片机是一种数字芯片，但不是仅完成某一个确定逻辑功能的芯片，而是把一个计算机系统集成到一个芯片上，通过写入的程序实现不同的功能。其基本结构是将微型计算机的基本功能部件：中央处理器（CPU）、存储器、输入/输出接口（I/O）、定时器/计数器、中断系统等全部集成在一个半导体芯片上。

单片机是一种集成的数字元件，用半导体的开关状态（0或者1状态、或者高电平低电平）来传递和处理信息。对于8位单片机而言，用十六进制表达单字节数据更为简洁，因此，熟悉二进制与十六进制的算术运算、逻辑运算，以及相互转换是单片机学习的基本要求。

1.1 单片机概述

1.1.1 单片机的结构与组成

单片机的一般结构可用图1-1所示的方框图描述。CPU包括控制器和运算器；ROM和RAM是存储器，ROM存放程序，RAM存放数据；I/O为输入端口INPUT和输出端口OUTPUT。单片机用片内总线实现CPU、ROM、RAM、I/O各模块之间的信息传递。具体到某一种型号的单片机，其芯片内部集成的程序存储器ROM和数据存储器RAM大小不同，有的单片机内部无程序存储器ROM，需要在单片机外部另加。输入和输出端口I/O也有多有少，但CPU只有一个。

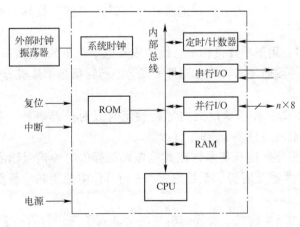

图1-1 单片机的一般结构框图

中央处理器（CPU）：是单片机的核心单元，通常由算术逻辑运算部件ALU和控制部件构成。

程序存储器（ROM）：用来存放用户程序，可分为 EPROM、Mask ROM、OTP ROM、flash 存储器等。与 RAM 相比，数据一旦写入 ROM 后，即使断电，信息也不会丢失。

EPROM（Erasable Programmable Read Only Memory）是一种用紫光擦除，需外接高电压编程（烧录）的只读存储器。在芯片上有一个透明窗口，用紫光照射透明窗口一定的时间即可擦除片内的程序，进行下一次的程序重写。程序写入后用胶纸封住窗口保护程序。MCS-51 系列早期的单片机 8751 上使用的就是 EPROM，还有单独的 EPROM 存储器芯片（如 2764），在早期的单片机系统中，无片内 ROM 的 MCS-51 系列单片机 8031 常常外接 2764 等 EPROM 作为程序存储器。

Mask ROM 又称为掩膜的只读存储器，程序编写完毕，确保无错误的情况下，将程序交给 ROM 生产厂家写入，不能再擦除重写。适合大批量稳定生产的产品，当用量很大时，单片的成本最低。

OTP ROM（One Time Programmable ROM）是一次性编程的只读存储器，不能擦除重写，使用这种程序存储器的单片机，正在被使用 flash 存储器的单片机代替，例如 OTP ROM 的单片机 PIC16C7X 系列被相同类别 flash 存储器的 PIC16F7X 代替。

目前使用片内 flash 程序存储器（也称为"闪存"）的单片机是主流，例如常用的 AT89C、AT89S 等系列单片机。flash 程序存储器可以多次用电直接擦写，使用方便。现在使用的 U 盘、MP3、数码相机用的 CF 卡等，都是使用 flash 作为存储介质的。

随机存储器（RAM）：是断电后信息会丢失的存储器，这种存储器可以反复快速修改信息，用来存放程序运行时的工作变量和数据。

为了叙述方便，本书把单片机的程序存储器统称为 ROM，把数据存储器统称为 RAM。

由于半导体技术的发展，单片机片内 ROM 和 RAM 的容量越来越大，方便了单片机在复杂的控制和运算方面的运用。也使得单片机需要外接 ROM 或 RAM 的情况越来越少。

并行输入/输出（I/O）端口：通常为独立的双向 I/O 口，任何端口既可以用作输入方式，又可以用作输出方式，通过软件编程设定。I/O 是单片机的重要资源，也是衡量单片机功能的重要指标之一。单片机的 I/O 口通常还可以进行"位"操作，即对每一位进行读或写操作。

串口输入/输出口：用于单片机和串行设备或其他单片机的通信。串行通信有同步和异步之分，这可以用硬件或通用串行收发器件实现。串行通信是单片机与其他设备进行信息交换最简单和廉价的方式。

定时/计数器（T/C）：用于单片机内部精确定时或对外部事件（如输入的脉冲信号）进行计数，有的单片机内部有多个定时/计数器。

系统时钟：通常需要外接石英晶体或其他振荡源提供时钟信号输入，也有的使用内部 RC 等类型的振荡器产生振荡时钟。系统时钟类似于 PC 中的主频。是反映单片机运行速度的重要指标。

以上只是单片机的基本构成，现代的单片机又加入了许多新的功能部件，如 EEPROM、模拟/数字转换器、数字/模拟转换器、温度传感器、液晶驱动电路、电压监控、PWM 输出、输入脉宽捕捉、看门狗电路、低压检测复位电路等。

1.1.2 单片机的分类和指标

单片机从用途上可分成专用型单片机和通用型单片机两大类。专用型单片机是为某种专门用途而设计的单片机,如带有影像解码硬件的 DVD 专用控制芯片、带有 MP3 音频解码的专用控制芯片,都是专用型单片机。我们通常所说的单片机是指通用的单片机。

单片机的性能有以下几个重要指标:

位数:是单片机能够一次处理数据的宽度,早期的有 4 位机,目前常用的是 8 位机(如 MCS-51)、16 位机(如 FREESCALE 的 MC9S12DG128)、32 位机(如 ST 的 STM32F103)等。目前使用最广泛的还是 8 位机,如 MCS-51 及其兼容单片机、ATMEL 的 AVR 系列单片机。但是,基于 ARM 构架的 32 位单片机也得到越来越多的应用,如 ST 的 STM32F 系列等。

存储器:包括程序存储器(习惯上简称为 ROM)和数据存储器(习惯上简称为 RAM),以 8 位单片机为例,存储器以字节(B)为单位,程序存储器空间较大,ROM 一般从几 KB 到几十 KB($1\text{KB} = 2^{10}\text{B} = 1024\text{B}$),甚至上百 KB(如 Atmega128),目前常用的存储器类型是 Flash ROM。数据存储器的字节数则通常为几十字节到几百字节,甚至上千字节。程序存储器的编程方式也是用户选择的一个重要因素,有的是串行编程,有的是并行编程,新一代的单片机一般具有在系统编程(ISP, In-System Programming)或在应用编程(IAP, In-Application Programming)功能,有的还有专用的 ISP 编程接口或 JTAG 的调试编程接口。

I/O 口:即输入/输出口,一般有几个到几十个,用户可以根据自己的需要进行选择。I/O 口的驱动能力也是一个性能指标,新一代的单片机有的可以具有 40 mA 的驱动能力,可以直接驱动 LED。

速度:指的是 CPU 的处理速度,以每秒执行多少条指令衡量,常用单位是 MIPS(百万条指令/每秒),目前最快的单片机可达到 100 MIPS 以上。单片机的速度通常是和系统时钟联系的,但并不是频率高的处理速度就一定快;不能仅仅从单片机时钟频率的快慢,判断单片机的处理速度;对于同一种型号的单片机来说,采用频率高的时钟比频率低的速度要快。

工作电压:通常工作电压是 5 V,也有 3.3 V 电压的产品,更低的可在 1.5 V 工作。现代单片机又出现了宽电压范围型,即在 1.8~6.5 V 内都可正常工作。通常工作电压越低,单片机的功耗越小。

功耗:低功耗是现代单片机所追求的一个目标,目前低功耗单片机的静态电流可以低至 μA(微安,10^{-6} A)或 nA(纳安,10^{-9} A)级。有的单片机还具有等待、关断、睡眠等多种工作模式,以此来降低功耗。

使用温度:单片机根据工作温度可分为民用级(商业级)、工业级和军用级三种。民用级的温度范围是 0~70℃,工业级是 -40~85℃,军用级是 -55~125℃。

1.1.3 MCS-51 单片机及其兼容产品

1976 年,Intel 公司推出了 MCS-48 系列 8 位单片机,该产品因体积小、功能全、价格低,而得到广泛应用,成为单片机发展过程中的一个重要标志。

由于 MCS-48 系统的成功应用,单片机及单片机应用技术迅速发展。到目前为止,世界各地厂商已相继研制出数万种单片机产品。例如:8 位机的典型产品有 Intel 公司的 MCS-51 系列机、FREESCALE 公司的 HC08 系列机、Microchip 的 PIC 系列、以及 Atmel 公司的基于 MCS-51 内核的单片机 AT89 系列和 AVR 系列等。

在 8 位单片机的基础上,16 位单片机也相继产生,其功能进一步加强,代表产品有 FREESCALE 公司的 S12 系列,TI 公司的 MPS430 系列等。然而,由于应用领域大量需要的仍是 8 位单片机,因此,各大公司纷纷推出高性能、大容量、多功能的新型 8 位单片机。近年来,随着 ARM 微处理器的大量应用,32 位单片机得到迅速发展。由于应用系统日趋复杂,功能要求提高,32 位单片机必然会越来越多地应用在各种电子产品和系统中。随着 ARM CORTEX-M3 系列单片机价格越来越低,32 位单片机开始进入传统 8 位单片机的应用领域。

单片机正在扮演越来越重要的角色。目前,单片机正朝着高性能和多品种发展,但由于 MCS-51 系列 8 位单片机仍能满足绝大多数应用领域的需要,基于 MCS-51 内核的单片机仍是使用最为广泛的单片机之一。

MCS 是 Intel 公司早期单片机系列的符号。Intel 公司推出了 MCS-48、MCS-51、MCS-96 系列单片机。其中,目前最常用的是 MCS-51 系列,MCS-51 系列单片机包括 51 和 52 两个子系列。

在 51 系列中,主要有 8031、8051、8751 等种类,基于 HMOS 工艺,它们的指令系统与芯片的引脚完全相同,只有程序存储器 ROM 的配置不同。8031 片内不含程序存储器,8751 片内有 4 KB 的 EPROM。三种机型对应的低功耗 CHMOS 工艺的产品分别是 80C31、80C51、87C51。

52 系列对应的三种机型为 8032、8052、8752。52 系列与 51 系列的芯片引脚完全相同,52 系列可以直接兼容 51 系列,也就是使用 51 系列开发的软件和硬件,可以更换为对应的 52 系列单片机,而无需任何改动。52 系列在 51 系列的基础上有所改进,主要有:片内数据存储器 RAM 增加了 128 B,片内的 51 系列的 4 KB 程序存储器增加到 8 KB,增加了一个 16 位的定时/计数器等。以上提到的这几种早期 Intel 的 51 系列单片机目前都已不再生产。

除 Intel 的 MCS-51 外,还有许多以 MCS-51 为内核的单片机,可以看作是 MCS-51 单片机的兼容机型。其中,在国内使用最为广泛的是 Atmel 公司的 51 系列 AT89C51 和 52 系列 AT89C52。AT89C51 除了片内使用的程序存储器为 flash 存储器外,其他的与 Intel 的 8751 相同。由于 flash 存储器编程的方便性,新开发的基于 51 系列的单片机系统,大多选用 AT89C51。之后 Atmel 公司又推出了 AT89S51(和 AT89S52)单片机,带有 ISP 串行编程功能,其他与 AT89C51 相同,使用更加方便。AT89C55 也是与 AT89C52 基本相同,封装相同,指令兼容,只是将片内的 flash ROM 扩大到 20 KB,增加了片内的看门狗。

本书以 AT89C51 为样本介绍单片机的原理,由于其指令和芯片引脚完全与 MCS-51 相同,因此本书内容大多也可以用于 MCS-51 系列的其他机型。

1.2 其他常用单片机系列

现代单片机的发展极为迅速,各种类型的单片机在不同的应用领域争奇斗艳。特别是很多单片机将许多功能集成到片内,大大方便了系统的设计,简化了硬件电路,加快了系统开发的速度。

1.2.1 Microchip 的 PIC 系列单片机

Microchip 公司是世界上最早生产单片机的厂家之一,也是当今世界最大的 8 位单片机生产商之一,由于 PIC 系列单片机进入国内时间较晚,开发工具和资料不如 MCS-51 系列,在应用普及上也不如 MCS-51 单片机。PIC 系列单片机在国外有广泛的应用,在我国的使用也正在日益增多,尤其在工业控制、家用电器领域中。

1.2.2 TI 公司的超低功耗型 MSP430 系列单片机

TI 公司的 MSP430Flash 系列 16 位单片机,是目前业界所有内部集成闪速存储器(Flash ROM)产品中功耗最低的。在 3 V 工作电压下,其耗电电流低于 350 μA/MHz,待机模式下仅为 1.5 μA/MHz,具有 5 种节能模式。该系列产品的工作温度范围为 -40~85℃,可满足工业应用要求。MSP430 微控制器可广泛地应用于煤气表、水表、电子电度表、医疗仪器、火警智能探头、通信产品、家庭自动化产品、便携式监视器及其他低耗能产品。

1.2.3 Atmel 公司的 AVR 系列单片机

Atmel 公司的基于精简指令集(Reduced Instruction Set CPU,RISC)的 AVR 系列单片机,其中,ATtiny、AT90 与 ATmega 分别对应低、中、高档产品,已得到了广泛的应用。近年来,随着 ATmega 系列单片机价格降低,使用日益广泛。例如:ATmega8、ATmega48 的价格已接近 AT89C51,但在性能和芯片集成的功能部件上远优于 AT89C51,在国内也正得到广泛的应用。大多数 AVR 单片机除了具有 8051 的基本功能,如定时/计数器、中断、串行通信等外,还有以下特点。

AVR 单片机在一个时钟周期内执行一条指令,因此,处理速度在 1MHz 时钟频率时,大约为 1MIPS。而且 AVR 单片机的结构设计和指令设计特别适合 C 语言的应用,Atmel 公司为 AVR 单片机保留的 GCC 开发工具端口,为 AVR 单片机的应用提供了极大的便利。

以 ATmega8 为例,在系统时钟方面,既可以使用外接的晶振或外部时钟,也可选用内部的 RC 振荡器片;片内集成了看门狗(Watchdog)电路,具有单独的看门狗 RC 振荡时钟,不使用主振荡时钟;Atmega8 内部还集成了低供电电压检测(Brown-out)复位电路;

Atmega8 片内包括 10 位 8 通道的 A/D 转换器,有内部基准电压。有 PWM 输出,可用于 D/A 转换。所有的 I/O 口都配置了片内上拉电阻,可以在程序中使能,可以设置为三态门。I/O 口有 20 mA 以上的电流驱动能力,可以直接点亮 LED 指示灯。

支持板上的在线编程(In-System Programming,ISP)。支持包括休眠在内的 5 种节电模式,在休眠状态下,最小耗电流可低至 0.5 μA。

AVR 的单片机产品系列已经有数十种之多。Atmega128 在片内有 128 KB 的 Flash 存储器，4 KB 的 EEPROM 和 4 KB 的 RAM，已在数据采集系统、医疗仪器等复杂的单片机系统中得到了很好的应用。

1.2.4　ADI 公司的 ADuC8XX 系列单片机

ADuCXXX 系列是美国 Analog Device（简称 ADI）公司出品的高性能单片机，该系列单片机充分发挥了 ADI 公司在 A-D 转换器上的技术优势，将高性能的 A-D 转换器集成到单片机中，方便了单片机在数据采集系统中的应用。

ADuC824 是美国 ADI 公司推出的具有 24 位 A-D 的单片机，是一种具有完整的数据采集系统的芯片。ADuC824 基于 8051 的内核，指令集与 8051 兼容；片内有 8 KB flash 程序存储器；640 B 片内 EEPROM 数据存储器；256 B 片内数据 RAM；可扩展 64 KB 程序存储器空间和 16 MB 数据存储器空间。3 个 16 位的定时器/计数器；26 根可编程 I/O 线；12 个中断源，两个优先级。

最吸引人的是 ADuC824 片内集成了两个独立的 Σ-Δ 型 ADC 通道，主、辅通道的分辨率分别为 24 和 16 位，具有可编程自校正功能；还有 12 位电压输出型的 D-A 转换器（DAC）。

ADuC824 可采用 3 V 或 5 V 电压工作；有正常、空闲和掉电 3 种工作模式。片内还有一个通用 UART 串行 I/O；一个与 I^2C 兼容的二线串口和 SPI 串口；一个看门狗定时器（WDT）；一个电源监视器（PSM）；片内温度传感器；两个激励电流源。非常适合应用于智能传感器、数据采集等系统。

ADuC8XX 系列还有 ADuC812、ADuC816、ADuC834 等芯片，均采用 8051 的内核和兼容的指令集，主要区别在于 A/D 和 D/A 转换器的分辨率、存储器容量的大小等。

1.2.5　飞思卡尔公司的 HCS12X 系列单片机

飞思卡尔（Freescale）公司的 16 位单片机主要分为 HC12、HCS12、HCS12X 三个系列。HC12 核心是 16 位高速 CPU12 核，总线速度 8 MHz；HCS12 系列单片机以速度更快的 CPU12 内核为核心，简称 S12 系列，典型的 S12 总线速度可以达到 25 MHz。HCS12X 是 HCS12 系列增强型产品，基于 S12 CPU 内核，总线频率最高可达 40 MHz。S12X 系列单片机目前又有几个子系列：MC9S12XA 系列、MC9S12XB 系列、MC9S12XD 系列、MC9S12XE 系列、MC9S12XF 系列、MC9S12XH 系列和 MC9S12XS 系列。飞思卡尔汽车级的单片机在汽车电子部件中有广泛的应用。

1.2.6　ST 公司的 STM32FXXX 系列单片机

STM32FXXX 系列单片机属于中低端的 32 位 ARM 微控制器。其中，常用的 STM32F1XX 系列，如 STM32F103 是基于 ARM 的 Cortex-M3 内核；STM32F4XX 系列，如 STM32F405 是基于 ARM 的 Cortex-M4 内核。芯片片内程序存储器 Flash 的大小可达 16~512 KB，引脚从 32PIN 到 128PIN，具有丰富的功能模块。由于其价格低廉，所以已越来越多地进入传统单片机市场，得到广泛应用。

1.3 单片机的特点及应用领域

单片机与通用微型计算机相比，在硬件结构和指令设置上有以下不同之处。
- 存储器 ROM 和 RAM 是严格分工的。ROM 用作程序存储器，只存放程序、常数和数据表格；而 RAM 用作数据存储器，存放临时数据和变量。这样的设计方案使单片机更适用于实时控制（也称为现场控制或过程控制）系统。将已调试好的程序固化（即对 ROM 编程，也称烧录或者烧写）在程序存储空间 ROM 中，这样不仅掉电时程序不丢失，还避免了程序被破坏，从而确保了程序的安全性。与通用微型计算机使用的磁盘/光盘存储设备相比，单片机的 ROM 是一种电子存储器，更加适合震动、粉尘等恶劣的工作环境。实时控制仅需容量较小的 RAM，用于存放少量随机数据，这样有利于提高单片机的运行速度。
- 采用面向控制的指令系统。在实时控制方面，尤其是在位操作方面，单片机有着不俗的表现。
- 输入/输出（I/O）端口引脚通常设计有多种功能。在设计时，究竟使用多功能引脚的哪一种功能，可以由用户编程确定。
- 品种规格的系列化。属于同一个产品系列、不同型号的单片机，通常具有相同的内核、相同或兼容的指令系统。其主要的差别是在片内配置了一些不同种类或不同数量的功能部件，以适用于不同的被控对象。
- 单片机的硬件功能具有广泛的通用性。同一种单片机可以用在不同的控制系统中，只是其中所配置的软件不同而已。换言之，给单片机固化上不同的软件，便可形成用途不同的专用智能芯片。有时将这种芯片称为固件（Firmware）。

1.3.1 单片机的特点

具有较高的性能价格比。高性能、低价格是单片机最显著的特点，其应用系统具有印制板小、接插件少、安装调试简单方便等特点，使单片机应用系统的性能价格比大大高于一般微机系统。

体积小，可靠性高。由单片机组成的应用系统结构简单，其体积特别小，极易对系统进行电磁屏蔽等抗干扰措施。另一方面，单片机不易受外界的干扰。所以单片机应用系统的可靠性比一般微机系统高得多。

控制功能强。单片机采用面向控制的指令系统，实时控制功能特别强。CPU 可以直接对 I/O 口进行输入、输出操作及逻辑运算，并且具有很强的位处理能力，能有针对性解决由简单到复杂的各类控制任务。

使用方便、容易产品化。由于单片机具有体积小、功能强、性能价格比较高、系统扩展方便、硬件设计简单等优点，而且单片机开发工具具有很强的软、硬件调试功能，使研制单片机应用系统极为方便，加之现场运行环境的可靠性，使单片机能满足许多小型对象的嵌入式应用要求，可广泛应用在仪器仪表、家用电器、智能玩具、控制系统等领域中，形成新的智能型产品。

1.3.2 单片机的应用领域

单片机由于其体积小、功耗低、价格低廉，且具有逻辑判断、定时计数、程序控制等多种功能，广泛应用于仪器仪表、家用电器、医用设备、航空航天、专用设备的智能化管理及过程控制等领域。以下简单介绍一些典型的应用领域。

1. 单片机在工业测量仪表中的应用

单片机具有体积小、功耗低、控制功能强、扩展灵活、微型化和使用方便等优点，广泛应用于仪器仪表中，在各种智能传感器、变送器、各种现场总线的智能仪表中均有不同类型的单片机。用单片机改造原有的测量、控制仪表，能使仪表向数字化、智能化、多功能化、综合化及柔性化的方向发展，并使长期以来测量仪表中的误差修正和线性化处理等难题迎刃而解。由单片机构成的智能仪表，集测量、处理、控制功能于一体，从而赋予测量仪表以崭新的面貌。

2. 单片机在机电一体化中的应用

机电一体化是机械工业发展的方向。机电一体化产品是指集机械技术、微电子技术、计算机技术、传感器技术于一体，具有智能化特征的机电产品，如微机控制的车床、钻床、机器人等。单片机作为产品中的控制器，能充分发挥体积小、可靠性高、功能强等优点，可大大提高机器的自动化、智能化程度。

3. 单片机在实时控制中的应用

单片机广泛地应用于各种实时控制系统中。例如，在工业测控、航空航天、尖端武器等各种实时控制系统中，都可以用单片机作为控制器。单片机的实时数据处理能力和控制功能，能使系统保持在最佳工作状态，提高系统的工作效率和产品质量。例如机器人，每个关节或动作部位都是一个单片机实时控制系统。

4. 单片机在分布式多机系统中的应用

在比较复杂的系统中，常采用分布式多机系统。多机系统一般由若干台功能各异的单片机应用系统组成，各自完成特定的任务，它们通过通信总线相互联系、协调工作。单片机在这种系统中往往作为一个终端机，安装在系统的某些节点上，对现场信息进行实时测量和控制。单片机的高可靠性和强抗干扰能力，使它可以置于恶劣环境的前端工作。

5. 单片机在医疗仪器上的应用

在现代医学医疗仪器和康复器械中大量使用单片机，增加了仪器的准确性，使功能更加强大，协助医生提高诊断和治疗水平，例如，数字心电图机、B超、心脏起搏器、各种肢体康复仪等。

6. 消费类电子产品上的应用

该应用主要反映在家电领域，如洗衣机、空调器、保安门禁系统、电视机、机顶盒、音响设备、电子秤、IC卡、手机等。

7. 终端及外部设备控制

计算机网络终端设备，如银行终端、商业POS（自动收款机）、复印机等，以及计算机外部设备，如打印机、绘图机、传真机、键盘和通信终端等。在这些设备中使用单片机，使其具有计算、存储、显示、输入等功能，具有和计算机连接的接口，使计算机的能力及应用范围大大提高，更好地发挥了计算机的性能。

8. 汽车电子

汽车电子化是汽车发展的趋势，目前，在中高级汽车中包括单片机在内的电子设备在汽车整车成本中所占的比例越来越高。例如，对于汽车灯光、仪表、门窗、雨刮、开关等车身系统，每个功能单元都作为一个控制节点，每个节点都会有一个单片机，采用 CAN 总线将各节点连接。与传统汽车的线束相比，不仅节约线束，而且可靠性高，性能好。

1.4 一个单片机的简单应用系统

为了对单片机的应用有一个初步的认识，下面介绍图 1-2 所示的一个单片机简单应用系统。图中使用了 AT89C51 单片机，为了读图的方便，原理图中单片机的引脚排列往往不按实际的排列顺序，将同类的引脚排在一起。单片机用 5 V 电源供电，系统有一个输入，两个输出。要读取输入，控制输出，首先需要了解单片机的输入/输出电平。

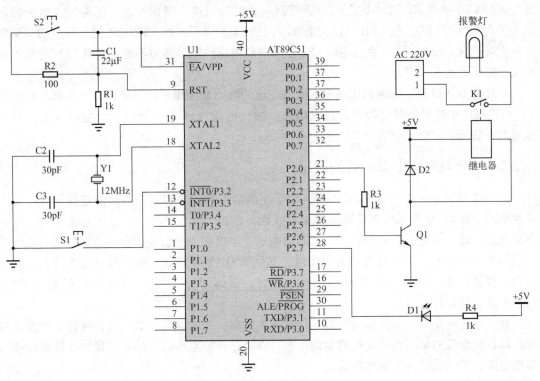

图 1-2　一个简单的单片机应用系统

1.4.1　单片机的 I/O 电平

AT89C51 单片机的 I/O 口（图 1-2 中的 P3.2、P2.0、P2.7 等）是数字端口，所谓数字端口只有两种状态：逻辑 1 和逻辑 0。一般规定逻辑 1 是指高电平，逻辑 0 是低电平。也就是说，单片机的输入只接受高电平或低电平，而输出要么高电平，要么低电平。对于 5 V 电源的数字电路，理想的低电平是 0 V；高电平是 5 V。而实际的高/低电平是一个电压范围，那么在单片机系统中，什么范围的电平是高电平和低电平？

AT89C51是5V供电，符合TTL电平的单片机。TTL输出高电平大于2.4V，输出低电平小于0.4V；TTL输入高电平大于2.0V，输入低电平小于0.8V。从一个TTL的输出端口到达下一个TTL的输入端口有0.4V的噪声电平容限。

图1-2中输入接单片机的P3.2引脚（芯片上的第12脚），输入是一个开关S1。可以看作是按键，单片机读入按键的状态，判断是否按下按键；也可以看作是一个行程开关，当运动物体到达时，触动S1使其闭合；或者是门禁系统中的感应开关，当红外传感器有感应时，S1闭合。

在AT89C51单片机的P3.2口中有内部上拉电阻，将P3.2拉到高电平（接近5V），如果S1打开，从P3.2读入的是高电平；当S1闭合，将使P3.2接到参考地端（0V），读入的是低电平；在软件设计中读取S1有查询和中断两种方式。

输出口为P2.7（芯片上的第28脚），接发光二极管（LED）D1，当P2.7输出高电平（接近5V）时，D1中无电流流过，D1不亮，当P2.7输出低电平（接近0V）时，5V电压将经R3和D1流入P2.7，D1发光。R3控制发光时的电流，继而控制发光亮度。由于目前出现了高亮度的LED，使LED的发光电流降低到5mA以下，而AT89C51的I/O口的驱动电流最大可达到15mA，可以直接驱动LED。早期的单片机驱动能力不足，而且LED的发光电流大，需要另加驱动芯片。

单片机I/O口的驱动能力用输出或吸入电流的能力来衡量，输出电流（SOURCE）是指I/O输出高电平时对负载能提供的最大电流；吸入电流（SINK）是指I/O输出低电平时负载对I/O能灌入的最大电流。

1.4.2 单片机电路中晶体管的应用

图1-2的另一个输出为P2.0引脚，用于控制继电器的开和闭，继而控制报警灯。由于单片机的I/O口P2.0无法直接驱动继电器线圈，增加一个晶体管Q1进行电流放大，增加驱动能力。继电器有一个常开触点，线圈通电后产生电磁力使触点闭合，报警灯亮。选用适当阻值的R2电阻，当P2.0输出高电平时，晶体管Q1饱和导通，继电器的线圈通电，触点吸合，报警灯亮。相反，当P2.0输出低电平时，晶体管Q1截止，继电器的线圈不通电，触点开路，报警灯灭。

在单片机电路中，晶体管大多数工作在开关状态，或者饱和导通，或者截止。在设计时要根据负载电流的情况和单片机的驱动能力，以及晶体管电流放大倍数，提供晶体管足够的基极电流，保证晶体管的饱和导通。

在单片机电路中，还常常使用晶体管做输入缓冲，如图1-3，在开关状态下，晶体管C极的输出电平可以满足TTL电平的要求。当基极控制电流为0时，晶体管截止，C极的电平为5V；当基极控制电流足够大时，晶体管饱和导通，C极的电平为0.3V左右（晶体管因型号不同会有差异）；因此C极的输出可以直接作为单片机的输入。

1.4.3 单片机的一个简单应用系统

图1-2是一个可以运行的完整电路，电路中Y1、C2、C3

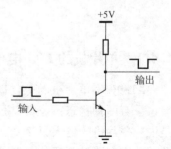

图1-3 晶体管在数字电路中工作于开关状态

构成单片机的时钟电路,为单片机提供系统时钟;C1、R1、S2 构成单片机的复位电路;有关内容在第 2 章会有详细介绍。

例 1–1 假设系统要求是:当 S1 闭合时,报警灯亮;而 S1 打开时,报警灯灭。用 C 语言编写实现该功能的程序片段如下(设 P32、P20 已分别定义为 P3.2 口和 P2.0 口):

```
P32 = 1;            //P32 作为输入端口必须先置1,使能上拉
if (P32 ==0) {      //P32 是低电平? 如果 S1 按下,P32 为低
    P20 = 1;        //S1 按下,则 P20 输出高电平,报警灯亮
} else {            //如果 S1 没有按下
    P20 = 0;        //则 P20 输出低电平,报警灯灭
}
```

程序非常清晰简单。如果控制 P2.0 口定时地输出高电平和低电平,例如,输出高电平 1 s,再输出低电平 1 s,循环往复,则报警灯闪烁。1 s 的时间间隔可用后面介绍的定时器控制。

1.5 单片机的数制与编码

日常生活中常用的是十进制计数方式,即逢十进一。在计算机中,由于所采用的电子逻辑器件的特点,计算机内部一切信息的存储、处理和传送均采用二进制数的形式。可以说,二进制数是计算机能直接识别并进行处理的唯一形式。但是,在向计算机输入数据及输出数据时,人们习惯于用十进制、十六进制数据等。因此,必须掌握各种数制之间的相互转换。为了帮助读者理解单片机系统的基本工作原理,须掌握数字、字母等字符在单片机系统中的表示方法及处理过程,本节简单介绍有关数制和编码等方面的基础知识。

数制是人们利用符号进行计数的科学方法。数制有很多种,在单片机中常使用的有二进制、十进制和十六进制。

不同数制用基数作为下标来区分。在编写计算机程序时,用英文字母尾缀表示各种进制的数:

B——表示二进制数(Binary)。

D——表示十进制数(Decimal)。D 可省略,即无尾缀的是十进制数。

H——表示十六进制数(Hexadecimal)。

1.5.1 进位计数制

1. 十进制计数制

十进制的基为 10,即它所使用的数码为 0~9,共 10 个数字。十进制各位的权是以 10 为底的幂。

计数规律:逢 10 进 1。

任意一个十进制数 $(S)_{10}$,可以表示为

$$(S)_{10} = k_n 10^{n-1} + k_{n-1} 10^{n-2} + \cdots + k_1 10^0 + k_0 10^{-1} + k_{-1} 10^{-2} + \cdots + k_{-m} 10^{-m-1}$$

式中,k_i 是 0~9 中的任意一个数字,m、n 是正整数,10 是十进制的基数。

例如：$(2006.2)_{10} = 2 \times 10^3 + 0 \times 10^2 + 0 \times 10^1 + 6 \times 10^0 + 2 \times 10^{-1}$

十进制在书写中通常可省去下标，如 2006.2 即表示 $(2006.2)_{10}$。

十进制是日常生活中常用的数制，人机交互常采用十进制。

2. 二进制计数制

二进制的基为 2，即它所使用的数字为 0、1，共 2 个数字。二进制各位的权是以 2 为底的幂。

计数规律：逢 2 进 1。

任意一个二进制数 $(S)_2$ 可以表示成

$$(S)_2 = k_n 2^{n-1} + k_{n-1} 2^{n-2} + \cdots + k_1 2^0 + k_0 2^{-1} + k_{-1} 2^{-2} + \cdots + k_{-m} 2^{-m}$$

式中，k_i 只能取 0 或 1，m、n 是正整数，2 是二进制的基数。

例如：$(1101.101)_2 = 1 \times 2^3 + 1 \times 2^2 + 0 \times 2^1 + 1 \times 2^0 + 1 \times 2^{-1} + 0 \times 2^{-2} + 1 \times 2^{-3}$

二进制数只有 2 个数字，即 0 和 1，在计算机中容易实现。二进制的 0 和 1 就代表单片机中的低电平和高电平。

3. 十六进制计数制

十六进制的基为 16，即它所使用的数字为 0~9、A~F，共 16 个数字和字母。十六进制各位的权是以 16 为底的幂。

计数规律：逢 16 进 1。

任意一个十六进制数 $(S)_{16}$ 可以表示成

$$(S)_{16} = k_n 16^{n-1} + k_{n-1} 16^{n-2} + \cdots + k_1 16^0 + k_0 16^{-1} + k_{-1} 16^{-2} + \cdots + k_{-m} 16^{-m}$$

式中，k_i 可取 0, 1, 2, $\cdots$, 9, A, B, C, D, E, F 等 16 个数字、字母之一。用 A~F 表示 10~15。m、n 是正整数。16 为十六进制的基数。

例如：$(A2E3)_{16} = 10 \times 16^3 + 2 \times 16^2 + 14 \times 16^1 + 3 \times 16^0$

十六进制数在书写中可使用另一种表示方式，如 $(A2E3)_{16}$ 在单片机汇编语言中可表示为 A2E3H；在 C 语言中可表示为 0xA2E3。

1.5.2 进位计数制的相互转换

人们习惯的是十进制数，计算机采用的是二进制数，在单片机编程时，书写多采用十六进制数，因此，必然产生各种进位计数制之间的相互转换问题。

1. 十六进制数转换成十进制数

十六进制数转换成等值的十进制数时，可用按权相加的方法进行。

例 1-2 将十六进制数 $(1C4.68)_{16}$ 转换成十进制数。

$$(1C4.68)_{16} = 1 \times 16^2 + 12 \times 16^1 + 4 \times 16^0 + 6 \times 16^{-1} + 8 \times 16^{-2}$$
$$= 256 + 192 + 4 + 0.375 + 0.03125 = (452.40625)_{10}$$

2. 十进制数转换成十六进制数

一个十进制整数转换成十六进制数时，按除以 16 取余的方法进行。

例 1-3 将十进制整数 725 转换成十六进制数。

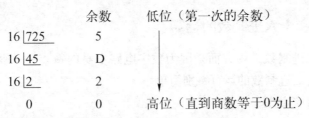

转换结果,得到 $(725)_{10} = (2D5)_{16}$。

3. 十六进制数与二进制数的转换

一位十六进制数能表示的数值恰好相当于 4 位二进制数能表示的数值。因此彼此之间的转换极为方便。将十六进制转换二进制数时,只需将每一位十六进制数用 4 位二进制数对应表示即可。

例如: $(5F1A.18)_{16} = (0101\ 1111\ 0001\ 1010.00011)_2$

将二进制转换成十六进制数时,整数部分由小数点起向左推,4 位一组,最后一组不足 4 位,可在高位补 0。小数部分由小数点起向右推,4 位一组,最后一组不足 4 位,可在末位补 0。完成分组后,将每组的 4 位二进制数用 1 位十六进制数表示。

例如: $(110101110111)_2 = (1\ 1010\ 1110\ 1111)_2 = (0001\ 1010\ 1110\ 1111)_2 = (1AEF)_{16}$

例 1-4 将二进制数 $(101101.101101)_2$ 转换成十六进制数。

$$(101101.101101)_2 = (0010\ 1101.1011\ 0100)_2 = (2D.B4)_{16}$$

可见,用十六进制书写要比用二进制书写简短,而且十六进制表示的数据信息很容易转换成二进制表示。这就是普遍使用十六进制的原因。

4. 二进制数转换成十进制数

二进制转换成十进制的基本方法是将二进制数按权展开求和。

例 1-5 将二进制数 101.111B 转换成十进制数。

$$101.111B = 1 \times 2^2 + 0 \times 2^1 + 1 \times 2^0 + 1 \times 2^{-1} + 1 \times 2^{-2} + 1 \times 2^{-3} = 5.875$$

5. 十进制整数转换成二进制数

十进制整数转换成二进制整数采用"除以 2 取余法"。

例 1-6 将十进制数 37 转换成二进制数。

```
         余数     低位(第一次的余数)
2|37      1
2|18      0
2|9       1
2|4       0
2|2       0
2|1       1
  0              高位(直到商数等于0为止)
```

因此 37 = 100101 B

十进制数与二进制数的相互转换,也可采用十六进制数作为中间过渡。

1.5.3 二进制数和十六进制数的运算

计算机中采用二进制数,一方面是因为数字电路本身的特点——容易产生两种稳定状态,另一方面是因为二进制数的运算特别简单。

1. 二进制数的加法运算

运算规则:$0+0=0$

$0+1=1+0=1$

$1-1=1$(向高位进1)

例如:1010 1100 B + 0100 0101 B = 1111 0001 B

```
   1010  1100B
+  0100  0101B
   ───────────
   1111  0001B
```

2. 二进制数的减法运算

运算规则:$0-0=0$

$1-0=1$

$1-1=0$

$0-1=1$(向高位借1)

例如:1010 1100 B − 0100 0101 B = 0110 0111 B

```
   1010  1100B
−  0100  0101B
   ───────────
   0110  0111B
```

在计算机中,二进制数是用补码的方式表示的,这时二进制的减法运算可以转化成二进制的加法运算。

3. 二进制数的乘法运算

运算规则:$0 \times 0 = 0 \times 1 = 1 \times 0 = 0$

$1 \times 1 = 1$

例如:1100 B × 0101 B = 111100 B

```
        1100B
  ×     0101B
  ───────────
        1110
       1100
  ───────────
      111100B
```

从例中可以看出,二进制的乘法运算可以看作是移位和加法运算的组合。

4. 二进制数的除法运算

二进制数的除法运算的方法与十进制相似。

例如:1001111 B ÷ 110 B = 1101 B……余 1 B

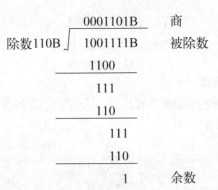

二进制数的除法运算实际上可以看作是移位和减法运算组合实现的。而减法运算在计算机中是用加法实现的。因此在计算机中的二进制加、减、乘、除四则运算实质上都是移位和加法操作。

5. 二进制数的"与"运算

两个二进制数之间的"与"运算，是将该两个二进制数按权位对齐，然后逐位相"与"。用符号"∧"表示"与"运算。

"与"运算规则：0∧1 = 1∧0 = 0∧0 = 0

1∧1 = 1

只有两个数均为1时，相"与"的结果为1，否则为0。

例如：1010 1100B∧0100 0101B = 0000 0100B

```
      1010  1100B
   ∧  0100  0101B
      ─────────────
      0000  0100B
```

6. 二进制数的"或"运算

两个二进制数之间的"或"运算，是将该两个二进制数按权位对齐，然后逐位相"或"。用符号"∨"表示"或"运算。

"或"运算规则：0∨1 = 1∨0 = 1∨1 = 1

0∨0 = 0

只有两个数均为0时，相"或"的结果为0，否则为1。

例如：1010 1100B∨0100 0101B = 1110 1101B

```
      1010  1100B
   ∨  0100  0101B
      ─────────────
      1110  1101B
```

7. 二进制数的"异或"运算

两个二进制数之间的"异或"运算，是将该两个二进制数按权位对齐，然后逐位相"异或"。用符号"⊕"表示"异或"运算。

"异或"运算规则：0⊕1 = 1⊕0 = 1

0⊕0 = 1⊕1 = 0

只有两个数不相同时，相"异或"的结果为1，否则为0。

例如：1010 1100B⊕0100 0101B = 1110 1101B

$$\begin{array}{r}1010\ 1100\text{B}\\ \oplus\ 0100\ 0101\text{B}\\ \hline 1110\ 1001\text{B}\end{array}$$

8. 十六进制数的加法运算

十六进制数的加法与十进制的加法方式相同，从低位向高位进行加法运算，满 16 进位。

例如：ABH + 86H = 131H

$$\begin{array}{r}\text{ABH}\\ +\ \ 86\text{H}\\ \hline 131\text{H}\end{array}$$

B(11) + 6 = 17 = 11H，满 16 低位向高位进 1，低位得 1；A（10）+8+1（进位）= 19 = 13H，因此结果为 131H。

9. 十六进制数的减法运算

在二进制的减法中，向高位借 1 代表 2；十进制的减法中，向高位借 1 代表 10；而在十六进制的减法中，借 1 代表 16。

例如：186H – ABH = DBH

$$\begin{array}{r}186\text{H}\\ -\ \ \text{ABH}\\ \hline \text{DBH}\end{array}$$

低位 6 减 B 不够减，向高一位借 1，十六进制中借 1 代表 16，借位后 16（借位）+6 – 11（BH）= 11 = BH；中位 8 被低位借 1 位后为 7，7 减 AH 仍需要向高位借 1，17H – AH = DH。

10. 十六进制数的"与""或""异或"逻辑运算

十六进制数的"与""或""异或"等逻辑运算需要将十六进制数转换为二进制数，按二进制数的运算规则，逐位进行逻辑运算。

例如：ACH ∧ 45H = 1010 1100B ∧ 0100 0101B = 0000 0100B = 04H
ACH ∨ 45H = 1010 1100B ∨ 0100 0101B = 1110 1101B = EDH
ACH ⊕ 45H = 1010 1100B ⊕ 0100 0101B = 1110 1001B = E9H

1.5.4 数码和字符的代码表示

1. 位、字节、字

位（BIT）：二进制数的位是数据的最小存储单位，取值为 0 或 1，对应逻辑运算的"假（FALSE）"或"真（TRUE）"，通常对应计算机端口的低电平或高电平。

字节（BYTE）：8 位（8 bit）二进制数组成一个字节（B），取值为范围$(0000\ 0000)_2$ ~ $(1111\ 1111)_2$，或 0 ~ 255，或 00H ~ FFH。字节是 8 位单片机的常用数据单位，也可用 2 位的十六进制数表示字节，有时将 8 位二进制数分为高 4 位和低 4 位，对应 2 位的十六进制数的高位和低位。对于 8 位单片机，运算和指令操作大多数以 8 位二进制数为基础，例如，指令"MOV P1,#0FH"将 P1 口的低 4 位置 1，高 4 位清 0。

一般将组成字节的 8 位二进制数从最高位（第 7 位 D7）到最低位（第 0 位 D0）依次记为（D7，D6，…，D0）。

字（WORD）：2 个字节组成一个字。

在计算机中,二进制数的每一位是数据的最小存储单位。n 位二进制数能表达的最大数是 (2^n-1),取值范围是 $0 \sim (2^n-1)$。在计算机中 CPU 每次能处理的二进制位数通常称为"字长",AT89C51 是 8 位单片机,因此其中的基本运算是以 8 位(1 B)为单位进行的,8 位运算时的取值范围是 $0 \sim (2^8-1)$(即 $0 \sim 255$,或记为二进制的 00000000B $\sim$ 11111111B,或十六进制的 00H $\sim$ FFH)。AT89C51 的外部数据存储器的字长也是一个字节;地址有 A0 $\sim$ A15 共 16 位地址线,寻址范围是 $0 \sim (2^{16}-1)$,即 $0 \sim 65535$,因此 AT89C51 的外部程序和数据存储器的可寻址范围是 0 $\sim$ FFFFH(共 65536 个单元,每个单元的数据是一个字节),即寻址空间是 64 KB(64 KB = 1024 B × 64 = 65536 B)。

8 位单片机的基本指令是一个字节。字节也是计算机存储信息的基本数据单位,存储器的容量常用以下单位表示:

1B = 8 bit

2^{10} B = 1024 B = 1 KB

2^{10} KB = 1024 KB = 1 MB

2^{10} MB = 1024 MB = 1 GB

如 AT89C51 的程序存储器容量为 4 KB,即表示其容量为 4096 B。注意,作为容量计量单位的尾缀"B"表示的是字节(BYTE),不要与二进制的尾缀"B"混淆。

2. 二-十进制码(BCD 码)

BCD 码是用二进制数字对十进制数进行编码,用 4 位二进制数来表示 1 位十进制数中的 $0 \sim 9$ 这 10 个数字,即利用了四个二进制位元来储存一个十进制的数字,使二进制和十进制之间的转换得以快捷地进行。BCD 码有多种形式,单片机系统软件中常常用到 8421BCD 码,4 位二进制仍然具有二进制数位所具有的权,从高位到低位分别为 2^3、2^2、2^1、2^0,即 8、4、2、1。用 BCD 码表示十进制数,只要将每位十进制数,用对应的 4 位二进制码代替即可,数值 $0 \sim 17$ 的 BCD 码见表 1-1。

表 1-1 8421BCD 码举例

十进制数	8421BCD	二进制(十六进制)
0	0000	0000(0H)
1	0001	0001(1H)
2	0010	0010(2H)
3	0011	0011(3H)
4	0100	0100(4H)
5	0101	0101(5H)
6	0110	0110(6H)
7	0111	0111(7H)
8	1000	1000(8H)
9	1001	1001(9H)
10	0001 0000	1010(AH)
11	0001 0001	1011(BH)

(续)

十进制数	8421BCD	二进制（十六进制）
12	0001 0010	1100（CH）
13	0001 0011	1101（DH）
14	0001 0100	1110（EH）
15	0001 0101	1111（FH）
16	0001 0110	1 0000（10H）
17	0001 0111	1 0001（11H）

例如：

$(19)_{10} = (0001\ 1001)_{BCD}$

$(2006)_{10} = (0010\ 0000\ 0000\ 0110)_{BCD}$

$(0110\ 1000\ 0100)_{BCD} = (684)_{10}$

必须指出：8421BCD 码不能出现 1010～1111 这 6 个数（值大于 9）。为了方便读写，BCD 码可写为十六进制的形式，例如十进制数 13 的 BCD 码为 $(13H)_{BCD}$，但要注意数值 13H（也就是十进制数值 19）的 BCD 码应为 $(19H)_{BCD}$。单片机的 LED 显示时会用到 BCD 码。

例 1-7 写出数值 915 的 BCD 码。

$(915)_{10} = (1001\ 0001\ 0101)_{BCD}$

3. ASCII 码

BCD 码是对数值的编码方式。由于计算机中采用二进制数字表示，要在计算机中表示字母、字符等都要用特定的二进制数字表示。字母与字符用二进制码表示的方法很多，目前在计算机中普遍采用的是 ASCII 码。它采用 8 位二进制编码，使用低 7 位编码，ASCII 码的最高位是 0，可以表示 128 个字符，其中包括数码 0～9、英文字母的大小写以及可打印和不可打印的字符。最高位为 1 可用于中文系统中的汉字编码。0～127 的 ASCII 码字符表见表 1-2，通过查表可以得到字符的 ASCII 编码，例如字符 # 的 ASCII 码为 00100011B(23H)，数字 3 的 ASCII 码为 (33H)，回车符（记为 CR，是不可打印字符）的 ASCII 码为 (0DH)，字符串 My 的 ASCII 码记为 (4DH,79H) 等。

表 1-2 ASCII 编码表

b3b2b1b0 \ b6b5b4	000	001	010	011	100	101	110	111
0000	NUL	DLE	SP	0	@	P	`	p
0001	SOH	DC1	!	1	A	Q	a	q
0010	STX	DC2	"	2	B	R	b	r
0011	ETX	DC3	#	3	C	S	c	s
0100	EOT	DC4	$	4	D	T	d	t
0101	ENQ	NAK	%	5	E	U	e	u
0110	ACK	SYN	&	6	F	V	f	v

(续)

b3b2b1b0 \ b6b5b4	000	001	010	011	100	101	110	111
0111	BEL	ETB	'	7	G	W	g	w
1000	BS	CAN	(	8	H	X	h	x
1001	HT	EN	)	9	I	Y	i	y
1010	LF	SUB	*	:	J	Z	j	z
1011	VT	ESC	+	;	K	[	k	{
1100	FF	FS	,	<	L	\	l	|
1101	CR	GS	-	=	M	]	m	}
1110	SO	RS	.	>	N	^	n	~
1111	SI	US	/	?	O	_	o	DEL

表中用文字表示的是不可打印的字符，例如：

SP—表示空格；LF—是换行符；NUL—空；

从 ASCII 码字符表可以看出，数字 0~9 的 ASCII 码为 30H~39H，因此在编程中遇到 0~9 数值要转换为 ASCII 码时，直接加上 30H 就得到了该数值的 ASCII 码。

例 1-8 编程将变量 a 中的数值（≤9）转换为 ASCII 码。

```
unsigned char convt( unsigned char a){    //函数 convt 的变量 a 是不大于 9 的数值
    unsigned char x;                       //定义变量,取值范围是 0~255
    x = a + '0';                           //或者 x = a + 0x30;将 a 中的数值加 0x30 后就是 ASCII 码
    return x;                              //函数 convt 返回的是变量 a 的 ASCII 码
}
```

习题 1

1. 为什么计算机要采用二进制数？为什么要学习十六进制数？
2. 什么是单片机？单片机与微型计算机的主要区别是什么？
3. 单片机的主要应用领域有哪些？
4. 用十进制、二进制和十六进制形式写出一个字节和一个字能表达的最大无符号数。
5. 如果仅使用单片机的 12 根地址线寻址，可扩展的数据存储器的空间有多大？（寻址范围）
6. 将下列十进制数转换为二进制和十六进制数，对于小数，可以仅取 4 位二进制位。
   (1) 130   (2) 123.47   (3) 0.6   (4) 255   (5) 1024   (6) 97
7. 将下列二进制数转换为十进制和十六进制数。
   (1) 101100111   (2) 1000000   (3) 10110011.1101   (4) 1100.1
8. 将下列十六进制数转换为十进制和二进制数。
   (1) 756H   (2) ABCH   (3) 4F.AH   (4) 10.01H
9. 已知下列二进制数，试求 X + Y，X - Y。

(1) X = 1011 0011, Y = 0010 0111

(2) X = 1000 0000, Y = 0101 1100

(3) X = 0101 0011, Y = 0010 0101

(4) X = 1101 1100, Y = 0001 0110

10. 已知下列二进制数, 试求 X∨Y, X∧Y, X⊕Y。

(1) X = 1011 0011, Y = 1000 1111

(2) X = 1000 0000, Y = 0101 1100

(3) X = 1011 0011, Y = 0110 1101

(4) X = 1001 1100, Y = 1010 0110

11. 已知下列十六进制数, 试求 X + Y, X – Y, X∨Y, X∧Y, X⊕Y。

(1) X = A2H, Y = 1CH

(2) X = FEH, Y = EFH

12. 仿照表 1-1 列出十进制数 128 ~ 132 的 8421BCD 码。

13. 用十六进制形式写出下列字符的 ASCII 码:

(1) AZ3 (2) Name@163.com (3) 2017/03/01

14. 思考题

某会议参会人员来自京津冀三地, 大会需要编写参会人员的计算机管理系统, 参会人数不超过 3000 人, 如果要给每个参会人员设定一个唯一的二进制 ID 代码, 请问至少需要多少位二进制才够用? 假设这个 ID 代码的最高位是性别信息, 1 代表女性, 0 代表男性, 那么 3000 参会人员最少要多少二进制位才能构成该代码? 除了性别信息, 假设还需要在 ID 代码中识别参会人员的来源省份, 如何设计二进制 ID 代码?

第 2 章 AT89C51 单片机的结构

单片机是一种集成电路芯片,是采用超大规模集成电路技术把具有数据处理能力的中央处理器(CPU)、随机存储器(RAM)、只读存储器(ROM)、多种 I/O 口和中断系统、定时/计数器等功能集成到一块硅片上构成的一个小而完整的计算机系统。

与微型计算机不同,AT89C51 单片机内部资源有限,而且对 AT89C51 单片机的应用属于底层开发,因此,了解其内部结构对单片机的应用非常重要。本章需要重点掌握的内容包括:片内 RAM 各部分的用途、SFR 中各寄存器的含义、堆栈的概念、片外 RAM 的存取方式、ROM 以及中断向量表的含义、时钟电路与时序概念、复位电路与机器周期的概念等。

2.1 AT89C51 单片机的内部结构及引脚功能

2.1.1 AT89C51 单片机的内部结构

AT89C51 是具有 MCS-51 内核、片内带有 4 KB 的 Flash ROM 的 8 位单片机,图 2-1 为 AT89C51 基本结构示意图。

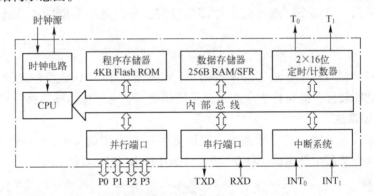

图 2-1 AT89C51 单片机基本结构示意图

从图中可以看出,单片机有一条内部总线,各个功能模块都连在这条总线上,通过内部总线传送数据信息和控制信息。AT89C51 主要由以下部件组成。

1. CPU

CPU 是单片机的核心部分,是单片机的指挥和执行机构。AT89C51 是 8 位单片机,CPU 的各种运算和操作都是以单字节 8 位为基础进行的。从功能上看,CPU 包括两个基本部分:运算器和控制器。

(1) 运算器

运算器即算术逻辑运算单元(Arithmetic Logic Unit,ALU),是进行算术或逻辑运算的部件,可以对单字节(8位)数据进行操作。例如可实现加、减、乘、除等算术运算和与、或、异或、取反、移位等逻辑运算。操作的结果一般送回累加器（Accumulator, ACC），而其状态信息送至程序状态寄存器（Program Status Word, PSW）。

（2）控制器

控制器是用来控制单片机工作的部件。控制器接收来自存储器的指令，进行译码，并通过定时和控制电路，在规定时刻发出指令所需的各种控制信息和CPU外部所需的各种控制信号，使各部分协调工作，完成指令所规定的操作。

2. 内部数据存储器

AT89C51芯片内共有256 B（地址为：00H～FFH）的数据存储器，其中高128 B（地址为：80H～FFH）被专用寄存器SFR占用，能作为存储器供用户使用的只是低128 B（地址为：00H～7FH），用于存放可读写的数据，如程序执行过程中的变量等。

3. 内部程序存储器

AT89C51共有4 KB（地址为：0000H～0FFFH）的Flash程序存储器，用于存放程序、原始数据或表格常数。

4. 定时/计数器

AT89C51共有两个16位的定时/计数器，每个定时/计数器都可以设置成计数方式，用于对外部事件进行计数；也可以设置成定时方式，并可以根据计数或定时的结果实现对单片机运行的控制。

5. 并行I/O口

AT89C51共有4个8位的I/O口（P0、P1、P2、P3）。每个8位的口，既可用作输入口，也可用作输出口，每个口既可以8位同步读写，又可对每一位进行单独的操作，十分方便。

6. 串行口

AT89C51单片机有一个全双工的串行接口，实现单片机和其他设备之间的串行数据交换。该串行口功能较强，既可作为全双工异步通信使用，也可作为同步移位器使用。

7. 中断控制系统

AT89C51单片机有较强的中断系统，可以满足控制应用的需要。AT89C51的中断系统有5个中断源，包括两个外中断、两个定时/计数中断和一个串行口中断。

8. 时钟电路

AT89C51芯片的内部有时钟电路，但石英晶体和微调电容需外接。时钟电路为单片机产生时钟脉冲序列。

2.1.2　AT89C51单片机的引脚功能

AT89C51单片机采用40脚双列直插式的DIP40封装，还提供较小尺寸表面封装形式的PQFP/TQFP44，其引脚排列如图2-2所示。为了使结构更加紧凑，单片机的许多引脚具有双重功能。

下面分别说明各引脚的含义和功能。

1. 主电源引脚 VCC 和 VSS

VCC：接+5 V主电源。

VSS：电源接地端GND，是单片机的公共参考地。

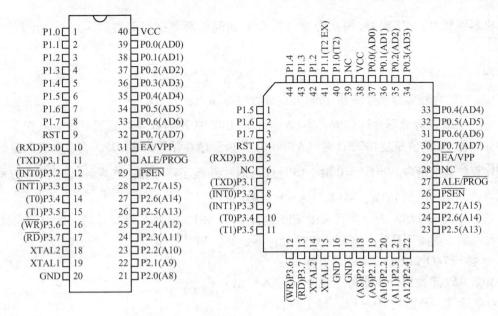

图 2-2 AT89C51 单片机的引脚和封装图

2. 时钟电路引脚 XTAL1 和 XTAL2

为了产生时钟信号，在 AT89C51 内部设置了一个反相放大器，XTAL1 是片内振荡器反相放大器的输入端；XTAL2 是片内振荡器反相放大器的输出端，也是内部时钟发生器的输入端。

当使用自激振荡方式时，XTAL1 和 XTAL2 外接石英晶振和微调电容，构成稳定的自激振荡器，产生与石英晶振同频率的时钟振荡信号。当使用外部时钟源时，XTAL1 接外部信号源，XTAL2 应悬空。

3. 控制信号引脚

（1）RST

RST 为复位输入端。单片机上电后，在该引脚上出现两个机器周期（24 个振荡周期）宽度以上的高电平，就会使单片机复位。可在 RST 与 Vcc 之间接一电容，RST 再经下拉电阻接 Vss，即可实现单片机上电复位。

（2）ALE/$\overline{PROG}$

ALE/$\overline{PROG}$ 为低 8 位地址锁存使能输出/编程脉冲输入端。

地址锁存使能输出（Address Latch Enable，ALE）：当单片机访问外部存储器时，外部存储器的 16 位地址信号由 P0 口输出低 8 位，P2 口输出高 8 位，ALE 可用作低 8 位地址锁存控制信号；当不用作外部存储器地址锁存控制信号时，该引脚仍以时钟振荡频率的 1/6 频率固定地输出正脉冲，可以驱动 8 个 LS 型的 TTL 负载。

编程脉冲输入端$\overline{PROG}$：在对片内 Flash ROM 编程（烧录）时，该引脚用于输入编程脉冲。除非设计 AT89C51 的编程器，否则不需要关心$\overline{PROG}$信号。

（3）$\overline{PSEN}$

$\overline{PSEN}$ 为外部程序存储器控制信号，即读选通信号。CPU 在访问外部程序存储器时，在每个机器周期中，$\overline{PSEN}$信号两次有效。当 CPU 访问外部数据存储器时，则不会出现$\overline{PSEN}$信号。

(4) $\overline{EA}$/VPP

$\overline{EA}$/VPP 为外部程序存储器允许访问/编程电源输入。

$\overline{EA}$外部程序存储器允许访问：当$\overline{EA}$ = 1 时，CPU 从片内程序存储器开始读取指令。当程序计数器 PC 的值超过 0FFFH 时（AT89C51 片内程序存储器为 4 KB），将自动转向执行片外程序存储器的指令。当$\overline{EA}$ = 0 时，CPU 仅访问片外程序存储器。在设计 AT89C51 的系统时，通常使用片内的 ROM，所以，$\overline{EA}$ = 1，接高电平。

VPP 为编程电源输入。在对 AT89C51 内部 Flash ROM 编程（烧写）时，此引脚应接 12 V 编程电源，如果不是为了烧写 AT89C51，不必关心 VPP 的作用。

4. 并行 I/O 口 P0 ~ P4 端口引脚

MCS – 51 单片机有 4 个并行的 8 位输入输出 I/O 双向端口，分别是 P0 ~ P3，每个并行端口有 8 个引脚，对应端口的第 0 位到第 7 位，每一位可以作为输入或者输出单独操作，因此共有 32 位 I/O 端口。P1 ~ P3 口内部有上拉电阻，而 P0 口是漏极开路型端口，没有如图 2-3 所示的内部上拉电阻，使用时大多需要外加上拉电阻，P1 ~ P3 口作为 I/O 端口，内部结构相似，以 P1 的其中 1 个引脚（其中 1 个位）为例，结构如图 2-3 所示。

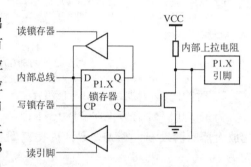

图 2-3　P1 口其中 1 位的结构图

当输出 1 时，场效应管关断，引脚电平通过上拉电阻设置为 VCC；输出 0 时，场效应管导通，引脚电平被短接到地，输出电平 0；输入时，需要先输出"1"，关断场效应管，再读取引脚的状态。否则，如果之前对端口输出过 0，使场效应管导通，读入的引脚将总是 0。

(1) P0 口（P0.0 ~ P0.7）

P0 口是一个 8 位漏极开路型双向 I/O 端口。

P0 口可作通用 I/O 口使用，由于没有内部的上拉电阻，P0 口输出高电平时，引脚是高阻状态，所以必须外部接上拉电阻。在端口进行输入操作前，应先向端口的输出锁存器写"1"。在 CPU 访问片外存储器时，P0 口自动作为地址/数据复用总线使用，分时向外部存储器提供低 8 位地址和传送 8 位双向数据信号。

(2) P1 口（P1.0 ~ P1.7）

P1 口是一个内部带上拉电阻的 8 位准双向 I/O 端口。当 P1 输出高电平时，能通过内部上拉电阻向外部引脚提供电流输出高电平，因此，不需再外接上拉电阻。当端口用作输入时，也应先向端口的输出锁存器写入"1"，然后再读取端口数据。

(3) P2 口（P2.0 ~ P2.7）

P2 口也是一个内部带上拉电阻的 8 位准双向 I/O 端口。P2 作为通用 I/O 端口时，使用方法与 P1 口相同。当 CPU 访问外部存储器时，P2 口自动用于输出高 8 位地址，与 P0 口的低 8 位地址一起形成外部存储器的 16 位地址总线。此时，P2 口不再作为通用 I/O 口使用。

(4) P3 口 (P3.0 ~ P3.7)

P3 口是一个内部带上拉电阻的 8 位多功能双向 I/O 端口。P3 作为通用 I/O 端口时，使用方法与 P1 口相同。P3 口除了作通用 I/O 端口外，它的各位还具有第二功能。无论 P3 口作通用输入输出口，还是作第二输入功能口使用，相应位的输出锁存器和第二输出功能端都应置"1"。

P3 口作为第二功能使用时各引脚定义见表 2-1。

表 2-1 P3 口的第二功能表

端　　口	引脚（DIP40 封装）	第 二 功 能
P3.0	10	RXD（串行输入口）
P3.1	11	TXD（串行输出口）
P3.2	12	INT0（外部中断 0 输入）
P3.3	13	INT1（外部中断 1 输入）
P3.4	14	T0（定时/计数器 0 的外部计数输入）
P3.5	15	T1（定时/计数器 1 的外部计数输入）
P3.6	16	WR（外部数据存储器写脉冲输出）
P3.7	17	RD（外部数据存储器读脉冲输出）

2.2 AT89C51 单片机的存储器配置

一般微机通常是程序和数据共用一个存储空间，属于"冯·诺依曼"（Von Neumann）结构。而单片机的存储器组织结构则把程序存储空间和数据存储空间严格区分开来，属于"哈佛"（Harvard）结构。

2.2.1 AT89C51 存储器配置的特点

如图 2-4 所示，AT89C51 单片机存储器在物理结构上分成四个存储空间：片内程序存储器、片外程序存储器、片内数据存储器和片外数据存储器。从用户使用的角度，即从逻辑上考虑，则有三个存储空间：片内外统一编址的 64 KB 程序存储器地址空间（0000H ~ FFFFH）、256 B 的片内数据存储器地址空间（00H ~ FFH）及片外数据存储器地址空间（0000H ~ FFFFH）。

CPU 在访问三个不同的逻辑空间时，通过采用不同形式的指令，来产生相应的存储器选通信号，例如：访问程序存储器使用 MOVC 指令、访问片内数据存储器使用 MOV 指令、访问片外数据存储器使用 MOVX 指令。

由图 2-4 可见，AT89C51 的内部程序存储器（ROM）的地址空间为 0000H ~ 0FFFH，外部程序存储器的地址空间为 0000H ~ FFFFH。

内部数据存储器（RAM）地址空间为 00H ~ 7FH，特殊功能寄存器（共 21 个）在内部 RAM 的 80H ~ FFH 地址空间内。而外部数据存储器地址空间为 0000H ~ FFFFH。

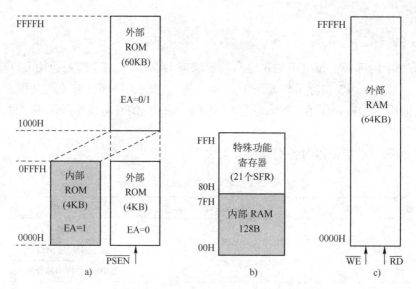

图 2-4 AT89C51 的存储器结构示意图
a）内、外程序存储器 b）内部数据存储器 c）外部数据存储器

2.2.2 AT89C51 的程序存储器

程序存储器用于存放编好的程序及程序中用到的常数，在程序调试运行成功后，由开发机将程序写入程序存储器。

程序存储器由 ROM 构成，单片机掉电后 ROM 内容不会丢失。AT89C51 片内有 4 KB 的 flash ROM，早期 Intel 的 8031 片内无程序存储器，8751 片内有 4 KB 的 EPROM。片内、片外程序存储器的地址空间是连续的。

由于现在单片机的可选择范围很大，在设计时尽可能不用外接的程序存储器（外部扩展 ROM），程序容量大时，可以选用同类型更大容量 ROM 的单片机。AT89C52 的内部 flash ROM 有 8 KB，AT89C55 的内部 flash ROM 达到了 20 KB。引脚和封装与 AT89C51 相同，指令也兼容。

当 AT89C51 引脚 $\overline{EA}$ = 1（接高电平）时，CPU 从内部程序存储器获取程序指令（即 AT89C51 的程序计数器 PC 指向片内的 0000H ~ 0FFFH 地址），当 PC 的值超过 0FFFH，CPU 自动转向访问外部程序存储器，即自动执行片外程序存储器中的程序。

当 $\overline{EA}$ = 0（接地）时，CPU 从外部程序存储器获取程序指令（AT89C51 程序计数器 PC 指向片外的 0000H ~ FFFFH 地址），内部的程序存储器不论是否有程序，将被忽略，CPU 总是从外部程序存储器中取指令，外部程序存储器要配合引脚 $\overline{PSEN}$ 进行访问。

在程序中使用的常数和表格，应存放在程序存储器 ROM 中，这些 ROM 中的数据用 MOVC 指令访问。

在程序存储器中，AT89C51 定义了 6 个地址单元用于特殊用途。

0000H：CPU 复位后，PC = 0000H，程序总是从程序存储器的 0000H 单元开始执行。

0003H：外部中断 0 中断服务程序入口地址。

000BH：定时器/计数器 0 溢出中断服务程序的入口地址。

0013H：外部中断 1 中断服务程序入口地址。

001BH：定时/计数器1溢出中断服务程序的入口地址。

0023H：串口中断服务程序的入口地址。

AT89C51单片机的程序是从0000H开始执行的，单片机上电或复位后程序计数器PC等于0000H。

除0000H外，其他5个单元对应单片机的5个中断源，称为单片机的中断入口地址。中断响应后，按中断种类由单片机硬件控制程序计数器PC自动跳转到对应的单元地址执行程序。例如，单片机响应定时器/计数器0溢出中断，则PC=000BH，执行位于000BH处的中断服务程序。由于这5个特殊用途的存储单元相距只有8个地址空间，在实际编程使用时，通常在入口处放置一条转移指令，使之跳转离开该区域，去执行中断服务程序。

同样为避开中断入口地址区，在0000H单元通常是一条跳转指令，跳离中断地址区域到实际程序的开始处。

2.2.3　AT89C51低128 B的片内数据存储器

数据存储器由RAM构成，一旦掉电，其数据将丢失。

AT89C51数据存储器如图2-4b所示，大体分为两部分。低128 B（低128字节）的数据存储器区和高128 B（高128字节）的特殊功能寄存器区，用8位地址寻址，共256个B。

低128 B的数据存储器（地址范围：00H~7FH）用于存放程序运算的中间结果，以及用作缓存、堆栈等。低128 B的数据存储器的存储器配置如图2-5所示，分为三个区域，即工作寄存器区、位寻址区和用户RAM区。地址00~1FH为通用寄存器区；20H~2FH为位寻址区；30H~7FH为用户RAM区。

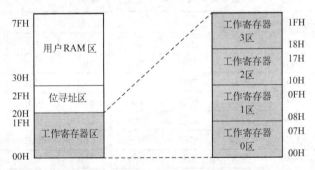

图2-5　片内数据存储器RAM的配置

对低128 B的数据存储器可采用直接寻址和间接寻址方式进行访问，而高128 B的特殊功能寄存器区只能采用直接寻址方式访问。

1. 工作寄存器区

在低128 B的RAM区中，将地址00H~1FH共32个单元设为工作寄存器区，分为4组，每组由8个单元按组组成通用寄存器R0~R7。通用寄存器R0~R7不仅用于暂存中间结果，而且是CPU指令中重要的寻址方式。任一时刻CPU只能选用一组工作寄存器为当前工作寄存器。CPU复位后，自动选中第0组工作寄存器，即R0的地址为00H，R1的地址为01H，……、R7的地址为07H。同理，当选择第1组寄存器时，R0的地址为08H，……、R7的地址为0FH。程序中未用到的工作寄存器组存储区域可以作为用户RAM使用。

通过程序对程序状态字 PSW 中的 RS1、RS0 位进行设置，以实现工作寄存器组的切换，对应关系见表 2-2。

表 2-2 工作寄存器选择

RS1	RS0	寄存器组	片内 RAM 地址
0	0	第 0 组	00H ~ 07H
0	1	第 1 组	08H ~ 0FH
1	0	第 2 组	10H ~ 17H
1	1	第 3 组	18H ~ 1FH

PSW 位于特殊功能寄存器区，RS1、RS0 只是 PSW 中的其中两位，其余各位后面介绍。

2. 位寻址区

地址为 20H ~ 2FH 的 16 个 RAM（字节）单元，既可以作为一般的数据存储器按字节读写，又可以按位存取。16 个 RAM 单元，每个单元 8 位，共有 128 位，为每一位分配一个地址，称为位地址，地址编码 00 ~ FFH。AT89C51 单片机可以对位直接进行操作，程序中常常将一些计算或运行中的状态、标记等作为位变量（布尔变量）存放在位寻址区。表 2-3 是位地址的分布表。

由表 2-3 可见，字节地址和位地址都是用 8 位的二进制表示，理解上容易产生混淆。字节地址单元的数据是 8 位二进制数，而位地址的数据仅是 1 位二进制数。例如，字节地址 2AH 单元的数为 0，表示位地址 50H ~ 57H 中 8 个单元的数均为 0，又例如位地址 28H 的数为 0，表示字节地址 25H 的 D0 位（最低位）为 0。也可以用"字节地址.位"表示位地址，例如 25H.1（字节地址 25H 的第 1 位 D1）等于位地址 29H。

表 2-3 AT89C51 位地址分配表

字节地址	位 地 址							
	D7	D6	D5	D4	D3	D2	D1	D0
2FH	7FH	7EH	7DH	7CH	7BH	7AH	79H	78H
2EH	77H	76H	75H	74H	73H	72H	71H	70H
2DH	6FH	6EH	6DH	6CH	6BH	6AH	69H	68H
2CH	67H	66H	65H	64H	63H	62H	61H	60H
2BH	5FH	5EH	5DH	5CH	5BH	5AH	59H	58H
2AH	57H	56H	55H	54H	53H	52H	51H	50H
29H	4FH	4EH	4DH	4CH	4BH	4AH	49H	48H
28H	47H	46H	45H	44H	43H	42H	41H	40H
27H	3FH	3EH	3DH	3CH	3BH	3AH	39H	38H
26H	37H	36H	35H	34H	33H	32H	31H	30H
25H	2FH	2EH	2DH	2CH	2BH	2AH	29H	28H
24H	27H	26H	25H	24H	23H	22H	21H	20H
23H	1FH	1EH	1DH	1CH	1BH	1AH	19H	18H
22H	17H	16H	15H	14H	13H	12H	11H	10H
21H	0FH	0EH	0DH	0CH	0BH	0AH	09H	08H
20H	07H	06H	05H	04H	03H	02H	01H	00H

对于某个地址，既可能是字节地址，也有可能是位地址，单片机如何区分？单片机访问8位的字节单元和访问1位的位单元，使用的指令或操作数是不同的，由此区分究竟是字节地址还是位地址，例如：

MOV A, 20H
MOV C, 20H

两条指令的操作数都是20H，但第一条指令对8位的累加器"A"操作，因此20H是字节单元的地址，地址内的数据内容是8位；第二条指令的目标是位操作累加器"C"，属于位操作指令，因此20H是位单元的地址，地址内的数据内容是1位。

3. 用户RAM区

在30H~7FH区的80个RAM单元为用户RAM区，只能按字节存取。由于工作寄存器区、位寻址区、数据缓冲区统一编址，可使用同样的指令访问。这三个区的单元既有自己独特的功能，又可统一调度使用。因此，工作寄存器区、位寻址区未使用的单元也可用作一般的用户RAM单元，使容量较小的片内RAM得以充分利用。

设计程序时，将中间的计算结果，作为变量存放在该区域。

4. 用户RAM区中的堆栈

（1）堆栈区域与堆栈指针SP

在应用程序中，往往需要一个后进先出的RAM缓冲区，用于子程序调用和中断响应时保护断点（主程序停止当前的运行，转而执行中断服务程序，中断服务程序完成后回到当时的停止点，继续执行主程序，将主程序停止时的PC称为断点）及现场数据。这种后进先出的RAM缓冲区称为堆栈，这里的进与出是指进栈与出栈操作，子程序调用和中断响应时保护断点的堆栈操作是由CPU硬件自动完成的，不需要编程，但是需要预留足够的堆栈RAM空间。堆栈是数据在RAM中的一种存取方式，在RAM中需开辟一个区域作为堆栈区。原则上，堆栈区可设在内部RAM的00H~7FH的任意区域，但由于00H~1FH及20H~2FH区域的特殊作用，堆栈区一般设在30H~7FH的范围内。由堆栈指针SP指向栈顶单元，在设计程序时，应对SP初始化来设置堆栈区。

（2）堆栈中数据的存取方式

AT89C51采用的是一种"先进后出"（或者称为"后进先出"）的堆栈形式，类似于日常生活中，按顺序向书架上垒放和取出书本，最先放入的在底部，最后取出；最后放入的在顶部，最先取出。AT89C51采用向上生长的堆栈，用8位的寄存器SP指向堆栈的栈顶，SP是栈顶在RAM中的地址，每存入一个数据（进栈），SP加1。

堆栈就是RAM中的用特殊方式进行数据存取的一个存储区域，如图2-6所示，第一个进栈的数据所在的存储单元称为栈底，即SP的初始值为60H。然后逐次进栈，最后进栈的数据所在存储单元称为栈顶。随着存放数据的增减，栈顶是变化的，即每进栈一个数据，SP的值加1；每出栈一个数据，SP的值减1。从栈中取数总是先取栈顶的数据，即最后进栈的数据最先取出。在图2-6中，最先取出6BH单元的89H。而最先进栈的数据最后取出，

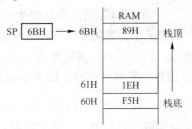

图2-6 堆栈和堆栈指针示意图

即图中 60H 中的 F5H 最后取出。

堆栈的操作有两种方式，一种是指令方式，即使用堆栈操作指令进行进/出栈操作。用户可根据需要使用堆栈操作指令，对变量进行暂存。另一种是自动方式，即在调用子程序或执行中断服务程序前，当前程序地址自动进栈，转而去运行子程序或中断服务程序，执行完成后，自动将栈内存入的地址重新载入 PC，程序回到原有地址继续运行。这种堆栈操作不需用户干预，是通过单片机硬件自动实现的。

（3）堆栈的作用

堆栈主要是为子程序调用和中断操作而设立的。其具体功能主要有两个：保存当前程序地址和保护现场。在单片机中，无论是执行子程序调用操作，还是执行中断操作，最终都要返回主程序。在单片机转去执行子程序或中断服务之前，必须考虑其返回问题。为此，单片机把主程序的当前程序地址保存在堆栈中，子程序或者中断完成后，将保存的地址从堆栈中重新赋值给程序指针 PC，回到主程序继续运行。另外，单片机在转去执行子程序或中断服务程序以后，很可能要使用单片机中的一些存储单元（包括工作寄存器、SFR 等），这样就会破坏这些存储单元中的原有内容。为了既能在子程序或中断服务程序中使用这些存储单元，又能保证在返回主程序之后恢复这些存储单元的原有内容，就需要在转中断服务程序之前把单片机中各有关存储单元的内容保存在堆栈中，这就是现场保护。

堆栈主要是为中断服务操作和子程序调用而设立的，为了使单片机能进行多级中断嵌套及多重子程序嵌套，要求堆栈具有足够的容量（或者说足够的堆栈深度）。

堆栈也可用于数据的临时存放，在程序设计中时常用到。

例 2-1 利用堆栈交换 30H 单元和 31H 单元的数据。假设当前的 SP 等于 60H，分析 SP 的变化过程。

```
PUSH 30H     ;SP 指针自动加 1,为 61H,30H 单元的数据推入地址 61H 中
PUSH 31H     ;SP 指针增加到 62H,将 31H 单元的数据推入地址 62H 中
POP  30H     ;将堆栈 62H 中的数据出栈,送入 30H,SP 指针减小到 61H
POP  31H     ;将堆栈 61H 中的数据出栈,送入 31H,SP 指针减小到 60H
```

在程序运行前，堆栈的栈顶 SP 等于 60H。

"PUSH 30H"的操作顺序为：①先将堆栈指针 SP 的内容(60H)加 1，指向堆栈顶的空单元(SP=61H)；②然后将 30H 单元的数据送到堆栈单元 61H 中。因此 61H 单元中的数据将等于 30H 中的数据，注意 30H 中原来的数据仍将维持不变。类似的过程和结果发生在指令"PUSH 31H"的执行中，此时堆栈指针 SP 为 62H，栈顶的数据为 31H 单元中的内容。

"POP 30H"的操作顺序为：①将栈顶(62H)的数据出栈到 30H 地址单元中，即将原 31H 单元中的数据送入 30H 中；②堆栈指针 SP 减 1(SP=61H)，指向原来 30H 中的数据；指令"POP 31H"再将堆栈 61H 单元中的内容出栈到 31H 中，SP=60H。从而实现了 30H 和 31H 中数据的交换，如图 2-7 所示。

例 2-1 程序是用汇编语言编写的。如果用 C 语言实现两个变量数据的交换，可用一个临时变量进行过渡，C 语言没有对堆栈直接操作（如 PUSH/POP）的指令。

在使用堆栈时要注意，由于堆栈占用内部 RAM 单元，堆栈指针 SP 如设置不当，可能引起与内部 RAM 单元中其他存储内容的冲突。栈区的大小可用"深度"表示，用户在设定

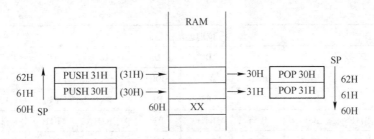

图 2-7 例 2-1 堆栈操作示意图

堆栈时应该考虑到堆栈的深度，能满足子程序和中断程序多重嵌套的最坏情况。在设计程序时尽可能减少子程序的嵌套调用，要预留足够的 RAM 空间供堆栈使用；避免与分配在 RAM 区的变量地址产生冲突，不要使堆栈超出内部 RAM 单元（7FH），否则会引起程序运行出错。而且这种错误在调试程序时，非常难以发现。

常用的做法是在程序初始化时设置堆栈深度，例如用指令 MOV SP, #60H，将 RAM 地址 61H~7FH 共 31 个地址单元作为堆栈使用，编程时堆栈不能超过 31 个存储单元，其他变量也不能使用 61H~7FH 的 RAM 区域。

2.2.4　AT89C51 的特殊功能寄存器

在片内数据存储器的 80H~FFH 单元（高 128 B）中，有 21 个单元作为特殊功能寄存器。

AT89C51 单片机的 I/O 口（P0~P3）、CPU 内的累加器 A、串行口数据缓冲器、定时/计数器以及各种控制寄存器和状态寄存器等统称为特殊功能寄存器，简称为 SFR（Special Function Registers）。

AT89C51 共有 21 个 SFR，它们离散地分布在片内 RAM 地址为 80H~FFH 的高 128 B 区域。每一个 SFR 都有一个字节地址，并定义了符号名。其地址分布见表 2-4。21 个 SFR 并未完全占满 128 个单元，若用指令访问未被占用的单元，其操作将是无意义的。对 SFR 的访问只能采用直接寻址方式。

在 21 个 SFR 中，字节地址（十六进制）的低位为 8 和 0 的 SFR 的每一位都具有位地址，可进行位寻址。且大多数可位寻址 SFR 的每一位都有一个位名。例如，寄存器 IE 的地址是 A8H，可以位寻址。第 0 位的位地址是 A8H，位名称是 EX0；第 1 位的位地址是 A9H，位名称是 ET0。特殊功能寄存器（SFR）地址表见表 2-4。

表 2-4　特殊功能寄存器（SFR）地址表

寄存器	位地址及位名称								字节地址
	D7	D6	D5	D4	D3	D2	D1	D0	
B	F7H	F6H	F5H	F4H	F3H	F2H	F1H	F0H	F0H
ACC	E7H	E6H	E5H	E4H	E3H	E2H	E1H	E0H	E0H
PSW	D7H	D6H	D5H	D4H	D3H	D2H	D1H	D0H	D0H
	CY	AC	F0	RS1	RS0	OV	F1	P	

(续)

寄存器	位地址及位名称								字节地址
	D7	D6	D5	D4	D3	D2	D1	D0	
IP	BFH	BEH	BDH	BCH	BBH	BAH	B9H	B8H	B8H
					PS	PT1	PX1	PT0	PX0	
P3	B7H	B6H	B5H	B4H	B3H	B2H	B1H	B0H	B0H
	P3.7	P3.6	P3.5	P3.4	P3.3	P3.2	P3.1	P3.0	
IE	AFH	AEH	ADH	ACH	ABH	AAH	A9H	A8H	A8H
	EA			ES	ET1	EX1	ET0	EX0	
P2	A7H	A6H	A5H	A4H	A3H	A2H	A1H	A0H	A0H
	P2.7	P2.6	P2.5	P2.4	P2.3	P2.2	P2.1	P2.0	
SBUF									99H
SCON	9FH	9EH	9DH	9CH	9BH	9AH	99H	98H	98H
	SM0	SM1	SM2	REN	TB8	RB8	TI	RI	
P1	97H	96H	95H	94H	93H	92H	91H	90H	90H
	P1.7	P1.6	P1.5	P1.4	P1.3	P1.2	P1.1	P1.0	
TH1									8DH
TH0									8CH
TL1									8BH
TL0									8AH
TMOD	GATE	C/T	M1	M0	GATE	C/T	M1	M0	89H
TCON	8FH	8EH	8DH	8CH	8BH	8AH	89H	88H	88H
	TF1	TR1	TF0	TR0	IE1	IT1	IE0	IT0	
PCON	SMOD				GF1	GF0	PD	IDL	87H
DPH									83H
DPL									82H
SP									81H
P0	87H	86H	85H	84H	83H	82H	81H	80H	80H
	P0.7	P0.6	P0.5	P0.4	P0.3	P0.2	P0.1	P0.0	

下面介绍部分 SFR 的功能，其余的 SFR 将在后续章节中陆续介绍。

1. 程序状态字寄存器 PSW

PSW 是 8 位寄存器，用作程序运行状态的标志，字节地址 D0H，位地址格式见表 2-5。

表 2-5 程序状态字寄存器 PSW 各位的名称及地址

位	D7	D6	D5	D4	D3	D2	D1	D0
位地址	D7H	D6H	D5H	D4H	D3H	D2H	D1H	D0H
名称	CY	AC	F0	RS1	RS0	OV	F1	P

当 CPU 进行各种逻辑操作或算术运算时，为反映操作或运算结果的状态，把相应的标志位置位（置1）或复位（清0）。这些标志的状态，可由专门的指令来测试，也可通过指令读出。它为单片机确定程序的下一步运行方向提供依据。PSW 寄存器中各位的名称及地址见表 2-5，下面说明各标志位的作用。

- P：奇偶标志。该位始终跟踪累加器 A 的内容中 1 的个数的奇偶性。如果有奇数个 1，则置 P 为 1，否则 P 为 0。例如，A = 01100010B（3 个 1），则 P = 1；A = 01000010B（2 个 1），则 P = 0；在 AT89C51 的指令系统中，凡是改变累加器 A 中内容的指令均影响奇偶标志位 P。
- F1：用户标志。由用户置位或复位。
- OV：溢出标志。有符号数运算时，如果发生溢出，OV 置 1，否则清 0。对于 1B 的有符号数，如果用最高位表示正、负号，则只有 7 位有效位，能表示 –128 ~ +127 之间的数。如果运算结果超出了这个数值范围，就会发生溢出，此时，OV = 1，否则 OV = 0。在乘法运算中，OV = 1 表示乘积超过 255；在除法运算中，OV = 1 表示除数为 0。
- RS0、RS1：工作寄存器组选择位，用以选择当前的工作寄存器组。RS0 和 RS1 的值与工作寄存器组的关系见表 2-2。单片机在复位后，RS0 = RS1 = 0，CPU 自然选中第 0 组为当前工作寄存器组。根据需要，用户可利用数据传送指令或位操作指令来改变 RS0 和 RS1 的值，以切换当前选用的工作寄存器组。
- F0：用户标志位，用法同 F1。
- AC：半进位标志。当进行加法（或减法）运算时，如果低半字节（位 3）向高半字节（位 4）有进位（或借位），AC 置 1，否则清 0。AC 亦可用于 BCD 码调整时的判别位。
- CY：进位标志。在进行加法（或减法）运算时，如果操作结果最高位（位 7）有进位（或借位），CY 置 1，否则清 0。在进行位操作时，CY 又作为位操作累加器 C。

2. 累加器 ACC

累加器 ACC（Accumulator）是 8 位的寄存器，是最重要的特殊功能寄存器，许多指令的操作数取自 ACC，大部分运算结果也存放在 ACC 中。在指令系统中，累加器 ACC 的助记符记为 A，作为直接地址时助记符为 ACC。

3. 寄存器 B

寄存器 B 是 8 位寄存器，主要用于乘法和除法操作指令。对于其他指令，寄存器 B 可作为一般数据寄存器使用。

4. 堆栈指针 SP

堆栈指针 SP（Stack Pointer）是一个 8 位寄存器，用它存放栈顶的地址。进栈时，SP 自动加 1，将数据压入 SP 所指向的单元；出栈时，则将 SP 所指向单元的内容弹出，然后 SP 自动减 1。因此，SP 总是指向栈顶。

5. 数据指针寄存器 DPTR

由于 AT89C51 可以外接 64KB 的数据存储器和 I/O 接口电路，因此在控制器中设置了一个 16 位的专用地址指针。它主要用以存放 16 位地址，作为间址寻址寄存器使用。它可对外部存储器和 I/O 口进行寻址。DPTR 由高字节 DPH 和低字节 DPL 两个独立的 8 位寄存器组成,分别占据83H和82H两个地址。

6. 程序计数器PC

程序计数器PC（Program Counter）是16位专用寄存器,其内容就是下一条要执行的指令首地址。CPU总是把PC的内容送往地址总线,以便从指定的存储单元中取出指令,并译码和执行。

PC具有自动加1的功能。当CPU顺序执行指令时,PC的内容以增量的规律变化着,于是当一条指令取出后,PC就指向下一条指令。如果不按顺序执行指令,在跳转之前必须将转移的目标地址送往程序计数器,以便从该地址开始执行程序。由此可见,PC实际上是一个地址指示器,改变PC的内容就可以改变指令执行的次序,即改变程序执行的路线。当系统复位后,PC=0000H,CPU便从这一固定的入口地址0000H开始执行程序。

PC客观存在于单片机中,但不在上述的RAM存储器内,这意味着不能对PC直接用指令进行读和写,PC是不可寻址的专用寄存器。但可以用跳转等流程控制方式改变PC的值。

7. 电源控制寄存器PCON

电源控制寄存器PCON位于SFR区的地址87H,不能位寻址,各位的定义见表2-6。

表2-6 电源控制寄存器PCON各位定义

位	D7	D6	D5	D4	D3	D2	D1	D0
名称	SMOD				GF1	GF0	PD	IDL

其中,PD、IDL是用于单片机低功耗工作方式的控制位;GF1、GF0是通用的标志位;SMOD是串行通信时波特率的倍速控制位,在串行通信的章节中将会介绍其用法。

8. 端口P0~P3

特殊功能寄存器P0~P3分别是I/O端口P0~P3的锁存器。AT89C51单片机把I/O当作一般的特殊功能寄存器使用,不专设端口操作指令,使用方便。

2.2.5 AT89C51的片外数据存储器

外部数据存储器又称外部RAM,当片内RAM的容量不能满足要求时,可通过总线端口和其他I/O口扩展外部数据RAM,其最大容量可达64KB。外部数据存储器和内部数据存储器的功能基本相同,但外部数据存储器不能用于堆栈操作,对外部数据存储器的访问只能使用间接寻址方式。

数据存储器与程序存储器64KB地址全部重叠,且数据存储器的片内外的低字节地址也是重叠的。所以,对片内、外数据存储器的操作使用了不同的指令。对片内RAM读写数据时,无读写信号（$\overline{RD}$和$\overline{WR}$）产生;对片外RAM读写数据时,有读写信号产生。同样,对程序存储器和数据存储器的操作也是靠不同的控制信号$\overline{PSEN}$、$\overline{RD}$或$\overline{WR}$来区分的。

另外,在片外数据存储器中,数据区和扩展的I/O口是统一编址的,使用的指令也完全相同。因此,用户在应用系统设计时,必须合理地进行外部RAM和扩展I/O端口的地址分配,并保证译码的唯一性。

2.2.6 AT89C52的存储器配置

AT89C52相当于MCS-51单片机中的52子系列,与51子系列的AT89C51相比,片内的程序存储器 flash ROM 增加到了 8KB，片内的数据存储器增加了 128B。AT89C52 的存储器结构如图 2-8 所示。

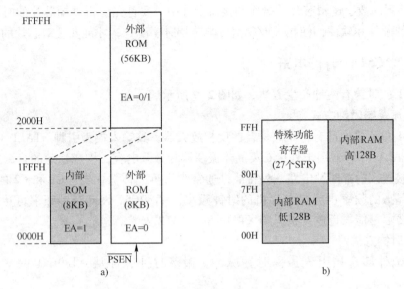

图 2-8　AT89C52 的存储器结构示意图
a) 内、外部程序存储器　b) 内部数据存储器

1. 程序存储器

AT89C52 内部程序存储器的地址范围是 0000H～1FFFH，共 8 KB，当引脚$\overline{EA}$=0 时，选用片内的程序存储器，如果不接片外程序存储器，应将程序的容量控制在 8 KB 之内。

与 AT89C51 相比，AT89C52 还增加了一个 16 位的定时/计数器，称为定时/计数器 2，也具有相应的溢出中断功能，在程序存储器中的中断入口地址为：002BH。

2. 数据存储器

AT89C52 片内 RAM 的低 128B 与 AT89C51 完全相同，高 128B 地址为两个具有相同地址的区域，一个是特殊功能寄存器（SFR），另一个是用户 RAM 区。

特殊功能寄存器增加了与定时/计数器 2 相关的 6 个寄存器，共有 27 个 SFR。但是增加的这 6 个 SFR 位于 AT89C51 中未使用的单元，而其他 21 个 SFR 与 AT89C51 的定义和地址完全相同，因此在 AT89C51 中调试通过的程序可以在 AT89C52 上运行。

AT89C52 片内高 128B 的用户 RAM，与低 128B 中 30H～7FH 的用途相同，可以用于数据暂存。但是对高 128B 的用户 RAM，只能用间接寻址方式读写。而对 SFR 只能用直接寻址方式读写，因此尽管地址相同，也不会产生混淆。

2.3　AT89C51 的时钟电路与 CPU 时序

为了保证单片机内各部件的同步工作，单片机内部电路应在唯一的时钟信号下严格地按时序进行工作，这个时钟信号就是由单片机的时钟电路产生的。

时序是指电路中各信号间的相互时间关系。单片机每执行一条指令，CPU 都要发出一系列特定的控制信号，这些控制信号在时间上的相互关系就是时序。

以时间轴为横坐标将信号之间的关系按时间序列以特定的波形表达出来，这种图就叫时序图。时序图在数字电路的分析中十分重要，在单片机的开发过程中，尤其是单片机通过 I/O 对其他外围的数字逻辑芯片的操作和接口设计中，要首先分析外围芯片的时序图，合理设计单片机的硬件和软件，使相关 I/O 信号与芯片时序配合，才能实现对芯片的操作。

2.3.1 AT89C51 的时钟电路

AT89C51 的时钟有两种产生方法，如图 2-9 所示。

1. 内部振荡器时钟方式

MCS-51 单片机内部有一个高增益的反相放大器，其输入端为引脚 XTAL1（19），输出端为引脚 XTAL2（18），用于外接石英晶体振荡器和微调电容，构成稳定的自激振荡器，发出的脉冲直接送入内部时钟电路。外接晶振通常为石英晶体振荡器。C1 和 C2 的值为 30 pF 左右；选用晶振的频率也就是单片机的时钟频率，AT89C51 最高时钟频率可达到 24 MHz。晶振和电容要尽可能靠近单片机引脚 XTAL1 和 XTAL2 安装。

2. 外部时钟方式

从单片机外部直接引入振荡时钟脉冲。振荡时钟脉冲从 AT89C51 的 XTAL1 输入，XTAL2 应悬空。

图 2-9 AT89C51 的时钟电路
a) 内部时钟方式　b) 外部时钟方式

2.3.2 单片机时序

单片机的时序是指 CPU 在执行指令时所需控制信号的时间顺序。时序信号是以时钟脉冲为基准产生的。CPU 发出的时序信号有两类：一类用于片内各功能部件的控制，由于这类信号在 CPU 内部使用，用户无须了解；另一类信号通过单片机的引脚送到外部，用于片外存储器或 I/O 端口的控制，这类时序信号对单片机系统的硬件设计非常重要。

为了便于对 CPU 时序进行分析，人们按指令的执行过程规定了几种周期，即时钟周期、机器周期和指令周期，也称为时序定时单位。

1. 时钟周期

时钟周期也称为振荡周期，定义为时钟脉冲频率（f_{osc}）的倒数，是单片机中最基本的、最小的时间单位。对同一种型号的单片机，时钟频率越高，单片机的工作速度就越快。但是，由于不同的单片机硬件电路和器件不完全相同，所以其所要求的时钟频率范围也不一定相同。

2. 机器周期

完成一个基本操作所需要的时间称为机器周期。AT89C51 有固定的机器周期，规定一个机器周期有 12 个时钟周期，也就是说一个机器周期共包含 12 个时钟振荡脉冲。显然，如果使用 6 MHz 的时钟频率，一个机器周期就是 2 μs，而如果使用 12 MHz 的时钟频率，一个机器周期就是 1 μs。

3. 指令周期

指令周期是执行一条指令所需要的时间，一般由若干个机器周期组成，指令不同，所需要的机器周期数也不同。对于一些简单的单字节指令，在取指令周期中，指令取出到指令寄存器后，立即译码执行，不再需要其他的机器周期。对于一些比较复杂的指令，例如，转移指令、乘除运算则需要两个或两个以上的机器周期。

从单片机的指令执行所需时间来看，包含一个机器周期的指令称为单周期指令，包含两个机器周期的指令称为双周期指令，只有乘除运算为四周期指令。AT89C51 单片机大部分指令为单周期指令。

对于单片机的开发而言，了解 CPU 内部在机器周期内每个指令具体的时序并无实际意义。重点是要了解单片机在不同指令下 I/O 端口的时序。例如，"INC A"是单字节指令，在一个机器周期内完成指令运算，无需知道在这一个机器周期内何时取指令，何时取操作数，又例如"MOVX A，@DPTR"指令，要重点分析信号 ALE、P0、P2、RD 在时间上的相互关系。

下面以读外部 RAM 或按总线方式读 I/O 口指令"MOVX A，@DPTR"为例说明 CPU 的时序，如图 2-10 所示。

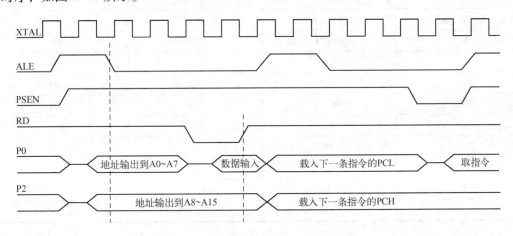

图 2-10　读外部 RAM 或 I/O 的时序图

XTAL 是 AT89C51 时钟电路的振荡器输出的时钟脉冲信号，是与单片机的晶振频率相等的周期信号，信号周期就是单片机的时钟周期。

每 12 个时钟周期就是 1 个机器周期，"MOVX A，@DPTR"指令需要 2 个机器周期，图中显示的部分，是执行该指令时与外部芯片有关的 I/O 口的时序图，有关取指令、读操作数等 CPU 内部的时序对设计者无意义，在图中没有详细的表达。真正的时序图还要反映具体时间关系的量化参数。

每个机器周期有 2 个 ALE 信号，在 1 个 ALE 信号的下降沿 P0 口输出了地址的低 8 位 A0～A7。随后，$\overline{RD}$ 信号低电平有效，同时 P0 口切换到数据输入。在此期间，P2 一直输出高位地址 A8～A15。

37

时序图上要了解的主要信息是以上这些信息时序上的关系以及具体的时间间隔参数。通过这些信息可以加深理解单片机对外部 RAM 的读写，或者对外部 I/O 按总线方式读写的过程。

按总线方式读取外部 I/O 接口电路的指令与读取外部 RAM 相同，相当于作为外部 RAM 的一个存储单元进行读取数据。

2.4　AT89C51 复位与复位电路

复位用于启动或者重新启动单片机，单片机上电初始，需要将单片机复位；或者当单片机处于未知状态，比如程序"跑飞"或进入死循环，也需要强行将单片机复位，使程序从头开始重新执行。

1. 复位状态

复位是单片机的初始化操作，其主要功能是把 PC 初始化为 0000H，使单片机从 0000H 单元开始执行程序。除了进入系统的正常初始化之外，当由于程序运行出错或操作错误使系统出现死机时，也必须对单片机进行复位，使其重新从头开始工作。

除 PC 之外，复位操作还对其他一些专用寄存器有影响，它们的复位状态见表 2-7。

表 2-7　内部寄存器复位后的状态

寄存器	内容	寄存器	内容
PC	0000H	TMOD	00H
ACC	00H	TCON	00H
B	00H	TH0	00H
PSW	00H	TL0	00H
SP	07H	TH1	00H
DPTR	0000H	TL1	00H
P0～P3	FFH	SCON	00H
IP	xx00 0000B	SBUF	xxH
IE	0x00 0000B	PCON	0xx0 0000B

其中，"x"表示数值不定。

复位后片内 RAM 中的数据不变。

2. 复位电路

在 AT89C51 正常工作过程中，当 AT89C51 单片机的 RST（DIP40 封装第 9 脚）引脚加上大于 24 个时钟周期以上的高电平脉冲时，AT89C51 单片机系统复位，PC 指向 0000H，P0～P3 输出口全部为高电平，堆栈指针写入 07H。系统即从 0000H 地址开始执行程序。

单片机的外部复位电路有上电自动复位、按键手动复位、外部复位信号输入等方式。

（1）上电复位

上电复位利用电容的充电实现。如图 2-11a 是 AT89C51 单片机的上电复位电路。图中给出了复位电路参数。上电瞬间，由于电容两端电压不能突变，RST 引脚端为高电平，出现正脉冲,其持续时间取决于 RC 电路的时间常数。RST 引脚要有足够长的时间才能保证单片机有效地复位。

(2) 按键复位

图 2-11b 是 AT89C51 单片机的上电 + 按键复位电路。上电复位过程同上。当单片机工作过程中需要复位时,按下复位按键 K1,复位端 RST 通过 100 Ω 的电阻与 VCC 电源接通,使 RST 引脚为高电平。复位按键弹起后,RST 端经 1 kΩ 的电阻接地,完成复位过程。图中,VCC 是单片机的供电电压,一般为 +5 V。

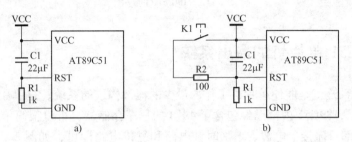

图 2-11　AT89C51 的复位电路
a) 上电复位　b) 按键复位

(3) 外接复位芯片

为了保证单片机可靠地复位,有时需要外接复位芯片,特别是当单片机处于间歇工作时,单片机需要频繁地复位。例如,在计算机监测系统中,电池供电的单片机系统受主计算机控制,平时单片机系统处于断电状态(节省电能),当主计算机接通单片机系统电源后,单片机需要可靠地上电复位进入工作状态。为提高复位的可靠性,可选用专用的复位芯片。如图 2-12 是使用 IMP810 芯片的复位电路。

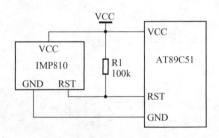

图 2-12　外接 IMP810 芯片的复位电路

IMP810 的内部有电压比较电路。电源上电、掉电或跌落期间,只要 VCC 还小于片内设定的复位门限 V_{TH},就能保证 RESET 输出高电平电压,确保复位信号有效。V_{TH} 的值有多种选择,由芯片 IMP810 型号的后缀表示。在 VCC 上升期间,RESET 维持高电平,直到电源电压升至复位门限以上。在超过此门限后,内部定时器大约再维持 140 ms 后释放 RESET,使其返回低电平。无论何时,只要电源电压降到复位门限以下(即电源跌落),RESET 引脚电平会立刻变高。

IMP810 的工作时序图如图 2-13 所示。

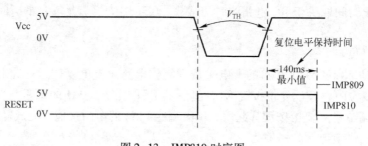

图 2-13 IMP810 时序图

2.5　AT89C51 单片机的最小系统

单片机最小系统就是能使单片机工作的最少的器件构成的系统,是单片机系统中必不可少的部分。由于 AT89C51 内部已经包含了 4 KB 的程序存储器,可以很简单地构建单片机的最小系统。在外部只需接上电源、增加时钟电路和复位电路即可,如图 2-14 所示。早期的 MCS-51 系列的 8031 等单片机由于无片内 ROM,其最小系统要复杂得多。

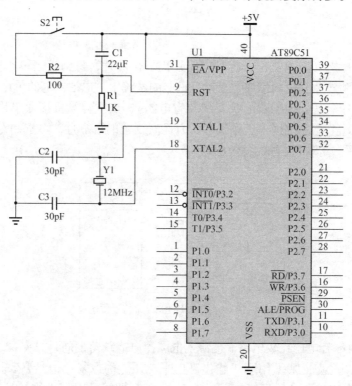

图 2-14　AT89C51 单片机的最小系统

图 2-14 是用 Protel、OrCAD 等电路设计 CAD 软件绘制的电路原理图,AT89C51 在原理图中标明了引脚的名称和引脚编号。与图 2-2 的引脚图相比,在图 2-14 中,AT89C51 没有按引脚的顺序排列,而是按引脚的原理分类排列,使原理图更加清晰、便于理解。

在最小系统的原理图 2-14 中，晶体振荡器 Y1 的频率为 12 MHz，与 30 pF 的电容 C2、C3 连接到 AT89C51 单片机的 18、19 脚，形成单片机的时钟电路。Y1 的频率决定了系统速度的快慢，AT89C51 的最高频率可达 24 MHz。电阻 R1 和电容 C1 的电路构成了单片机的上电复位电路。单片机供电电压是加在引脚 40（VCC）与引脚 20（VSS）的电位差，参考电位 VSS = 0，单片机稳定工作的理论电压 VCC = 5 V。在上电过程中，经过上电复位电路的时间延时，单片机内部各部件的工作电源达到稳定，才开始运行程序，保证各部分工作正常。上电延时时间由 R1 和 C1 的值确定。

习题 2

1. AT89C51 单片机内部包含哪些主要功能部件？各功能部件的主要作用是什么？
2. AT89C51 存储器结构的主要特点是什么？程序存储器和数据存储器有何不同？
3. 程序状态字寄存器 PSW 各位的定义是什么？
4. AT89C51 单片机内部 RAM 可分为几个区？各区的主要作用是什么？
5. 位地址 90H 和字节地址 90H 及 P1.0 有何异同？如何区别？位地址 90H 具体在内存中的什么位置？
6. 工作寄存器 R1 的地址位于内部 RAM 的 11H 单元，使用了第几组工作寄存器？对应的 RS1、RS0 为多少？
7. 什么是时钟周期？什么是机器周期？什么是指令周期？当振荡频率为 4 MHz 时，一个机器周期为多少 μs？执行一条单周期指令所需的时间为多少？如果机器周期为 2 μs，时钟频率为多少？
8. AT89C51 单片机有几种复位方法？复位后，CPU 从程序存储器的哪一个单元开始执行程序？
9. AT89C51 单片机引脚 ALE 的作用是什么？当振荡频率为 4MHz 时，ALE 上输出的脉冲频率是多少？
10. 说明引脚 31（$\overline{EA}$）的作用。
11. 论述 P0 口作为低位地址总线时，其分时复用原理。
12. 什么是堆栈？堆栈有何作用？
13. 设 SP = 65H，ACC = 98H，执行下列指令：

    PUSH ACC
    POP   32H

说明每个指令执行后的结果。

14. AT89C52 的存储器结构与 AT89C51 有何区别？如何访问 AT89C52 数据存储器高 128 B 的用户 RAM？
15. 图 2-14 单片机 AT89C51 的最小系统中，$\overline{EA}$引脚的作用是什么？为什么$\overline{EA}$接 +5 V？
16. 采用 IMP810 作为复位芯片构成单片机 AT89C51 的最小系统，画出电路原理图。

第3章 MCS-51单片机的指令系统

每种类型单片机（或者计算机）都有自己的指令系统。它展示出了单片机的操作功能，也就是它的工作原理。指令系统也是单片机功能和性能的体现，从用户使用的角度看，指令系统是提供用户使用单片机功能的软件资源。单片机的汇编语言就是以其指令系统为基础的低级语言，是了解单片机工作原理的重要途径。

3.1 指令系统基本概念

3.1.1 指令系统概述

MCS-51单片机指令系统共有111条指令，详见附录A，这些指令可以按照不同的方法进行分类。

1. 从功能上划分

数据传送类指令、算术运算类指令、逻辑操作类指令、控制转移类指令、位操作类指令。

2. 从空间属性上划分

单字节指令、双字节指令、三字节指令。

3. 从时间属性上划分

单机器周期指令、双机器周期指令、四机器周期指令。

MCS-51单片机指令系统具有如下特点：
（1）指令执行时间快。
（2）指令短，约有一半的指令为单字节指令。
（3）用一条指令即可实现2个一字节的相乘或相除。
（4）具有丰富的位操作指令。
（5）可直接用传送指令实现端口的输入输出操作。

3.1.2 指令格式

在MCS-51指令中，一般指令主要由操作码、操作数组成。操作码表示计算机执行该指令将进行何种操作；操作数表示参加操作的数本身或操作数所在的地址。

1. 指令应具有以下功能

（1）操作码指明执行什么性质和类型的操作。例如，数的传送、加法、减法等。
（2）操作数指明操作的数本身或操作数所在的地址。
（3）指定操作结果存放的地址。

2. 指令描述符号介绍

Rn——当前选中的寄存器区中的8个工作寄存器R0~R7（n=0~7）。

Ri——当前选中的寄存器区中的2个工作寄存器R0、R1（i=0，1）。
direct——8位内部数据存储器单元中的地址。
#data——包含在指令中的8位常数。
#data16——包含在指令中的16位常数。
addr16——16位目的地址。
addr11——11位目的地址。
rel——8位带符号的偏移字节，简称偏移量。
DPTR——数据指针，可用作16位地址寄存器。
bit——内部RAM或专用寄存器中的直接寻址位。
A——累加器ACC的指令助记符，是最常用的寄存器。许多指令的操作数取自ACC，许多计算的结果存放在ACC中。
B——专用寄存器，用于乘法和除法指令中。
C——CY是进位标志位。在位操作中用C作为CY的指令助记符。
@——间址寄存器或基址寄存器的前缀，如@Ri，@DPTR。
/——位操作数的前缀，表示对该位操作数取反，如/bit。
×——片内RAM的直接地址或寄存器。
（×）——由×寻址的单元中的内容。
（（×））——由×间接寻址的单元中的内容。
←——箭头左边的内容被箭头右边的内容所代替。

3.1.3 寻址方式

执行任何一条指令都需要使用操作数。寻址方式就是在指令中说明操作数所在地址的方法。根据指令操作的需要，计算机有多种寻址方式。寻址方式越多，计算机的功能就越强大，指令系统也就越复杂。MCS-51系列单片机指令系统共有7种寻址方式。

1. 立即寻址

指令中直接给出操作数的寻址方式。出现在指令中的操作数称为立即数，因此称这种寻址方式为立即寻址。立即数用前面加有#号的8位或16位数来表示。

例如：

```
MOV A,#6CH        ; A←6CH
MOV P1,#0FEH      ; P1←FEH
MOV DPTR,#3400H   ; DPTR←3400H
MOV 30H,#40H      ; 30H 单元←40H
```

上述四条指令执行完后，累加器A中数据为立即数据6CH，P1口中数据为FEH，DPTR寄存器中数据为3400H，30H单元中数据为40H。

2. 直接寻址

指令中直接给出操作数地址的寻址方式。能进行直接寻址的存储空间有内部数据RAM的低128B和SFR寄存器。（AT89C52内部数据RAM的高128B，只能使用寄存器间接寻址）。

特别应说明,直接寻址是访问特殊功能寄存器的唯一方法。

例如:已知内部 RAM(30H)=50H,则

  MOV P1,30H   ;P1←内部 RAM30H 单元中的内容

30H 为直接给出的内部 RAM 的地址,P1 为直接寻址寄存器的符号地址。指令执行完后,P1 中数据为 50H。

  MOV PSW,#20H   ;PSW←20H

PSW 为直接寻址寄存器的符号地址。指令执行完后,PSW 中数据为 20H。

3. 寄存器寻址

以通用寄存器的内容为操作数的寻址方式。通用寄存器指 A、B、DPTR 以及四个寄存器组中的 R0~R7。

例如:已知 R0=70H,A=25H,DPTR=0300H,则

  MOV 30H,R0 ;(30H)←R0,将 R0 中的内容传送到地址 30H 中,(30H)=70H
  INC DPTR   ;DPTR←DPTR+1,将 DPTR 中的内容加 1 后,再传送回 DPTR 中
  ADD A,#20H   ;A←A+20H,将 A 中的内容与立即数 20H 相加后,传送回 A 中

指令执行完后,(30H)中数据为 70H,DPTR 中数据为 0301H,A 中数据为 45H。

4. 寄存器间接寻址

以寄存器中内容为地址,该地址中内容为操作数的寻址方式。在这种寻址方式下,寄存器中存放的不是操作数本身,而是操作数的地址,通过这个地址找到的才是操作数。间接寻址的存储器空间包括内部数据 RAM 和外部数据 RAM。为了区别寄存器寻址方式,在寄存器前面添加"@",表示间接寻址。

能用于寄存器间接寻址的寄存器有 R0,R1,DPTR。使用寄存器间接寻址指令时应特别注意:

(1)R0、R1 必须是工作寄存器组中的寄存器。@R0 或@R1 可以对 AT89C51 内部数据 RAM 的低 128 B 或者外部数据 RAM 的低 256 B 进行访问。还可以对 AT89C52 内部数据 RAM 的 256 B 或者外部数据 RAM 的低 256 B 进行访问。

(2)@DPTR 可以用于访问全部的 64 KB 外部数据 RAM/ROM。

例如:已知 R0=40H,内部 RAM(40H)=50H,外部 RAM(40H)=60H,DPTR=0300H,顺序执行以下指令:

  MOV A,@R0   ;A←内部 RAM(R0),A=50H。
  MOVX A,@R0   ;A←外部 RAM(R0),A=60H。
  MOVX @DPTR,A ;外部 RAM(DPTR)←A,将 A 的内容传送到外部 RAM 中地址为 0300H 的
         ;单元中。外部 RAM(0300H)=60H。

5. 变址寻址

以 DPTR 或 PC 作为基址寄存器,以累加器 A 作为变址寄存器,并以两者内容相加形成的 16 位地址作为操作数的地址,用该地址访问程序存储器 ROM。由于程序存储器是只读的,因此变址寻址只有读操作而无写操作,在指令符号上采用 MOVC 的形式。

例如:已知 A=60H,DPTR=0300H,PC=0200H,ROM(0261H)=09H,ROM

(0360H)=05H，分别执行下列两条指令：

  MOVC A,@ A+DPTR ;A←(A+DPTR),将 A 的内容与 DPTR 的内容相加,相加的结果作为
           ;地址来取出操作数,将此操作数传送给 A,指令执行完后, A =05H。
  MOVC A,@ A+PC ;A←(A+PC),将 A 的内容与 PC 的内容相加,相加的结果作为地址
           ;来取出操作数,将此操作数传送给 A。这条指令与上条指令不同的
           ;是,基址寄存器是 PC。指令执行完后, A =09H。

6. 相对寻址

在相对转移指令中使用,以当前程序计数器 PC 的内容为基础,加上指令给出的一字节补码数（偏移量）形成新的 PC 值的寻址方式。相对寻址用于修改 PC 值,主要用于实现程序的分支转移。在实际编程时,一般不直接写出偏移量,而是写出跳转的目的地址（标号地址）。

例如：

  SJMP LOOP;LOOP 是程序中某一行的标号,指令执行结果就是跳转到该行

7. 位寻址

位寻址只能对有位地址的单元进行操作。位寻址其实是一种直接寻址方式,不过其地址是位地址。位寻址的寻址范围包括内部 RAM 低 128 B 中的位寻址区（20H ~ 2FH）共 128 位,还有内部 RAM 高 128 B 中 11 个 SFR 中的 83 位。

例如：

  SETB 10H   ;将 10H 位置 1,其中 10H 是直接使用位地址。
  MOV 22H.0,C ;22H.0←进位 CY,其中 22H.0 是内部 RAM 中 22H 单元的
        ;第 0 位,是字节地址加位序号的形式。
  ORL C,PSW.0 ;CY←CY∨PSW.0,其中 PSW.0 表示 PSW 的第 0 位,
        ;是字节符号地址(字节名称)加位序号的形式。
  ANL C, P ;CY←CY∧P,其中 P 是 PSW 的第 0 位,是位符号地址(位名称)的形式。

例 3-1 比较下列三组指令的执行结果

（1）MOV 20H, #03H ;字节指令,结果是将内部 RAM 中 20H 字节单元赋值为
         ;立即数 03H,即内部 RAM 中 20H 字节单元的 8 位中,
         ;第 0 位和第 1 位是 1,第 2 位到第 7 位都是 0。
（2）SETB 20H.0 ;位指令,将内部 RAM 中 20H 字节的第 0 位置 1
  SETB 20H.1 ;位指令,将内部 RAM 中 20H 字节的第 1 位置 1
（3）SETB 00H   ;位指令,其中 00H 是位地址,结果是将
        ;内部 RAM 中 20H 字节的第 0 位置 1
  SETB 01H   ;位指令,其中 01H 是位地址,结果是将
        ;内部 RAM 中 20H 字节的第 1 位置 1

由此可见,三组不同的指令都可以使内部 RAM 中 20H 字节第 0 位和第 1 位置 1。

对于 MCS - 51 单片机的寻址方式需要注意到：

（1）对程序存储器 ROM 只能采用变址寻址方式读取其中的数据。

（2）对特殊功能寄存器空间只能采用直接寻址（可以用符号来代表地址）,不能采用寄

存器间接寻址方式。

（3）AT89C52 内部数据存储器高 128 B，只能采用寄存器间接寻址方式，不能采用直接寻址方式。

（4）内部数据存储器低 128 B 既能采用寄存器间接寻址方式，又能采用直接寻址方式。

（5）外部扩展的数据存储器只能采用 MOVX 指令来访问。

3.2 指令系统

MCS-51 单片机指令系统共 42 种操作助记符，用来描述 33 种操作功能，由 111 条指令组成。MCS-51 指令系统按功能分类如下：

数据传送类指令（29 条）、算术运算类指令（24 条）、逻辑运算类指令（24 条）、控制转移类指令（17 条）、位操作类指令（17 条）。

3.2.1 数据传送类指令

传送类指令是指令系统中最活跃、使用最多的一类指令，主要用于数据的保存及交换等场合，共 29 条。按其操作方式，又可把它们分为三种：数据传送、数据交换和栈操作。助记符有：MOV、MOVX、MOVC、XCH、XCHD、SWAP、PUSH、POP。

1. 内部 RAM 数据传送指令

（1）以累加器 A 为目的操作数的指令（影响奇偶标志位 P）

这组指令的功能是把源操作数指定的内容送入累加器 A 中。有立即寻址、直接寻址、寄存器寻址和寄存器间接寻址 4 种寻址方式。

```
MOV A,#data      ;立即寻址
MOV A,direct     ;直接寻址
MOV A,Rn         ;n = 0 ~ 7,寄存器寻址
MOV A,@Ri        ;i = 0 ~ 1,寄存器间接寻址
```

例如：若 R1 = 50H，R3 = 60H，内部 RAM（30H）= 08H，内部 RAM（50H）= 03H，则

```
MOV A,#20H       ;将立即数 20H 传送给 A,A = 20H。
MOV A,30H        ;将 30H 单元的内容传送给 A,A = 08H。
MOV A,R3         ;将寄存器 R3 的内容传送给 A,A = 60H。
MOV A,@R1        ;将寄存器 R1 的内容 50H 作为地址,将存放在该地址中的内容
                 ;传送给 A,A = 03H。
```

（2）以 Rn 为目的操作数的指令

这组指令的功能是把源操作数的内容送入当前工作寄存器组的 R0 ~ R7 中的某一寄存器。源操作数有立即寻址、直接寻址和寄存器寻址 3 种寻址方式。

```
MOV Rn,#data     ;n = 0 ~ 7,立即寻址
MOV Rn,direct    ;n = 0 ~ 7,直接寻址
MOV Rn,A         ;n = 0 ~ 7,寄存器寻址
```

例如：若 A = 50H，内部 RAM(30H) = 60H，则

  MOV R5,#23H ;将立即数 23H 传送给 R5,R5 = 23H
  MOV R6,30H   ;将 30H 单元的内容传送给 R6,R6 = 60H
  MOV R7,A   ;将累加器 A 的内容传送给 R7,R7 = 50H

（3）以直接地址为目的操作数的指令

这组指令的功能是把源操作数指定的内容送到由直接地址 direct 所指定的片内 RAM 中。有立即寻址、直接寻址、寄存器寻址和寄存器间接寻址 4 种寻址方式。

  MOV direct,#data ;立即寻址
  MOV direct,direct ;直接寻址
  MOV direct,A   ;寄存器寻址
  MOV direct,Rn   ;n = 0 ~ 7,寄存器寻址
  MOV direct,@Ri   ;i = 0 ~ 1,寄存器间接寻址

例如：若 R0 = 50H，R4 = 38H，内 RAM(40H) = 05H，内 RAM(50H) = 25H，A = 12H，则

  MOV 50H,#20H ;将立即数 20H 传送给片内 RAM 中地址为 50H 的
         ;单元,(50H) = 20H
  MOV 55H,40H   ;将片内 RAM 中地址为 40H 的单元的内容传送给片内 RAM 中
         ;地址为 55H 的单元,(55H) = 05H
  MOV 5AH,A   ;将累加器 A 的内容传送给片内 RAM 中地址为 5AH
         ;的单元,(5AH) = 12H
  MOV 60H,R4   ;将寄存器 R4 的内容传送给片内 RAM 中地址为 60H 的
         ;单元,(60H) = 38H
  MOV 68H,@R0   ;将寄存器 R0 的内容 50H 作为地址,将存放在该地址中
         ;的内容传送给片内 RAM 中地址为 68H 的单元,(68H) = 25H

（4）以间接地址为目的操作数的指令

这组指令的功能是把源操作数指定的内容送到以 $Ri(i = 0 \sim 1)$ 中的内容为地址的片内 RAM 中。有立即寻址、直接寻址和寄存器寻址 3 种寻址方式。

  MOV @Ri, #data ;立即寻址
  MOV @Ri, direct ;直接寻址
  MOV @Ri, A   ;寄存器寻址,但不包括 Rn

例如：若 R0 = 50H，R1 = 60H，内 RAM(38H) = 05H，A = 10H，则

  MOV @R0 #40H ;将立即数 40H 传送给片内 RAM 中地址为 50H 的
         ;单元,(50H) = 40H
  MOV @R1,38H   ;将片内 RAM 中地址为 38H 的单元的内容传送给
         ;片内 RAM 中地址为 60H 的单元,(60H) = 05H
  MOV @R1, A   ;将累加器 A 的内容传送给片内 RAM 中地址为 60H 的
         ;单元,(60H) = 10H

例如：对于 AT89C52 单片机，若 R0 = 95H，R1 = F6H，内 RAM（38H）= 05H，A =

10H,则

  MOV @R0 #40H   ;将立即数 40H 传送给片内 RAM 中地址为 95H 的
          ;单元,(95H)=40H
  MOV @R1,38H   ;将片内 RAM 中地址为 38H 的单元的内容传送给
          ;片内 RAM 中地址为 F6H 的单元,(F6H)=05H
  MOV @R1, A   ;将累加器 A 的内容传送给片内 RAM 中地址为 F6H 的
          ;单元,(F6H)=10H

  对于 AT89C51 单片机,寄存器间接寻址的操作只能用于片内 RAM 低 128 B,对于 AT89C52 单片机,寄存器间接寻址的操作可以用于 256 B,也就是说 52 单片机高 128B 的片内 RAM 只能采用寄存器间接寻址的方式操作。

  (5) 16 位数据传送指令

  MOV DPTR,#data16   ;将一个 16 位数送入 DPTR 中

  这条指令的功能是把 16 位常数送入 DPTR 中。16 位的数据指针 DPTR 由 DPH 和 DPL 组成,这条指令的执行结果是把高位立即数送入 DPH,低位立即数送入 DPL 中。

  例如:

  MOV DPTR,#3300H   ;将一个 16 位立即数 3300 送入 DPTR 中,其中立即数 33H
          ;送入 DPH,立即数 00H 送入 DPL 中

  (6) 堆栈操作

  在 MCS-51 内部 RAM 中设有一个先进后出的堆栈,在特殊功能寄存器中有一个堆栈指针 SP,它指向栈顶位置,在指令系统中有两条用于数据传送的栈操作指令。

  PUSH direct   ;将直接地址中的数压入栈顶
  POP direct   ;将栈顶中的数弹出到直接地址

  进栈指令的功能是先将堆栈指针 SP 的指针加 1,然后把直接地址指向的内容传送到堆栈指针 SP 寻址的内部 RAM 单元中。出栈指令的功能是将堆栈指针 SP 寻址的内部 RAM 单元的内容送入直接地址所指的字节单元中去,同时堆栈指针减 1。

  例如:若 SP=09H, DPTR=0123H

  PUSH DPL   ;SP 的内容加 1 后变为 0AH,DPL 的内容 23H 被送到地址为
          ;0AH 的单元中,(0AH)=23H
  PUSH DPH   ;SP 的内容再加 1 后变为 0BH,DPH 的内容 01H 被送到
          ;地址为 0BH 的单元中,(0BH)=01H
  POP DPH   ;将内部 RAM 中地址为 0BH 的单元内容传送给 DPH,
          ;即 DPH=01H,SP 的内容减 1,变为 0AH
  POP DPL   ;将内部 RAM 中地址为 0AH 的单元内容传送给 DPL,
          ;即 DPL=23H,SP 的内容减 1,变为 09H

2. 累加器 A 与片外 RAM 数据传送指令

  外部数据传送是指片外数据 RAM 和累加器 A 之间的相互数据传送。累加器 A 与片外数据存储器之间的数据传送是通过 P0 口和 P2 口进行的。片外数据存储器的地址总线低 8 位和

高 8 位分别由 P0 口和 P2 口决定，数据总线也是通过 P0 口与低 8 位地址总线分时传送。片外数据存储器只能使用寄存器间接寻址方式，有 4 条指令：

  MOVX @DPTR,A ;将累加器 A 中的数写到 DPTR 指示的片外 RAM 单元
  MOVX A,@DPTR ;将由 DPTR 指示的片外 RAM 单元中的数写到累加器 A
  MOVX @Ri,A ;将累加器 A 中的数写到 Ri 指示的片外 RAM 单元
  MOVX A,@Ri ;将由 Ri 指示的片外 RAM 单元中的数写到累加器 A

  前两条指令以 DPTR 为片外数据存储器 16 位地址指针，寻址范围达 64KB。其功能是在 DPTR 所指定的片外数据存储器与累加器 A 之间传送数据。

  后两条指令是用 R0 或 R1 作为低 8 位地址指针，由 P0 口送出，寻址范围是 256B。此时，P2 口仍可用作通用 I/O 口。这两条指令完成以 R0 或 R1 为地址指针的片外数据存储器与累加器 A 之间的数据传送。

  例如：若 DPTR = 1000H，A = 30H，依次执行下列指令

  MOVX @DPTR,A ;将累加器 A 中的数 30H 写到 DPTR 指示的
         ;片外 RAM 1000H 单元中，外 RAM(1000H) = 30H。
  MOVX A,@DPTR ;将由 DPTR 指示的片外 RAM1000H 单元中的数 30H
         ;写到累加器 A，A = 外 RAM(1000H) = 30H

  例如：若 A = 30H，R0 = 50H，依次执行下列指令

  MOVX @R0,A ;将累加器 A 中的数 30H 写到 R0 指示的片外 RAM 50H 单元，
         ;外 RAM(0050H) = 30H
  MOVX A,@R0 ;将由 R0 指示的片外 RAM50H 单元中的数 30H 写到累加器 A
         ;A = 外 RAM(0050H) = 30H

3. 查表指令

  由于对程序存储器只能读而不能写，因此其数据传送是单向的，即从程序存储器读取数据，且只能向累加器 A 传送。这类指令共有 2 条，其功能是对存放于程序存储器中的数据表格进行查找传送，所以又称查表指令。

  MOVC A,@A+DPTR ;A 与 DPTR 之和作为地址，取出内容送到 A
  MOVC A,@A+PC ;A 与 PC 之和作为地址，取出内容送到 A，

  这两条指令都为变址寻址方式。前一条指令以 DPTR 作为基址寄存器进行查表，使用前可先给 DPTR 赋予任何地址，因此查表范围可达整个程序存储器的 64 KB 空间。后一条指令是以 PC 作为基址寄存器，虽然也提供 16 位基址，但其值是固定的，由于 A 的内容为 8 位无符号数，所以这种查表指令只能查找所在地址后 256 B 范围内的常数或代码。

  例如：若 DPTR = 1000H，A = 30H，PC = 1200H，(1030H) = 50H，(1231H) = 55H

  MOVC A,@A+DPTR ;将 1000H 与 30H 之和 1030H 作为地址，取出内容 50H 送到 A
         ;A = ROM(1030H) = 50H
  MOVC A,@A+PC ;将 1201H 与 30H 之和 1231H 作为地址，取出内容 55H 送到 A
         ;A = ROM(1231H) = 55H

4. 交换指令

数据交换的传送操作是指两个数据空间的数据交换操作。有全交换 XCH、半交换 XCHD 和自交换 SWAP，共 5 条指令：

    XCH A,Rn   ;A 的内容与 Rn 的内容交换
    XCH A,direct   ;A 的内容与直接地址中的内容交换
    XCH A,@Ri   ;A 的内容与(Ri)的内容交换

这组指令的功能是将累加器 A 的内容和源操作数的内容交换。源操作数有寄存器寻址、直接寻址和寄存器间接寻址方式。

    XCHD A,@Ri   ;A 的低 4 位与 Ri 向接寻址的低 4 位内容进行交换

这条指令的功能是将累加器 A 的低 4 位和（Ri）的低 4 位进行交换，各自的高 4 位保持不变。

    SWAP A   ;A.7~A.4 与 A.3~A.0 互换

这条指令的功能是将累加器 A 的低 4 位和高 4 位进行交换。

例如：若 A=30H，R0=40H，R3=50H，(38H)=61H，(40H)=58H，依次执行下列指令

    XCH A,R3   ;A 的内容与 R3 的内容交换，即 A=50H，R3=30H
    XCH A,38H   ;A 的内容与 38H 单元的内容交换，即 A=61H，(38H)=50H
    XCH A,@R0   ;A 的内容与以 R0 单元内容作为地址的单元的内容交换，
                                   ;即 A=58H，(40H)=61H
    XCHD A,@R0   ;A 的低 4 位内容 8H 与以 R0 单元内容作为地址的单元的低 4 位内容
                                   ;1H 交换，即 A=51H，(40H)=68H
    SWAP A   ;A.7~A.4 与 A.3~A.0 互换，即 A=15H

3.2.2 算术运算类指令

MCS-51 单片机算术运算类指令包括加、减、乘、除基本四则运算和增量（加 1）、减量（减 1）运算。注意指令执行后，对进位（CY）和辅助进位（AC）等标志位的影响。

1. 不带进位的加法指令

ADD 类指令是不带进位的加法运算指令，共有 4 条：

    ADD A,Rn   ;A，Rn 寄存器内容加到 A 中
    ADD A,direct   ;A，直接地址内容加到 A 中
    ADD A,@Ri   ;A，间址内容加到 A 中
    ADD A,#data   ;A，立即数加到 A 中

注意：ADD 类指令相加结果均在 A 中，相加后源操作数不变。若 A 中最高位有进位，CY 置 1，若半加位有进位，AC 置 1。A 的结果影响奇偶标志位 P。

2. 带进位的加法指令

ADDC 类指令是带进位的加法运算指令，共有 4 条：

ADDC A,Rn	;A、Rn 寄存器内容和进位位状态一并加到 A 中
ADDC A,direct	;A、直接地址内容和进位位状态一并加到 A 中
ADDC A,@Ri	;A、间址内容和进位位状态一并加到 A 中
ADDC A,#data	;A、立即数和进位位状态一并加到 A 中

ADDC 类与 ADD 类指令的区别是，相加时 ADDC 指令考虑低位进位，即连同进位标志 CY 内容一起加。

例如：若 A=0F8H，R3=75H，R1=30H，RAM(30H)=0FFH，依次执行下列指令

ADD A,#20H	;将立即数 20H 与 A 内容相加传送给 A,则 A=18H,
	;进位标志 CY 内容为 1
ADDC A,30H	;将 30H 单元的内容 0FFH 与 A 内容 18H 相加,再与 CY 相加,
	;结果传送给 A,A=18H,进位标志 CY 内容为 1
ADD A,R3	;将寄存器 R3 的内容 75H 与 A 内容 18H 相加传送给 A,
	;A=8DH,进位标志 CY 内容为 0
ADDC A,@R1	;将寄存器 R1 的内容 30H 作为地址,将存放在该地址中
	;的内容 0FFH 与 A 内容 8DH 相加,再与 CY 相加,结果
	;传送给 A,A=8CH,进位标志 CY 内容为 1

3. 带借位的减法

SUBB 类指令是带借位减法指令，其功能是将 A 中的被减数减去源操作数的内容，再减去借位标志 CY（原进位标志）状态，差值在 A 中。共有 4 条：

SUBB A, Rn	;A 减寄存器 Rn 内容及进位标志存到 A 中
SUBB A, direct	;A 减寄存器直接地址内容及进位标志存到 A 中
SUBB A, @Ri	;A 减间址内容及进位位状态存到 A 中
SUBB A, #data	;A 减立即数及进位位状态存到 A 中

SUBB 指令相减结果在 A 中，相减后源操作数不变。若相减的最高位有借位，CY 置 1，否则 CY 为 0。

例如：若 A=0F8H，R3=75H，R1=30H，RAM(30H)=80H，CY=0，依次执行下列指令

SUBB A, R3	;A 减寄存器 R3 内容 75H 及进位标志存到 A 中,A=83H,CY=0
SUBB A, 30H	;A 减 30H 内容 80H 及进位标志存到 A 中,A=03H,CY=0
SUBB A, @R1	;A 减以 R1 单元内容 30H 为地址的单元的内容 80H 及进位位状态
	;存到 A 中,A=83H,CY=1
SUBB A, #20H	;A 减立即数 20H 及进位位状态存到 A 中,A=62H,CY=0

4. 增量（加 1）指令

加 1 类指令共 5 条，其功能是将操作数内容加 1。

INC A	;A 加 1
INC Rn	;Rn 中内容加 1
INC direct	;直接地址中内容加 1
INC @Ri	;Ri 间址中的内容加 1

    INC DPTR   ;数据指针 DPTR 加 1

加 1 和减 1 指令不影响进位（CY）和辅助进位（AC）标志位。

5. 减量（减 1）指令

减 1 类指令共 4 条，其功能是将操作数内容减 1。

    DEC A   ;A 减 1
    DEC Rn   ;Rn 中内容减 1
    DEC direct   ;直接地址中内容减 1
    DEC @Ri   ;Ri 间址中的内容减 1

例如：若 A=0F8H，R0=75H，R1=30H，RAM(30H)=80H，DPTR=0090H，CY=0，依次执行下列指令

    INC A   ;A 加 1，A=0F9H
    DEC A   ;A 减 1，A=0F8H
    INC R0   ;R0 中内容加 1，R0=76H
    DEC R0   ;R0 中内容减 1，R0=75H
    INC 30H   ;直接地址中内容加 1，RAM(30H)=81H
    DEC 30H   ;直接地址中内容减 1，RAM(30H)=80H
    INC @R1   ;R1 间址中的内容加 1，RAM(30H)=81H
    DEC @R1   ;R1 间址中的内容减 1，RAM(30H)=80H
    INC DPTR   ;数据指针 DPTR 加 1，DPTR=0091H

加 1 和减 1 指令不影响进位（CY）和辅助进位（AC）标志位。

6. 十进制调整指令

十进制调整指令：

    DA A

功能是把 A 中二进制码自动调整成十进制码（BCD 码）。

例如：

    MOV A，#05H   ;将立即数 05H 送到 A
    ADD A，#08H   ;05H+08H=0DH 送到 A
    DA A   ;调整

结果：A = 13（BCD 码）。

若加法后无 DA A 指令，结果为 A=0DH（十六进制码）。注意：DA A 指令只能跟在 ADD 或 ADDC 加法指令后，不适用于减法。

7. 乘法指令

乘法指令仅 1 条，如下：

    MUL AB   ;A×B，结果是 16 位，高 8 位存入 B 中，低 8 位在 A 中

若乘积大于 FFH，则将溢出标志 OV 置 1。

8. 除法指令

除法指令也只有 1 条，如下：

```
        DIV AB                  ;A/B,商存入 A,余数存入 B
```
注意：当除数为 0 时，结果不确定，溢出标志 OV 置 1。

例如：

若 A = 4EH，B = 50H，计算 MUL AB。乘积为 1860H，其中 B = 18H，A = 60H，OV = 1

若 A = 09H，B = 02H，计算 DIV AB。余数 B = 01H，商 A = 04H，OV = 0

3.2.3 逻辑运算及位移指令

MCS-51 单片机逻辑运算类指令包括清除、求反、移位及与、或、异或等操作。

这类指令有：CLR、CPL、RL、RLC、RR、RRC、ANL、ORL、XRL，共 9 种操作助记符。

1. 两个操作数的逻辑与指令

逻辑与指令的功能是将源操作数内容和目的操作数内容按位相与，结果存入目的操作数指定单元，源操作数不变，执行后影响奇偶标志位 P。

```
        ANL A, Rn               ;A 与 Rn 中内容,结果送到 A
        ANL A, direct           ;A 与直接地址中内容,结果送到 A
        ANL A, @ Ri             ;A 与 Ri 间址中的内容,结果送到 A
        ANL A, #data            ;A 与立即数 data 结果送到 A
        ANL direct, A           ;direct 中的内容与 A,结果送到 direct
        ANL direct, #data       ;direct 中的内容与立即数 data,结果送到 direct
```

后两条指令是将直接地址单元中的内容和操作数所指向的内容按位逻辑与，结果存入直接地址单元中，若直接地址为 I/O 端口，则为"读-改-写"操作。

例如：若 A = 75H = 01110101B，R3 = 3FH = 00111111B，(40H) = 3EH = 00111110B，R0 = 40H，P1 = 3EH，依次执行下列指令

```
        ANL A, R3               ;75H 与 3FH,结果为 00110101B,即 35H 送到 A
        ANL A, 40H              ;35H 与 3EH,结果为 00110100B,即 34H 送到 A
        ANL A, @ R0             ;34H 与 3EH,结果为 00110100B,即 34H 送到 A
        ANL A, #0FH             ;34H 与 0FH,结果为 00000100B,即 04H 送到 A
        ANL P1, A               ;3EH 与 04H,结果为 00000100B,即 04H 送到 P1
        ANL P1, #0F0H           ;04H 与 F0H,结果为 00000000B,即 00H 送到 P1
```

从上述例子中可以看出，如果希望保留目的操作数的低 4 位，清零高 4 位，就使之逻辑与 0FH；反之如果希望保留目的操作数的高 4 位，清零低 4 位，就使之逻辑与 0F0H；8 位全清零，就使之逻辑与 00H。

2. 两个操作数的逻辑或指令

逻辑或指令的功能是将源操作数内容与目的操作数内容按位逻辑或，结果存入目的操作数指定单元中，源操作数不变，执行后影响奇偶标志位 P。

```
        ORL A, Rn               ;A 或 Rn 中内容,结果送到 A
        ORL A, direct           ;A 或直接地址中内容,结果送到 A
        ORL A, @ Ri             ;A 或 Ri 间址中的内容,结果送到 A
```

```
ORL A, #data              ;A 或立即数 data 结果送到 A
ORL direct, A             ;direct 中的内容或 A,结果送到 direct
ORL direct, #data         ;direct 中的内容或立即数 data,结果送到 direct
```

或运算和与运算过程类似，这里不再举例。

后两条指令的操作结果存放在直接地址单元中（若地址为 I/O 端口，也为"读 – 改 – 写"操作）。

如果希望保留目的操作数的低 4 位，高 4 位置 1，就使之逻辑或 F0H；反之如果希望保留目的操作数的高 4 位，低 4 位置 1，就使之逻辑或 0FH；8 位全置 1，就使之逻辑或 0FFH。

3. 两个操作数的逻辑异或指令

异或指令的功能是将两个操作数的指定内容按位异或，结果存于目的操作数指定单元中。异或原则是相同为 0，相异为 1，执行后影响奇偶标志位 P。

```
XRL A, Rn                 ;A 异或 Rn 中内容,结果送到 A
XRL A, direct             ;A 异或直接地址中内容,结果送到 A
XRL A, @Ri                ;A 异或 Ri 间址中的内容,结果送到 A
XRL A, #data              ;A 异或立即数 data 结果送到 A
XRL direct, A             ;direct 中的内容异或 A,结果送到 direct
XRL direct, #data         ;direct 中的内容异或立即数 data,结果送到 direct
```

后两条指令的操作结果存放在直接地址单元中（若地址为 I/O 端口，也为"读 – 改 – 写"操作）。

例如：若 A = 75H = 01110101B，R3 = 3FH = 00111111B，依次执行下列指令

```
XRL A, R3                 ;75H 异或 3FH,结果为 01001010B,即 4AH 送到 A
XRL A, #4CH               ;4AH 异或 4CH,结果为 00000110B,即 06H 送到 A
```

如果希望保留目的操作数的 8 位不变，可使之和 00H 异或；反之如果希望目的操作数 8 位取反，就使之和 0FFH 异或；如果希望目的操作数的 8 位清零，可使之和自身异或；反之，如果两个操作数异或的结果为 0，则说明二者相等，可作为判断两操作数是否相等的条件。

4. 对累加器 A 的单操作数的逻辑操作指令

(1). CPL A   ;累加器 A 内容按位取反
(2). CLR A   ;累加器 A 清 0
(3). 循环移位指令的功能是，将累加器 A 中内容循环移位或者和进位位一起移位，指令共 4 条。

```
RL A                      ;A 中内容循环左移,执行本指令一次左移一位
```

操作如下：

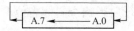

```
RR A                      ;A 中内容循环右移,执行本指令一次右移一位
```

操作如下：

  RLC A   ;A 与 CY 内容一起循环左移一位，执行本指令一次左移一位

操作如下：

  RRC A   ;A 与 CY 内容一起循环右移一位，执行本指令一次右移一位

操作如下：

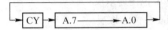

例如：若 A = 75H = 01110101B，CY = 1，依次执行下列指令

  CPL A   ;A 内容取反，结果为 10001010B，即 8AH，CY = 1
  RL A   ;A 内容循环左移，结果为 00010101B，即 15H，CY = 1
  RR A   ;A 内容循环右移，结果为 10001010B，即 8A H，CY = 1
  RRC A   ;A 内容与 CY 内容一起循环右移，结果为 11000101B，即 C5H，CY = 0
  RLC A   ;A 内容与 CY 内容一起循环左移，结果为 10001010B，即 8AH，CY = 1

3.2.4 位操作类指令

  MCS－51 系列单片机内有一个布尔处理机，它具有一套处理位变量的指令集，它以进位标志 CY 作为累加器 C，以 RAM 地址 20H～2FH 单元中的 128 位和 SFR 中地址（十六进制）为 8 的倍数的特殊功能寄存器的位地址单元作为操作数，进行位变量的传送、位状态控制、修改和位逻辑操作等操作。这类指令的助记符有：MOV、CLR、SETB、CPL、ANL、ORL、JC、JNC、JB、JNB、JBC，共 11 种操作助记符。

1. 位数据传送指令

  MOV C, bit   ;bit 位的内容送到 CY
  MOV bit, C   ;CY 的内容送到 bit 位

  这两条指令主要用于对位操作累加器 C 进行数据传送，均为双字节指令。

  前一条指令的功能是将某指定位的内容送入位累加器 C 中，不影响其他标志。后一条指令是将 C 的内容传送到指定位，在对端口操作时，先读入端口 8 位的全部内容，然后把 C 的内容传送到指定位，再把 8 位内容传送到端口的锁存器，所以也是"读－改－写"指令。

  例如：若 P2 = F0H = 11110000B，依次执行下列指令

  MOV C, P2.7   ;将 P2.7 位的内容 1,送到 CY
  MOV P2.0, C   ;将 CY 的内容 1,送到 P2.0 位

结果 P2 = 11110001B = F1H。

2. 位变量修改指令

（1）位清 0 指令

```
CLR C                ;CY 位内容清 0
CLR bit              ;bit 位内容清 0
```

位清 0 指令将 CY 或以 bit 为地址的位单元清 0。

（2）位置 1 指令

```
SETB C               ;CY 位内容置 1
SETB bit             ;bit 位内容置 1
```

位置 1 指令将 CY 或以 bit 为地址的位单元置 1。

（3）位取反指令

```
CPL C                ;CY 位内容取反
CPL bit              ;bit 位内容取反
```

位取反指令将 CY 或以 bit 为地址的位单元内容取反。

例如：若 P2 = F0H = 11110000B，依次执行下列指令

```
CPL P2.0    ;P2.0 位内容取反,从原来的 0 变为 1, P2 = 11110001B
CLR P2.7    ;P2.7 位内容清 0,从原来的 1 变为 0, P2 = 01110001B
SET P2.1    ;P2.1 位内容置 1,从原来的 0 变为 1, P2 = 01110011B
```

3. 位变量逻辑与、或指令

MCS–51 单片机的位处理器只有与、或两类逻辑指令，目的操作数为 CY，源操作数为位地址单元。

（1）与指令

```
ANL C, bit    ;将以 bit 为地址的位单元与 CY 进行与操作,结果存放在 CY 中
ANL C, /bit   ;将以 bit 为地址的位单元取反后与 CY 进行与操作,结果存放在 CY 中。
```

（2）或指令

```
ORL C, bit    ;将以 bit 为地址的位单元与 CY 进行或操作,结果存放在 CY 中
ORL C, /bit   ;将以 bit 为地址的位单元取反后与 CY 进行或操作,结果存放在 CY 中
```

位操作指令只会改变 CY 的值，而不会影响 PSW 中其他标志位。

4. 位变量条件转移指令

```
JC   rel      ;当 CY 内容为 1 时,程序跳转到指定行标号地址执行,
              ;当 CY 内容为 0 时,顺序执行
JNC  rel      ;当 CY 内容为 0 时,程序跳转到指定行标号地址执行,
              ;当 CY 内容为 1 时,顺序执行
JB   bit,rel  ;当 bit 内容为 1 时,程序跳转到指定行标号地址执行,
              ;当 bit 内容为 0 时,顺序执行
JNB  bit,rel  ;当 bit 内容为 0 时,程序跳转到指定行标号地址执行,
              ;当 bit 内容为 1 时,顺序执行
JBC  bit,rel  ;当 bit 内容为 1 时,将 bit 内容清 0,程序跳转到指定行标号地址执行,
              ;当 bit 内容为 0 时,顺序执行
```

例 3-2 根据累加器 A 中数值的正负号,为 50H 位清 0 或置 1,部分程序如下

```
        JB      ACC.7,LOOP   ;当累加器 A 的最高位是 1,表示是负数,跳转到 LOOP
        CLR     50H          ;当累加器 A 的最高位是 0,表示是正数,给 50H 位清 0
        RET
LOOP:   SETB    50H          ;给 50H 位置 1
```

3.2.5 控制转移类指令

MCS-51 提供了丰富的控制转移类指令,包括无条件转移、条件转移、调用和返回指令等。

这类指令有 AJMP、LJMP、SJMP、JMP、JZ、JNZ、CJNZ、DJNZ、ACALL、LCALL、RET、RETI、NOP,共 13 种操作助记符。

1. 无条件转移指令

(1) 绝对短跳转指令

```
AJMP    addr11        ;无条件跳转到 addr16 地址,可在 2KB 范围内转移,
                      ;称为绝对转移指令
```

(2) 长跳转指令

```
LJMP addr16           ;无条件跳转到 addr16 地址,可在 64KB 范围内转移,
                      ;称为长转移指令
```

(3) 相对短跳转指令

```
SJMP rel              ;PC 相对转移,rel 是偏移量,它是 8 位有符号数,
                      ;范围 -128~+127,即向后可跳转 128B,向前可跳转 127B。
```

上述无条件跳转指令在使用时,通常直接写出行标号地址作为目的地址。

(4) 间接跳转指令

```
JMP @A+DPTR           ;间接跳转指令,无条件转向 A 与 DPTR 内容相加后形成的新地址
```

例如:A=02H,DPTR=2030H

```
JMP @A+DPTR           ;程序跳转到 2032H 地址处运行
AJMP    STAR          ;STAR 为某行标号地址
SJMP    LOOP1         ;LOOP1 为某行标号地址
LJMP    LOOP2         ;LOOP2 为某行标号地址
```

2. 条件转移指令

(1) 判零跳转指令

```
JZ rel                ;当 A=0 时,程序跳转到指定行标号地址执行,当 A≠0 顺序执行
JNZ rel               ;当 A≠0 时,程序跳转到指定行标号地址执行,当 A=0 顺序执行
```

(2) 比较不相等跳转指令

```
CJNE A,direct,rel     ;当 A=(direct),顺序执行
```

	；当 A>(direct) 时，程序跳转到指定行标号地址执行,CY=0
	；当 A<(direct) 时,程序跳转到指定行标号地址执行,CY=1
CJNE A, #data, rel	；当 A=data, 顺序执行
	；当 A>data, 程序跳转到指定行标号地址执行,CY=0
	；当 A<data, 程序跳转到指定行标号地址执行,CY=1
CJNE Rn, #data, rel	；当 Rn=data, 顺序执行
	；当 Rn>data, 程序跳转到指定行标号地址执行,CY=0
	；当 Rn<data, 程序跳转到指定行标号地址执行,CY=1
CJNE @Ri, #data, rel	；当(Ri)=data, 顺序执行
	；当(Ri)>data, 程序跳转到指定行标号地址执行,CY=0
	；当(Ri)<data, 程序跳转到指定行标号地址执行,CY=1

例 3-3 编写程序，将内存 RAM 中 30H~4FH 共 32 个单元清零。

```
        MOV R0,#30H        ;置清零区首地址
        CLR A              ;将 A 清零
LOOP:   MOV @R0,A          ;将指定地址单元清零
        INC R0             ;修改间接地址
        CJNE R0,#50H,LOOP  ;判断 32 个单元是否全部完成清零
        SJMP $             ;原地等待
```

其中：SJMP $ 等价于

```
here: SJMP here
```

（3）减 1 不为 0 跳转

DJNZ Rn, rel	；Rn 的内容减 1 送回给 Rn
	；当 Rn≠0, 程序跳转到指定行标号地址执行
	；当 Rn=0, 顺序执行
DJNZ direct, rel	；当 direct 的内容减 1 送回给 direct
	；当(direct)≠0, 程序跳转到指定行标号地址执行
	；当(direct)=0, 顺序执行

例 3-4 用 DJNZ 指令实现例 3-3 清零功能

```
        MOV R0,#30H        ;置清零区首地址
        MOV R3,#32         ;置数据长度
        CLR A              ;将 A 清零
LOOP:   MOV @R0,A          ;将指定地址单元清零
        INC R0             ;修改间接地址
        DJNZ R3,LOOP       ;判断 32 个单元是否全部完成清零
        SJMP $             ;原地等待
```

3. 调用和返回指令

（1）绝对调用指令

ACALL addr11   ；两字节指令,先将 PC+2(下一个指令的地址)压入堆栈保护,

;然后把 addr11 送入 PC。编程时通常用子程序名代替地址

(2) 长调用指令

LCALL addr16　　;三字节指令,先将 PC+3(下一个指令的地址)压入堆栈保护,
　　　　　　　　;然后把 addr16 送入 PC。编程时通常用子程序名代替地址

(3) 子程序返回指令

RET　　;将保护在堆栈里的断点地址弹出,送给 PC,使 CPU 结束子程序,
　　　;返回到断点处继续执行主程序,该指令应放在子程序结束处

(4) 中断返回指令

RETI　　;将保护在堆栈里的断点地址弹出,送给 PC,使 CPU 结束
　　　　;中断服务程序,返回到断点处继续执行主程序,该指令应放在
　　　　;中断服务程序结束处,用于中断程序返回,执行该指令同时
　　　　;清除优先级状态触发器

4. 空操作指令 NOP

NOP　　;PC 指针加 1

空操作指令不做任何操作,仅仅是将程序计数器 PC 加 1,使程序继续执行下去。该指令为单字节单周期指令,执行一条空操作指令需用 1 个机器周期,因此,空操作指令常用于延时或时间上的等待。

习题 3

1. 特殊功能寄存器可用哪种寻址方式？举例说明。
2. 指出下列指令中源操作数的寻址方式。
 (1) MOV A, #50H
 (2) MOV A, @R0
 (3) MOVC A, @A+PC
 (4) MOV A, 45H
 (5) MOV DPTR, #1234
 (6) MOV P1, A
 (7) MOV A, R7
 (8) SJMP LOOP
 (9) CLR C
 (10) POP PSW
3. 阅读程序段,给每条指令加功能注释。
 (1) MOV 30H, A
 (2) MOV R0, #30H
　　MOV @R0, A

(3) MOV 30H, 65H

(4) PUSH　PSW

4. 已知 A = 0F0H，R0 = 30H，(30H) = 85H，PSW = 80H，分析下列指令执行后有关寄存器和标志位的结果是什么？

(1) ADD　A，R0

(2) ADD　　A，30H

(3) ADD　　A，#30H

(4) ADDC A，30H

(5) SUBB　A，30H

(6) SUBB　A，#30H

5. 按要求写出小程序。

(1) 将数 7FH 传给由 R1 指向的内部 RAM 单元。

(2) 交换 A 和 B 内容。

(3) 将 R2 内容传给 B。

(4) 将 4CH 单元的内容与 5CH 单元的内容交换。

(5) 将数 6CH 传给外部 RAM 的 2019H 单元。

(6) 将外部 RAM 的 2010H 单元内容传给 R0 所指的内部 RAM 单元中。

(7) 将 R7 所指的内部 RAM 单元内容传给外部 RAM 的 3012H 单元中。

(8) 交换外部 RAM 单元 2000H 和 2010H 内容。

(9) 将外部 RAM3000H 单元的数据传送到内部 RAM30H 单元。

(10) 将外部 ROM3000H 单元的数据传送到内部 RAM30H 单元。

6. 按要求写出小程序：

(1) 将 A 中的数减去 B 中的数，结果存入 A 中。

(2) 将 B 中的数减去 A 中的数，结果存入 A 中。

(3) 用加法指令完成将 R0 所指内部 RAM 单元中的数乘2，结果仍放在相同单元。

(4) 将 R0 所指的二字节单元（R0 指在低字节上，下同）内容增1。

(5) 将 R0 所指地址的二字节单元（R0 指向低 8 位地址）内容减1。

7. 按要求写出小程序。

(1) R1 或上 R2，结果存入 R1。

(2) R1 与上 R0 所指单元，结果存入 R0。

(3) 用移位指令实现将 R0 所指单元乘2。

(4) 用移位指令实现将 R2R3（R2 存放 16 位数的高 8 位，R3 存放低 8 位）除以2。

(5) 取反由 A 所指的内部 RAM 单元。

(6) 将内部 RAM30H 单元高 3 位清零，低 3 位取反，其他位不变。

(7) 将外部 RAM1000H 单元高 3 位清零，低 3 位取反，其他位不变。

(8) 将外部 RAM3000H 单元所有位置 1。

(9) A 异或上 R1 所指的外部 RAM 单元的内容，结果存入外部 RAM 相同的单元。

8. 按要求写出小程序。

(1) 比较 B 与数 7FH，不相等时转到 LAB1。

(2) 将 R0 所指的 20 个单元清 0，R0 指在最低地址单元上。

(3) 将 A 异或上 B，如果结果的低 4 位全为 0，则转移到 L1，否则转到 L2。

(4) 利用堆栈将 A、B 值传给 R2、R3。

(5) R0 所指的单元中的第 6 位如果为 1，则转到 L3。

9. 已知 R1 = 40H，内部 RAM(40H) = 50H，(4AH) = F0H；外部 RAM(2000H) = F8H。用注释方式写出对每个指令执行的结果，写出程序执行后 A 中的值。

(1) MOV A, #35H
　　MOV B, #46H
　　MOV R0, B
　　XCH A, @R0
　　XCH A, B
　　MOV A, @R0

(2) MOV DPTR, #2000H
　　MOVX A, @DPTR
　　ADD A, #4AH
　　ADDC A, 4AH
　　MOV 4AH, A
　　MOV A, @R1
　　SUBB A, 4AH

(3) CLR C
　　MOV A, #75H
　　RRC A
　　RR A

(4) ORL A, #0FFH
　　ANL 4AH, A
　　XRL A, 4AH
　　ORL A, @R1
　　CPL A
　　SWAP A

10. 判断以下指令或者说法是否正确，简述判断理由。

(1) MOV A, @R7

(2) MOV C, #20H

(3) MOV C, 20H

(4) MOV #30H, A

(5) MOV 40H, #230

(6) MOV 50H, #230H

(7) ADD 51H, #10H

(8) SUBB R1, 30H

(9) ANL P1, #10H

(10) ORL 40H, 50H

(11) RRL R5

(12) MOVX A, 2000H

(13) MOVC A, @DPTR

(14) MOV A, 1000H

(15) DJNZ R7, Loop, 如果执行前 R7=1, 执行后 R7 的值为 0, 然后转到 Loop 处。

(16) 设内 RAM(20H) = 0000 0101B, 执行指令 MOV C, 00H 后, CY = 0; 执行指令 MOV A, 20H 后, A = 05H。

(17) 设 SP = 60H, A = 30H, 指令 PUSH ACC 后, (60H) = 30H, SP = 61H。

11. 有人编了一段程序, 想完成: "将 30H 开始的 16 个数中, 大于或等于 80H 的单元内容放入 50H 以后的相应单元中"。以下是程序及编程思路, 程序有错, 请按原思路改写成正确的程序。

```
            MOV    R0,#30H        ;原始数据的首地址
            MOV    R7,#50H        ;存放大于 80H 数据的首地址
    LOOP:   MOV    R6,16H         ;原始数据的个数
            MOV    A,R0           ;取出原始数据给 A
            JNB    ACC.8,NPUT     ;判断原始数据是否大于 80H,小于则转到 NPUT
            MOV    @R7,A          ;存入大于 80H 的数
            INC    R0             ;取下一个原始数据
    NPUT:   INC    R7             ;如果小于 80H
            DJNZ   R6,LOOP        ;全部数据?,没有完成全部转到 LOOP
```

12. 编程计算将内部 RAM 地址为 35H 的数与地址为 36H 的数相加, 结果存入 30H, 即 (30H) = (35H) + (36H)。

13. 编写程序将内部 RAM20H 单元开始的 16 个字节设置为 55H。

14. 编写程序将外部 RAM 从 3000H 单元开始的 20 个字节的数据传送到内部 RAM 以 30H 开始的区域。

15. 编写程序将内部 RAM 中的两字节数相加, (40H)(41H) = (40H)(41H) + (42H)(43H)。

第4章 单片机的 C51 编程语言

C 语言是一种应用广泛的结构化设计语言。单片机 C51 语言是由 C 语言继承而来的、运行于单片机平台的编程语言。C51 语言具有 C 语言的优点,便于学习,可移植性好,同时具有汇编语言的硬件操作能力,已经成为单片机的主流程序设计语言。

本章假设读者已掌握了 ANSI C 语言,主要介绍 C51 语言相对于汇编语言的优势、与 ANSI C 的主要区别、详细语法结构特点以及使用时的注意事项。

4.1 C51 编程语言概述

4.1.1 C51 语言编程与汇编语言编程相比的优势

尽管 C51 与汇编语言相比有许多优点,但是单片机的汇编语言仍然是我们需要掌握的编程语言。因为,只有掌握了单片机的汇编语言,才能深入理解单片机的硬件、功能模块、存储器结构。另外,汇编语言的实时性,也成为对实时要求严格的系统的最佳编程语言。

C51 语言与单片机硬件结构相对独立,编程人员只需了解变量和常量的存储类型与 MCS – 51 单片机存储空间的对应关系。C51 编译器会自动完成变量的存储单元的分配,编程人员只需专注于应用软件部分的设计,这大幅度地加快了软件的开发速度。采用 C51 语言可以很容易地进行单片机的程序移植工作,有利于 C51 软件在不同单片机之间的移植。

汇编语言虽然有执行效率高的优点,但其可移植性和可读性差,而且其本身就是一种编程效率低下的低级语言,这些都使它的编程和维护极不方便,从而导致了整个系统的可靠性也较差。而使用 C51 语言进行单片机应用系统的开发,有着汇编语言编程不可比拟的优势。

1. 可读性好、编程调试灵活方便

C51 语言作为高级语言的特点决定了它的可读性好,更符合人们的思维习惯。开发人员可以更加专注于编程算法和功能实现。同时,当前几乎所有系列的单片机都有相应的 C51 语言级别的仿真调试系统,使得它的调试也十分方便。

2. 生成的代码编译效率高

当前较好的 C51 语言编译系统的编译效率已基本达到中高级程序开发人员的水平,尤其是用于开发较为复杂的单片机应用系统时更具优势。

3. 完全模块化

一种功能由一个函数模块完成,数据交换可方便地约定实现,十分有利于多人协同进行大系统项目的合作开发。同时,由于 C51 语言的模块化开发方式,使得用它开发的程序模块可不经修改地被其他项目所用,可以很好地利用现成的大量 C 程序资源与丰富的库函数,从而最大程度地实现资源共享。

4. 可移植性好

一种 C 语言环境下所编写的 C 语言程序，只需将部分与硬件相关的地方进行适度修改，就可方便地移植到另外一系列单片机上。例如：C51 下编写的程序通过改写头文件，同时做少量的程序修改，即可方便地移植到 AVR 或 PIC 系列上。也就是说，基于 C51 语言环境下的单片机系统能减小单片机系统开发的平台相关性。

5. 便于项目维护管理

用 C 语言开发的代码便于开发小组计划项目、灵活管理、分工合作以及后期维护，基本上可以杜绝因开发人员变化而对项目进度或后期维护或升级造成的影响，从而保证了整个系统的高品质、高可靠性以及可升级性。

4.1.2 单片机 C51 与 PC 上的标准 ANSI C 编译器的主要区别

尽管在程序结构、编程语法上，C51 与 ANSI C 相同，但是由于单片机本身的硬件资源与 PC 有很大的区别，使得 C51 与 PC 上的 ANSI C 有许多不同之处。由于不同单片机的硬件系统有不同的特点和不同的内部硬件资源，因此不同系列的单片机 C 语言本身也会有差异。下面以 Keil 公司的 Keil C51（以下简称 C51）编译器为例，简要说明 C51 与 ANSI C 的主要区别。其他的编译系统与 ANSI C 的差别，可具体参照指定编译系统手册。

C51 的特点和功能主要是 MCS-51 单片机自身特点引起的。从头文件来说，MCS-51 系列有不同的厂家、不同的系列产品，如仅 Atmel 公司就有大家熟悉的 AT89C2051、AT89C51、AT89C52，以及大家不熟悉的 AT89S8252 等系列产品。它们都是基于 MCS-51 系列的芯片，唯一的不同之处在于内部资源，如定时器、中断、I/O 等数量以及功能的不同，为了实现这些功能，只需将相应的功能寄存器的头文件加载在程序中，就可实现指定的功能。因此，C51 系列头文件集中体现了各系列芯片的不同功能。

通常，对于常用的单片机，C51 的编译系统都会提供相应的头文件。例如，对 AT89C52，使用头文件 "reg52.h" 声明 AT89C52 中的内部寄存器等功能部件，在 C51 编程时，可以直接使用这些功能部件。但是针对某种单片机编写的程序，由于内部硬件资源的不同，并不能适合其他的单片机，例如 AT89C52 中使用的定时/计数器 2，不能在 AT89C51 单片机系统中使用。将 C51 程序在不同的单片机之间移植，必须检查硬件的兼容性。

从数据类型来说，由于 MCS-51 系列器件包含了位操作空间和丰富的位操作指令，因此 C51 比 ANSI C 多一种 "位" 类型，使得其可同汇编一样，灵活地进行位指令操作。

从数据存储类型来说，单片机与 PC 有很大的区别。AT89C51 系列单片机有程序存储器和数据存储器。数据存储器又分片内和片外数据存储器。片内数据存储器还分直接寻址区和间接寻址区，分别对应 code、data、idata、xdata，以及根据 MCS-51 系列特点而设定的 pdata 类型。使用不同的存储器，将使程序有不同的执行效率。

从数据运算操作和程序控制语句以及函数的使用上来讲，C51 和 ANSI C 几乎没有什么明显的区别。只是在函数的使用上，由于单片机系统的资源有限，它的编译系统不允许太多的子程序嵌套。

对于 C51 与标准 ANSI C 库函数，由于部分库函数不适合单片机处理系统，因此被排除在外，如字符屏幕和图形函数。也有一些库函数继续使用，但这些库函数是厂家针对硬件特点专门开发的，它们与 ANSI C 的构成及用法都有很大的区别，如 printf 和 scanf。在 ANSI C

中这两个函数通常用于屏幕打印和接收字符,而在 C51 中,它们则主要用于串行通信口数据的发送和接收。

4.1.3 C51 的开发过程

C51 的编译器有许多公司的不同开发版本,各个版本在代码生成效率、函数库、开发调试和使用的方便性上都有区别。目前国内广泛使用的是 Keil 公司的 C51 编译器和开发环境。有关 Keil C 的使用参见附录 C。

仍以第 1 章的图 1-2 为例,说明使用 Keil C 编程的过程。

例 4-1 设图 1-2 系统要求是:当 S1 闭合时,报警灯亮;而 S1 打开时,报警灯灭。用 C51 语言编写实现该功能的程序,程序名为 ex4-1.c:

```
/*----------------------------------------------------------------
ex4-1.c 当 S1 闭合时,报警灯亮;而 S1 打开时,报警灯灭
----------------------------------------------------------------*/
#include <regx51.h>        //定义 MCS-51 的特殊功能寄存器 SFR
sbit key_s1 = P3^2;        //定义 key_s1 为 P3.2
sbit light  = P2^0;        //定义 light 为 P2.0
main( ) {
/*----------------------------------------------------------------
注意:单片机程序永远运行,因为无法如 PC 一样退出到操作系统。
----------------------------------------------------------------*/
    while(1){              //无限主循环
        key_s1 = 1;        //P3.2 作为输入端口必须先置 1
        if (key_s1 = =0){  //P3.2 是低电平? 如果 S1 按下,P3.2 为低
            light = 1;     //S1 按下,则 P2.0 输出高电平,报警灯亮
        }else{             //如果 S1 没有按下
            light = 0;     //则 P2.0 输出低电平,报警灯灭
        }
    }
}
```

使用 Keil C 集成的编辑系统编写以上程序,当然也可以使用任何文本编辑软件编写 C 程序。C 源程序编写完成后,使用 Keil C 的 C51 编译器和链接软件(用 Keil C 集成开发工具 uVision 中的 Build target 批处理),生成可以写入单片机的目标文件,通常为 HEX 文件 (ex4-1.hex),用程序烧录器将该文件写入单片机,单片机上电即可运行。同时 Build target 还生成许多中间文件,用于程序的调试,例如,从 ex4-1.lst 文件中可以看见 C 程序编译后生成的汇编程序,由此可以理解单片机硬件具体的执行过程,还可以对 C 程序编程的效率进行了解。以下是 ex4-1.lst 文件对程序执行部分的汇编程序:

```
0000             ? C0001:
0000 D2B2            SETB    P32
0002 20B204          JB      P32,? C0003
```

```
0005 D2A0              SETB    P20
000780F7               SJMP    ? C0001
0009           ? C0003：
0009 C2A0              CLR     P20
000B80F3               SJMP    ? C0001
```

可以看出，C 编译器编译的结果与我们大多人用汇编语言的编程结果相同，但是 C51 语言的可读性更好，特别是当程序更加复杂时，C51 语言有明显的优势。

4.2 C51 的标识符和关键字

标识符用来标识源程序中某个对象的名字，这些对象可以是语句、数据类型、函数、变量、数组等。C 语言是区分大小写的一种高级语言。标识符由字符串、数字和下画线等组成，第一个字符必须是字母或下画线，如"2var"是错误的，编译时会有错误提示。C51 中有些库函数的标识符是以下画线开头的，所以一般不要以下画线开头命名标识符。标识符在命名时应当简单、含义清晰，这样有助于阅读理解程序。

关键字则是编程语言保留的特殊标识符，它们具有固定名称和含义，在程序编写中不允许将关键字另作他用。在 C51 中的关键字除了有 ANSI C 标准的 32 个关键字外，还根据 C51 单片机的特点扩展了相关的关键字。在 C51 专用的文本编辑器中编写 C 程序时，可以设置编辑器使关键字以不同颜色显示。ANSI C 标准关键字见表 4-1。

表 4-1 ANSI C 标准关键字

关 键 字	用 途	说 明
auto	存储种类说明	用于声明局部变量，为默认值
break	程序语句	退出最内层循环体
case	程序语句	switch 语句中的选择项
char	数据类型声明	单字节整型数或字符型数据
const	存储种类说明	在程序执行过程中不可修改的值
continue	程序语句	转向下一次循环
default	程序语句	switch 语句中缺省选择项
do	程序语句	构成 do…while 循环结构
double	数据类型声明	双精度浮点数
else	程序语句	构成 if…else 条件结构
enum	数据类型声明	枚举类型数据
extern	存储种类说明	在其他程序模块中声明了的全局变量
float	数据类型声明	单精度浮点数
for	程序语句	构成 for 循环结构
goto	程序语句	构成 goto 循环结构
if	程序语句	构成 if…else 条件结构
int	数据类型声明	整型数

(续)

关 键 字	用 途	说 明
long	数据类型声明	长整型数
register	存储种类说明	使用 CPU 内部寄存器变量
return	程序语句	函数返回
short	数据类型声明	短整型
signed	数据类型声明	有符号整型数
sizeof	运算符	计算表达式或数据类型的字节数
static	存储种类说明	静态变量
struct	数据类型声明	结构体类型数据
switch	程序语句	构成 switch 选择结构
typedef	数据类型声明	重新进行数据类型定义
union	数据类型声明	联合类型数据
unsigned	数据类型声明	无符号数据
void	数据类型声明	无类型数据或函数
volatile	数据类型声明	声明该变量在程序执行中可被隐含地改变
while	程序语句	构成 while 和 do…while 循环结构

C51 编译器除了支持 ANSI C 标准规定的关键字外，还根据 51 系列单片机的特点扩充了一些关键字，常用的见表 4-2。

表 4-2　C51 编译器扩充关键字

关 键 字	用 途	说 明
_at_	地址定位	为变量进行绝对地址定位
priority	多任务优先声明	规定 RTX51 或 RTX51 Tiny 的任务优先级
task	任务声明	定义实时多任务函数
alien	函数特性声明	用于声明与 PL/M51 兼容的函数
bdata	存储器类型声明	可位寻址的 MCS-51 内部数据存储器
bit	位变量声明	声明一个位变量或位类型函数
code	存储器类型声明	MCS-51 的程序存储空间
COMPACT	存储器模式	按 COMPACT 模式分配变量的存储空间
data	存储器类型声明	直接寻址 MCS-51 的内部数据寄存器
idata	存储器类型声明	间接寻址 MCS-51 的内部数据寄存器
interrupt	中断函数声明	定义一个中断服务函数
LARGE	存储器模式	按 LARGE 模式分配变量的存储空间
pdata	存储器类型声明	分页寻址的 MCS-5 外部数据空间
sbit	位变量声明	声明一个位变量
sfr	特殊功能寄存器声明	声明一个 8 位特殊功能寄存器
sfr16	特殊功能寄存器声明	声明一个 16 位特殊功能寄存器
SMALL	存储器模式	按 SMALL 模式分配变量的存储空间
using	寄存器组定义	定义 MCS-5 的工作寄存器组
xdata	存储器类型声明	定义 MCS-5 外部数据空间

另外，在 C51 中，还使用"/* */"和"//"符号进行注释。注释不影响程序的功能，用于说明程序的用途、功能，增加程序的可读性和可维护性。编译后注释不存在，不影响运行文件的大小。程序设计人员要养成良好的注释习惯，一般在程序的开始要写注释，表明程序的要求、功能，以及编写人员、编写日期、版本号等信息。

4.3 C51 的变量与数据类型

4.3.1 常量与变量

1. 常量

常量又称为标量，它的值在程序执行过程中不能改变，常量的数据类型有整型、浮点型、字符型和字符串型等。

实际使用中用#define 定义在程序中经常用到的常量，或者可能需要根据不同的情况进行更改的常量，例如译码地址，而不是在程序中直接使用常量值。这样，一方面有助于提高程序的可读性，另一方面也便于程序的修改和维护，例如：

```
#define PI 3.14              //以后的编程中用 PI 代替浮点数常量 3.14,便于阅读
#define SYSCLK 12000000      //系统振荡频率的长整型常量用 SYSCLK 代替,使用 12 MHz
#define TRUE  1              //用字符 TRUE,在逻辑运算中代替 1
#define STAR ' * '           //用 STAR 表示字符" * "
#define uint unsigned int    //用 uint 代替 unsigned int,可以用于简化编辑时的输入字符
```

经过定义后，在以后的编程中可用 PI 代替 3.14；用 TRUE 代替 1；用 SYSCLK 代替 12000000，如果振荡频率更改，只需更改定义即可。

例如语句：if(key == TRUE){   }与语句 if(key == 1){   }相同。

注意 C 语言对字母的大小写是敏感的，STAR 和 star 代表不同的变量或常量，常量习惯用大写字母表示。另外，要注意到在 C51 语言（汇编语言也是同样）编辑时，除注释外，要使用英文符号，例如上述定义的字符" * "，在程序中是用英文的单引号，而不是中文单引号；语句"if(key == TRUE){   }"中的"("是英文字符，而不是中文字符的"（"。

常量分为整型常量、浮点型常量、字符型常量和字符串型常量。

1）整型常量。整型常量值：可用十进制表示，如 128，-35 等；也可以用十六进制表示，如 0x1000。

2）浮点型常量。浮点型常量用十进制小数形式表示。

如 0.12、-10.3 等，都是十进制数表示形式的浮点型常量。

3）字符型常量。字符型常量是用单引号括起来的一个字符，如'A'、'0'、'='等，编译程序将把这些字符型常量转换为 ASCII 码，例如'A'等于 0x41。对于不可显示的控制字符，可直接写出字符的 ASCII 码，或者在字符前加上反斜杠"\"组成转义符。转义符可以完成一些特殊功能和格式控制。

常用的转义符见表 4-3。

表4-3 常用的转义符

转 义 字 符	含　　义	ASCII码（16进制）
\0	空字符（NULL）	0x00
\n	换行符（LF）	0x0A
\r	回车符（CR）	0x0D
\t	水平制表符（HT）	0x09
\'	单引号	0x27
\"	双引号	0x22
\\	反斜杠	0x5C

4）字符串型常量。字符串型常量用一对双引号括起一串字符来表示，如"Hello"、"OK"等。字符串型常量由双引号作为界限符。当字符串中需要出现双引号时，需使用转义字符"\"来表示。

C语言中没有专门的字符串型数据类型，字符串是用字符数组来进行存储和处理的。在存储字符串型常量时，编译器会在字符串尾部增加一个转义字符"\0"，来表示字符串结束。

注意：字符型常量和字符串型常量是不同的。字符常量'A'占用一个字节，字符串常量"A"占用两个字节，分别保存字符"A"和字结束符"\0"。因此在申请字符串空间时要为字串结束符"\0"额外申请一个字节。

2. 变量

变量是一种在程序执行过程中，其数值不断变化的量。C51规定变量必须先定义后使用。C51的变量主要有表4-4中的各种数据类型，而sfr、sfr16、sbit这三种数据类型用于对MCS-51单片机的特殊功能寄存器（SFR）的操作，不是传统意义上的变量。C51对变量定义的格式如下：

［存储种类］数据类型［存储器类型］变量名表
［ ］内的字段为可选项，未声明时系统选择默认值。

变量的存储种类反映了变量的作用范围和寿命，将影响到编译器对变量在RAM中位置的安排。C51有四种存储种类：auto（自动）、extern（外部）、static（静态）、register（寄存器）。如果不声明变量的存储种类，则该变量将为auto变量。

与PC的C编程相比，C51的存储类型复杂很多，这是由MCS-51单片机存储器类型的多样性决定的。可以通过存储器类型的定义，将变量安排在不同的存储区域。

存储种类和存储器类型是可选项。如果没有定义变量的存储种类或存储器类型，C51编译器将根据变量定义的位置以及存储器模式，由C51编译器分配给变量在RAM中的位置（地址）。数据类型决定变量的类型以及在存储器中的长度，变量名表中各个变量用逗号隔开。例如：

```
int i,j,k;          //定义三个整型变量i,j,k
unsigned int si,sk; //定义无符号整型变量si,sk
bit my_bit;         //定义位变量my_bit
```

根据变量作用域的不同,变量可分为局部变量和全局变量。

1)局部变量:局部变量也称为内部变量,是指在函数内部或以花括号"{ }"括起来的功能模块内部定义的变量。局部变量只在定义它的函数或功能模块内有效,在该函数或功能模块外不能使用。在 C51 语言中局部变量必须定义在函数或功能模块的开头。

2)全局变量。全局变量也称为外部变量,是指在程序开始处或各个功能函数的外面定义的变量。在程序开始处定义的全局变量对整个程序都有效,可供程序中所有的函数共同使用;而在各功能函数外定义的全局变量只对全局变量定义语句后定义的函数有效,在全局变量定义之前定义的函数不能使用该变量。一般在程序开始处定义全局变量。

局部变量可以与全局变量同名,这种情况下局部变量的优先级高,同名的全局变量在该功能模块中被暂时屏蔽。当程序中的多个函数都使用同一个数据时,全局变量非常有效。但是使用全局变量也有以下缺点。

(1)全局变量由 C 编译器在动态区外的固定存储区域中存储,它在整个程序执行期间均占用存储空间,这将增大程序执行时所占的内存。

(2)全局变量是外部定义的,这将破坏函数的模块化结构,不利于函数的移植。

(3)由于多个模块均可对全局变量进行修改,处理不当时可能导致程序错误,且难以调试。因此应避免使用不必要的全局变量。

有时函数需要引用一个在其后面定义的变量或在另一个程序文件中定义的变量,可使用 extern 关键字进行外部变量声明。外部变量声明不同于外部变量定义,外部变量只定义一次,而可以多次使用外部变量声明。

4.3.2 数据类型

变量的定义格式:

[存储种类] 数据类型 [存储器类型] 变量名表

其中变量的数据类型决定变量在存储器中的长度,决定变量的取值范围。由于单片机内部资源的有限性,与在 PC 上编程的习惯有很大的不同,在 C51 中定义变量时要事先对变量的取值范围进行分析,定义适当数据类型的变量,使变量长度最小,同时又不会产生溢出。例如,两个 unsigned char(1 B)数据类型的变量的乘积可以暂存在 unsigned int(2 B)中,如果存放为 unsigned char(1 B)就会产生溢出,而存放为 unsigned long(4 B)就"浪费"了。又比如,对采集到的存放为 unsigned int 的 12 bit 的数据处理时,对小于 16 个数据求和的结果应当存放为 unsigned int(16 bit)数据类型。这些编程习惯是从编写汇编语言程序中形成的,是基于对单片机硬件资源的理解,这些也说明了为什么 C51 编程最好在了解汇编语言的基础上进行。

C51 具有 ANSI C 的所有标准数据类型。其基本数据类型包括:char、int、short、long、float 和 double,对 Keil C 的 C51 编译器来说,short 类型和 int 类型相同,double 类型和 float 类型相同。

除此之外,为了更加高效地利用 MCS-51 的结构,C51 还增加了一些特殊的数据类型,包括 bit、sfr、sfr16、sbit。

在表4-4列出的数据类型中,只有bit和unsigned char两种数据类型可以直接支持机器指令,在编程时要尽量使用这两种数据类型。

表4-4 C51变量的数据类型

数 据 类 型	长度/bit	长度/Byte	值 域
unsigned char	8	1	0~255
signed char 或 char	8	1	-128~+127
unsigned int	16	2	0~65535
signed int	16	2	-32768~+32767
unsigned long	32	4	0~4294967295
signed long	32	4	-2147483648~+2147483647
float	32	4	-1.175494E-38~+3.402823E+38
*指针		1~3	
bit	1		0或1

尽管目前单片机的发展迅速,内部资源(如内部RAM)越来越丰富,但是与计算机相比,单片机的内存资源仍然是有限的,对于单片机的初学者,特别是对习惯于在计算机上使用高级语言编程的读者而言,必须充分意识到单片机与PC的不同,仔细地定义每一个变量的数据类型,不要"浪费"。对C这样的高级语言,无论使用何种数据类型,虽然某一行程序从字面上看,其操作十分简单,但实际上系统的C编译器需要用一系列机器指令对其进行复杂的变量类型、数据类型的处理。特别是当使用浮点变量时,将明显地增加运算时间和程序的长度。

尤其对于AT89C51/52,在不扩展外部RAM时,内部RAM数量较少,能使用unsigned char,绝不使用unsigned int等多字节的数据类型,否则不仅多占用内部RAM,而且由于AT89C51是8位的单位机,对1字节的unsigned char数据类型的各种运算,都可以由单指令实现,而对多字节数据类型的运算则更复杂。因此C51对变量类型或数据类型的选择是非常关键的。

1. char 字符类型

char类型的长度是8位,1字节(简称1B),通常用于定义处理字符数据的变量或常量。分无符号字符类型unsigned char和有符号字符类型signed char,默认值为signed char类型。unsigned char类型用字节中所有的位表示数值,可以表达的数值范围是0~255。signed char类型用字节中最高位表示数据的符号,0表示正数,1表示负数,负数用补码表示,能表示的数值范围是-128~+127。unsigned char常用于处理ASCII字符或用于处理小于或等于255的整型数。

2. int 整型

int整型长度为16位,2字节(2B),用于存放1个双字节数据。分有符号整型数signed int和无符号整型数unsigned int,默认值为signed int类型。signed int表示的数值范围是-32768~+32767,字节中最高位表示数据的符号,0表示正数,1表示负数。unsigned int表示的数值范围是0~65535。

3. long 长整型

long长整型长度为32位,4字节(4B),用于存放1个4B数据。分有符号长整型

signed long 和无符号长整型 unsigned long，默认值为 signed long 类型。signed int 表示的数值范围是 -2147483648～+2147483647，字节中最高位表示数据的符号，0 表示正数，1 表示负数。unsigned long 表示的数值范围是 0～4294967295。

4. float 浮点型

float 浮点型在十进制中具有 7 位有效数字，是符合 IEEE-754 标准（32）的单精度浮点型数据，占用 4 B。具有 24 位精度。

5. *指针型

指针型本身就是一个变量，在这个变量中存放的是指向另一个数据的地址。这个指针变量要占据一定的内存单元，对不同的处理器长度也不尽相同，在 C51 中，它的长度一般为 1～3 B。

6. bit 类型

bit 类型存放逻辑变量，占用 1 个位地址，C51 编译器将把 bit 类型的变量安排在单片机片内 RAM 的位寻址区。

4.3.3 变量的存储器类型

定义变量时，根据 51 单片机存储器的特点，必须指明该变量所处的单片机的内存空间。C51 编译器支持 MCS-51 单片机的硬件结构，可完全访问 MCS-51 硬件系统的所有部分。编译器通过将变量或者常量定义成不同的存储类型（data、bdata、idata、pdata、xdata、code）的方法，将它们定位在不同的存储区中。

存储类型与 MCS-51 单片机实际存储空间的对应关系见表 4-5。未声明存储器类型时，C51 编译器会根据编译时设置的存储器模式选择默认的存储器类型。

表 4-5 存储类型与存储空间的对应关系

存储类型	与存储空间的对应关系
data	直接寻址片内数据存储区，访问速度快（128 B）
bdata	可位寻址片内数据存储区，允许位与字节混合访问（16 B）
idata	间接寻址片内数据存储区，可访问片内全部 RAM 地址空间（256 B）
pdata	分页寻址片外数据存储区（256 B），将由 MOVX @R0 等指令访问
xdata	片外数据存储区（64 KB），将由 MOVX A, @DPTR 等指令访问
code	代码存储区（64 KB），将由 MOVC A, @A+DPTR 等指令访问

1. data 区

当使用存储类型 data、bdata 定义变量时，C51 编译器会将它们定位在片内数据存储区中（片内 RAM）。对于 AT89C51 单片机，这个存储区的长度为 128 B。虽然不大，但它能快速存取各种数据。片内数据存储区是存放临时性变量或使用频率较高的变量的理想场所，所以应该把使用频率高的变量放在 data 区，由于空间有限，必须注意 data 区的使用。下面是一些在 data 区中声明变量的例子。

```
unsigned char data system_status = 0;
unsigned int data unit_id[2];
char data inp_string[16];
```

```
float data outp_value;
mytype data new_var;
```

在 SMALL 存储器模式下，未说明存储器类型时，变量默认被定位在 data 区。

2. bdata 区

在位寻址 bdata 区定义变量时，变量就可进行位寻址，并且声明为位变量。例如：

```
char bdata var8bit;          //在位寻址区,定义字符型的变量
```

声明的变量 var8bit 可以进行位操作运算，可以用 sbit 在 bdata 定义变量的基础上声明新的变量，例如：

```
sbit my_bit2 = var8bit^2;    //位变量 my_bit2 位于变量 var8bit 的第 2 位
```

这种可位寻址的变量对状态寄存器来说十分有用，因为它可以单独使用变量的每一位，而不一定要用位变量名引用位变量。下面是一些在 bdata 区中声明变量和使用位变量的例子。

```
unsigned char bdata status_byte;
unsigned int bdata status_word;
unsigned long bdata status_dword;
sbit stat_flag = status_byte^4;
if( status_word^15 ) {
……}
stat_flag = 1;
```

编译器不允许在 bdata 区中定义 float 和 double 类型的变量。

3. idata 区

idata 区也可以存放使用比较频繁的变量，使用寄存器进行间接寻址。在寄存器中设置 8 位地址进行间接寻址。与外部存储器寻址比较，它的指令执行周期和代码长度都比较短。对于 AT89C52 单片机中定义的 idata 变量，如果低 128B 的 RAM 容量不够，C51 编译器会自动把 idata 变量安排到高 128B 的区域。下面是一些在 idata 区中声明变量的例子。

```
unsigned char idata system_status = 0;
unsigned int idata unit_id[2];
char idata inp_string[16];
float idata outp_value;
```

4. pdata 和 xdata 区

pdata 和 xdata 用于单片机的片外 RAM 区，在这两个区声明变量和在其他区的语法是一样的，pdata 区只有 256 B，而 xdata 区可达 65536 B，举例如下。

```
unsigned char xdata system_status = 0;
unsigned int pdata unit_id[2];
char xdata inp_string[16];
float pdata outp_value;
```

对 pdata 和 xdata 的操作是相似的，对 pdata 和 xdata 的寻址要使用 MOVX 指令，需要 2 个处理周期。对 pdata 区寻址需要装入 8 位地址，使用 Ri 的间接寻址方式，寻址范围是 0 ~ 0xFF 的 256 单元外部 RAM 区；而对 xdata 区寻址则需要装入 16 位地址，使用 DPTR 的间接寻址方式，寻址范围是 0 ~ 0xFFFF 的 64 KB 外部 RAM 区。由于对 DPTR 的赋值要比 Ri 的赋值占用更多的字节数和周期数，所以应尽量把外部数据存储在 pdata 区中。

5. code 区

code 区即 MCS - 51 单片机的程序代码区，所以代码区的数据是不可改变的，读取 code 区存放的数据相当于用汇编语言的 MOVC 寻址。一般代码区中可存放数据表、跳转向量和状态表，对 code 区的访问和对 xdata 区的访问的时间是一样的，代码区中的对象在编译时初始化。下面是代码区的声明例子。

```
unsigned int code unit_id[2] = {0x1234,0x89ab};
unsigned char code uchar_data[16] = {0x00,0x01,0x02,0x03,0x04,0x05,0x06,0x07,
0x08,0x09,0x10,0x11,0x12,0x13,0x14,0x15};
```

图 4-1 是 AT89C51 单片机存储器存储区域与变量存储类型之间的对应关系。存储类型如果定义为 code，将存放在 AT89C51 单片机片内 flash ROM 或者扩展的片外程序存储器中；当变量定义为 xdata 时，将存放在外部数据 RAM 区中；bdata 的变量分配的存储区域是内部 RAM 的 20H ~ 2FH；而 data 变量将在内部 RAM 的低 128 B 中。低 128 B 区域既可以声明为 data 类型也可以为 idata 存储类型，但对于具有高 128 B RAM 的 AT89C52，变量必须是 idata 存储类型才可能使用该区域。

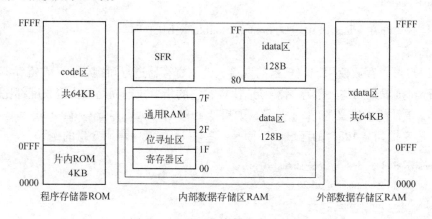

图 4-1　AT89C52 存储器存储区域

4.3.4　存储器模式

如果在变量定义时省略了存储器类型标识符，C51 编译器会选择默认的存储器类型。默认的存储器类型由 SMALL、COMPACT 和 LARGE 存储器模式（memory models）指令决定。存储器模式是编译器的编译选项，用于决定变量的默认存储类型、参数传递区和无明确存储类型说明变量的存储类型。不同的模式对应不同的实际硬件系统，也将有不同的编译结果。在 Keil C 编译器中，存储器模式的选择参见附录 C。

1. 小模式（SMALL model）

在小模式下，所有未声明存储器类型的变量都默认驻留在内部数据区，即这种方式和用 data 进行显示说明一样。在这种存储器模式下，变量的访问速度最快，但是所有的数据对象（包括堆栈）都必须放在内部数据存储区中，空间有限。

2. 紧凑模式（COMPACT model）

在紧凑模式下，所有未声明存储器类型的变量都默认驻留在外部数据区的一个页上。即这种方式和用 pdata 进行变量存储器类型的说明是一样的。该模式利用 R0 和 R1 寄存器来进行间接寻址，最大可寻址 256 B 的存储区域。这种方式的存取速度比小模式慢，但比大模式快。

3. 大模式（LARGE model）

在大模式下，所有未声明存储器类型的变量都默认驻留在外部数据存储区，即和用 xdata 进行显示说明一样。此时最大可寻址 64 KB 的存储区域，使用数据指针寄存器（DPTR）来进行间接寻址。使用这种寻址方式效率低，生成的代码比小模式或紧凑模式下生成的代码要长。

存储器模式决定了变量的默认存储类型、参数传递区和无明确存储类型说明变量的存储类型。

在 SMALL 模式下，参数传递是在片内数据存储区中完成的。LARGE 和 COMPACT 模式允许参数在外部存储器中传递。对于 AT89C51/AT89C52，除非外接数据 RAM，否则一般不使用 LARGE 和 COMPACT 模式。

例如，变量及存储器类型的声明如下：

```
//设存储器模式为SMALL,即未声明存储器类型的变量,使用 MCS-51 片内直接寻址 RAM
char data i,j,k;        //片内直接寻址 RAM 中定义 3 个变量,默认为自动变量
char i,j,k;             //未指明存储器模式,由默认存储类型决定,与前一句完全等价
int xdata m,n;          //片外 RAM 中定义 2 个自动变量
static char m,n;        //片内直接寻址 RAM 中定义 2 个静态变量
unsigned char xdata ram[128];   //片外 RAM 中定义大小为 128 B 的数组变量
```

在未声明存储器类型的变量时，C51 编译器会根据编译器的存储器模式选择默认的存储器类型。而不同的存储器类型访问速度是不一样的。

例如：用语句"char var1"声明变量 var1，在不同的存储器类型下，var1 的存储区域是不相同的，访问速度也不相同。在 SMALL 模式下，var1 被定位在 data 区，经 C51 编译器编译后，采用内部 RAM 直接寻址方式访问速度最快；在 COMPACT 模式下，var1 被定位在 pdata 区，经 C51 编译器编译后，采用外部 RAM 的 8 位地址间接寻址方式访问速度较快；在 LARGE 模式下，var1 被定位在 xdata 区，经 C51 编译器编译后，采用外部 RAM 的 16 位地址间接寻址方式访问速度最慢。

在不同存储器类型下，下面的变量声明是等价的。

```
unsigned char data var1;     /*SMALL 模式,var1 被定位在 data 区*/
                             /*即片内直接寻址 RAM*/
unsigned char pdata var1;    /*COMPACT 模式,var1 被定位在 pdata 区*/
                             /*即片外按页面间接寻址 RAM*/
```

```
unsigned char xdata var1;      /* LARGE 模式,var1 被定位在 xdata 区 */
                               /* 即片外间接寻址 RAM */
```

为了提高系统运行速度,建议在编写源程序时,把存储器模式设定为 SMALL,必要时在程序中把 xdata、pdata 和 idata 等类型变量进行专门声明。

4.3.5 C51 语言中的特殊数据类型

由于单片机特殊的结构,为编程的需要,C51 语言扩展了 ANSI C 的数据类型。这些数据类型与单片机的结构以及存储区域相关。

1. 8 位的特殊功能寄存器 SFR

为了访问 MCS-51 系列单片机中的特殊功能寄存器 SFR,C51 使用 sfr 对 MCS-51 中的特殊功能寄存器进行定义,这种定义方法与标准 C 语言不兼容,只适用于对 MCS-51 系列单片机进行 C 编程。可以把 sfr 看成一种扩充数据类型,占用 1 个内存单元,值域为 0x80 ~ 0xFF。定义方法是引入关键字 sfr,语法如下:

　　sfr 变量名 =　 SFR 中的地址

注意:sfr 后面必须跟 1 个特殊寄存器名,"="后面的地址必须是常数,不允许带有运算符的表达式,这个常数值的范围必须在特殊功能寄存器地址范围内,位于 0x80 ~ 0xFF 之间。例如:

```
sfr P0 = 0x80
sfr P1 = 0x90
sfr P2 = 0xA0
sfr P3 = 0xB0
```

利用它定义 MCS-51 单片机内部的所有特殊功能寄存器。如用 sfr P1 = 0x90 这一语句定义 P1 为 P1 端口在片内的寄存器,在后面的语句中,可以用 P1 = 0xFF(对 P1 端口的所有引脚置高电平)之类的语句操作特殊功能寄存器。

MCS-51 系列单片机的寄存器数量与类型是极不相同的,因此通常将所有特殊的 sfr 定义放在一个头文件中。该文件包括对应 MCS-51 单片机系列成员中的 SFR 定义,可由用户自己用文本编辑器编写。例如,在 Keil 软件提供的头文件 regx51.h 中定义了 AT89C51 单片机的特殊功能寄存器,内容如下:

```
/*--------------------------------------------------
AT89X51.H
Header file for the low voltage Flash Atmel AT89C51 and AT89LV51.
Copyright(c)1988 - 2002 Keil Elektronik GmbH and Keil Software,Inc.
All rights reserved.
-------------------------------------------------- */
#ifndef __AT89X51_H__
#define __AT89X51_H__
/*--------------------------------------------------
Byte Registers
```

```
------------------------------------------------- */
sfr P0      = 0x80;
sfr SP      = 0x81;
sfr DPL     = 0x82;
sfr DPH     = 0x83;
sfr PCON    = 0x87;
sfr TCON    = 0x88;
sfr TMOD    = 0x89;
sfr TL0     = 0x8A;
sfr TL1     = 0x8B;
sfr TH0     = 0x8C;
sfr TH1     = 0x8D;
sfr P1      = 0x90;
sfr SCON    = 0x98;
sfr SBUF    = 0x99;
sfr P2      = 0xA0;
sfr IE      = 0xA8;
sfr P3      = 0xB0;
sfr IP      = 0xB8;
sfr PSW     = 0xD0;
sfr ACC     = 0xE0;
sfr B       = 0xF0;

/* -------------------------------------------------
P0 Bit Registers
------------------------------------------------- */
sbit P0_0 = 0x80;
sbit P0_1 = 0x81;
sbit P0_2 = 0x82;
sbit P0_3 = 0x83;
sbit P0_4 = 0x84;
sbit P0_5 = 0x85;
sbit P0_6 = 0x86;
sbit P0_7 = 0x87;

/* -------------------------------------------------
PCON Bit Values
------------------------------------------------- */
#define IDL_     0x01

#define STOP_    0x02
#define PD_      0x02    /* Alternate definition */
```

```
#define GF0_       0x04
#define GF1_       0x08


#define SMOD_      0x80


/* ------------------------------------------------
TCON Bit Registers
--------------------------------------------------- */
sbit IT0   = 0x88;
sbit IE0   = 0x89;
sbit IT1   = 0x8A;
sbit IE1   = 0x8B;
sbit TR0   = 0x8C;
sbit TF0   = 0x8D;
sbit TR1   = 0x8E;
sbit TF1   = 0x8F;


/* ------------------------------------------------
TMOD Bit Values
--------------------------------------------------- */
#define T0_M0_     0x01
#define T0_M1_     0x02
#define T0_CT_     0x04
#define T0_GATE_   0x08
#define T1_M0_     0x10
#define T1_M1_     0x20
#define T1_CT_     0x40
#define T1_GATE_   0x80


#define T1_MASK_   0xF0
#define T0_MASK_   0x0F

/* ------------------------------------------------
P1 Bit Registers
--------------------------------------------------- */
sbit P1_0 = 0x90;
sbit P1_1 = 0x91;
sbit P1_2 = 0x92;
sbit P1_3 = 0x93;
sbit P1_4 = 0x94;
sbit P1_5 = 0x95;
sbit P1_6 = 0x96;
sbit P1_7 = 0x97;
```

```
/* --------------------------------------------------
SCON Bit Registers
-------------------------------------------------- */
sbit RI    = 0x98;
sbit TI    = 0x99;
sbit RB8   = 0x9A;
sbit TB8   = 0x9B;
sbit REN   = 0x9C;
sbit SM2   = 0x9D;
sbit SM1   = 0x9E;
sbit SM0   = 0x9F;


/* --------------------------------------------------
P2 Bit Registers
-------------------------------------------------- */
sbit P2_0 = 0xA0;
sbit P2_1 = 0xA1;
sbit P2_2 = 0xA2;
sbit P2_3 = 0xA3;
sbit P2_4 = 0xA4;
sbit P2_5 = 0xA5;
sbit P2_6 = 0xA6;
sbit P2_7 = 0xA7;


/* --------------------------------------------------
IE Bit Registers
-------------------------------------------------- */
sbit EX0   = 0xA8;     /* 1 = Enable External interrupt 0 */
sbit ET0   = 0xA9;     /* 1 = Enable Timer 0 interrupt */
sbit EX1   = 0xAA;     /* 1 = Enable External interrupt 1 */
sbit ET1   = 0xAB;     /* 1 = Enable Timer 1 interrupt */
sbit ES    = 0xAC;     /* 1 = Enable Serial port interrupt */
sbit ET2   = 0xAD;     /* 1 = Enable Timer 2 interrupt */

sbit EA    = 0xAF;     /* 0 = Disable all interrupts */


/* --------------------------------------------------
P3 Bit Registers(Mnemonics & Ports)
-------------------------------------------------- */
sbit P3_0 = 0xB0;
sbit P3_1 = 0xB1;
sbit P3_2 = 0xB2;
```

```c
sbit P3_3 = 0xB3;
sbit P3_4 = 0xB4;
sbit P3_5 = 0xB5;
sbit P3_6 = 0xB6;
sbit P3_7 = 0xB7;

sbit RXD  = 0xB0;        /* Serial data input */
sbit TXD  = 0xB1;        /* Serial data output */
sbit INT0 = 0xB2;        /* External interrupt 0 */
sbit INT1 = 0xB3;        /* External interrupt 1 */
sbit T0   = 0xB4;        /* Timer 0 external input */
sbit T1   = 0xB5;        /* Timer 1 external input */
sbit WR   = 0xB6;        /* External data memory write strobe */
sbit RD   = 0xB7;        /* External data memory read strobe */

/* --------------------------------------------------
IP Bit Registers
-------------------------------------------------- */
sbit PX0 = 0xB8;
sbit PT0 = 0xB9;
sbit PX1 = 0xBA;
sbit PT1 = 0xBB;
sbit PS  = 0xBC;
sbit PT2 = 0xBD;

/* --------------------------------------------------
PSW Bit Registers
-------------------------------------------------- */
sbit P   = 0xD0;
sbit FL  = 0xD1;
sbit OV  = 0xD2;
sbit RS0 = 0xD3;
sbit RS1 = 0xD4;
sbit F0  = 0xD5;
sbit AC  = 0xD6;
sbit CY  = 0xD7;

/* --------------------------------------------------
Interrupt Vectors:
Interrupt Address = (Number * 8) + 3
-------------------------------------------------- */
#define IE0_VECTOR   0    /* 0x03 External Interrupt 0 */
#define TF0_VECTOR   1    /* 0x0B Timer 0 */
```

```
#define IE1_VECTOR    2    /*0x13 External Interrupt 1*/
#define TF1_VECTOR    3    /*0x1B Timer 1*/
#define SIO_VECTOR    4    /*0x23 Serial port*/

#endif
```

在 regx51.h 中，用编译选项"#ifndef __AT89X51_H__"和"#define __AT89X51_H__"避免在程序中重复使用 regx51.h 声明。在 regx51.h 中注意到，对可以位寻址的 SFR 采用 sbit 进行定义；而不能位寻址的则采用#define 方式定义为一个常数，便于以后的编程使用。

例如："sbit P3_0 = 0xB0"定义了 P3 口的 0 位 P3.0 是 P3_0，今后可以使用 P3_0 = 0（或 P3_0 = 1）对 P3.0 端口进行清零（或置 1），用"if(P3_0 == 0)"等条件语句对 P3.0 端口的状态进行判断。而对于不能位寻址的 PCON 寄存器，采用"#define SMOD_ 0x80"定义 PCON 的 D7 位 SMOD 为"SMOD_"，以后可以使用类似"PCON = PCON | SMOD_"的语句使 PCON 的 D7 位 SMOD 置 1。

2. 16 位的特殊功能寄存器 SFR16

SFR16 用于定义存在于 MCS – 51 单片机内部 RAM 的 16 位特殊功能寄存器。若 SFR 的高端地址直接位于其低端地址之后，对 SFR16 的值可以进行直接访问。例如：AT89C52 的定时器 2 就是这种情况。为了有效地访问这类 SFR，可使用关键字"sfr16"。16 位 SFR 定义的语法与 8 位 SFR 相同，16 位 SFR 的低端地址必须作为"sfr16"的定义地址。

例如：

```
sfr16 T2 = 0xCC       //定义定时/计数器 2 的计数寄存器为 T2,T2 的地址是 0xcc
```

T2 由高 8 位寄存器 TH2 和低 8 位寄存器 TL2 组成，T2 的地址与 TL2 相同，TH2 比 TL2 高一个地址，即 TL2 地址为 0CCH，TH2 地址为 0CDH。

也可以用 sfr 对 TL2 和 TH2 分别定义，结果完全相同。

```
sfr TL2 = 0xCC;
sfr TH2 = 0xCD;
```

T2 定义为 16 位（2B）的特殊寄存器，可以进行 16 位的赋值等运算，例如：

```
T2 = 0x1234        //等价于 TH2 = 0x12,TL2 = 0x34
```

3. 位变量 bit

位变量可以用来定义变量、函数返回值的类型，用 bit 关键字来定义。位变量是 C51 编译器的一种扩充数据类型，它的值是一个二进制位，不是 0，就是 1，类似一些高级语言中布尔变量的 True 和 False。利用 bit 可定义一个位变量，但不能定义位指针，也不能定义位数组。

所有的位变量都存储在内部 RAM 的位寻址区中（20H ~ 2FH），在一个作用域中最大可声明 128 个位变量。bit 变量的声明与其他变量相同，例如：

```
bit done_flag = 0;         //定义位变量 done_flag,初值为 0
bit func(bit bvar1) {      //bit 类型的函数
bit bvar2;
```

```
    ……
    return(bvar2);              //返回值是 bit 类型
}
```

4. 特殊功能位 sbit

在 MCS – 51 单片机系统中，sbit 用来定义可位寻址空间的某一个位，sbit 定义的变量必须由用户编程指定位地址。sbit 主要用于定义可位寻址寄存器中的某一位，方便对寄存器的某位进行操作。

定义方法有如下三种：

（1）sbit 位变量名 = 位地址

将位的绝对地址赋给 sbit 位变量。

（2）sbit 位变量名 = 特殊功能寄存器名^位位置

可以位寻址的特殊功能寄存器，可采用这种方法。位位置是一个 0 ~ 7 之间的常数。

（3）sbit 位变量名 = 字节地址^位位置

这种方法是以一个常数（可位寻址的字节地址）作为基地址，位位置是一个 0 ~ 7 之间的常数。

例如，可用下面三种方法定义 PSW 中的第 7 位 CY，结果相同：

```
    sbit CY = 0xD7           //用绝对位地址表示 PSW 中的第 7 位,参见表 2 – 4
    sbit CY = PSW^7          //必须事先已经定义了 PSW
    sbit CY = 0xD0^7         //PSW 的字节地址为 0xD0,参见表 2 – 4
```

MCS – 51 单片机中的特殊功能寄存器和特殊功能寄存器可寻址位，已预先定义在文件 regx51.h 中，在程序的开头只需加上#include < regx51.h > 即可。

sbit 和 bit 的区别：sbit 主要定义特殊功能寄存器中的可寻址位；而 bit 则定义了一个普通的位变量，一个函数中可包含 bit 类型的参数，函数返回值也可为 bit 类型。

另外，sbit 还可定义 MCS – 51 单片机片位寻址区（20H ~ 2FH）内的位对象，可以使用 sbit 定义具有 bdata 类型的变量中的某一个具体位。

4.4　C51 语言的数组、指针与结构

4.4.1　数组与指针

1. 数组

数组是一个由同类型的变量组成的集合，它保存在连续的存储区域中，第一个元素保存在最低地址中，最末一个元素保存在最高地址中。

数组的定义方式如下：

　　　　数据类型［存储器类型］数组名［常量表达式］

在定义时可以进行数组元素的初始化，初始化的值放在"{ }"中，每个元素值用逗号分开。例如，在程序存储器中用一维数组定义 7 段共阴 LED 数码显示的字形表，数组值分别对应 0 ~ 9 的显示数字。

```
unsigned char code LEDvalue[10] = {0x3f,0x06,0x5b,0x4f,0x66,0x6d,0x7d,0x07,0x7f,0x6f}
```

对于字符串数组，可以用字符串的形式直接赋值：

```
char array[ ] = "Hello World"
```

注意：

1）C语言中数组元素的下标总是从0开始的。因此LEDvalue[10]数组的最后一个单元是LEDvalue[9]。

2）数组元素仅能在定义时进行初始化。

3）上述的数组array由编译器决定的长度为12 B，字符串赋值时会增加一个"\0"字符，作为字符串的结束标志。

2. 指针

指针是某个变量所占用存储单元的首地址。用来存放指针值的变量称为指针变量。

指针变量的定义与一般变量的定义类似，其形式如下：

数据类型 [存储器类型1] ∗ [存储器类型2] 标识符；

[存储器类型1] 表示指针指向数据的存储器类型，[存储器类型2] 表示指针变量的存储区域。

（1）普通指针

[存储器类型1][存储器类型2] 是可选项，没有 [存储器类型1] 的指针称为普通指针，与标准C语言中的指针功能相同。例如：

```
char * ptr_s;              //指向字符类型的指针
```

没有指定指针ptr_s是指向哪个存储区域的字符，也没有定义指针变量ptr_s存储在哪个区域。

这样声明的指针要占用3 B。第一个字节保存存储器类型的编码值，第二个字节保存地址的高字节，第三个字节保存地址的低字节。许多C51语言的库例程使用这种指针类型，这种指针类型可以访问任何存储区域内的变量。

同样，以下也是C51的普通指针的定义。

```
char * str[4];             //定义字符类型的指针数组
int * numptr;              //指向整型类型的指针
```

（2）基于存储器的指针

数据类型 [存储器类型1] ∗ [存储器类型2] 标识符；

在以上定义中，具有选项 [存储器类型1] 的指针是C51语言特殊的基于存储器的指针。由于MCS-51存储器结构的特殊性，C51语言提供指定存储器类型的指针，在声明时定义指针指向的存储器类型。选项 [存储器类型1] 定义指针指向的存储器类型，例如：

```
char data * str;              //指针指向data区的字符
int xdata * numtab;           //指针指向xdata区的整型变量
unsigned char code * powtab   //指针指向code区的无符号字符
```

这种基于存储器类型的指针，因为存储器类型在编译时就已经指定了，所以指针可以保存在一个字节（idata、data、bdata、pdata）或两个字节（code 和 xdata 类型指针）中。

［存储器类型2］用于指定指针变量本身的存储区域，例如：

  int xdata * data numtab;

定义了指向 xdata 区整型变量的指针，指针变量 numtab 本身存放在 data 区。

与其他变量的定义相同，如果没有定义［存储器类型2］，C51 将按照存储器模式分配指针变量的存储位置。

3. 指针的应用

C51 对指针的操作和指针运算与 C 语言相同，例如，可以用指针将外部 RAM 地址从 1000H 开始的 10 个字节读入到内部 RAM 中。

例 4 - 2 应用指针将外部 RAM 地址从 1000H 开始的 10 个字节读入到内部 RAM 中。

```
#include <regx51.h>                              //定义 MCS-51 的特殊功能寄存器 SFR
#define XRAMaddr   (unsigned char xdata *)0x1000  //外部 RAM 的开始地址
unsigned char xdata * ptr;
main(){
    char i;
    unsigned char data array[10];                //数据传送到内部 RAM 变量 array
    ptr = XRAMaddr;
    for(i=0;i<10;i++){
        array[i] = ptr[i];
    }
    while(1);
}
```

4. 结构

结构变量是将互相关联的、多个不同类型的变量结合在一起形成的一个组合型变量，简称结构。构成结构的各个不同类型的变量称为结构元素（或成员），其定义规则与变量的定义相同。一般先声明结构类型，再定义结构变量。

定义一个结构类型的格式为

  struct 结构名｛
   结构成员说明
  ｝

结构成员还可以是其他已定义的结构，结构成员说明的格式为：

  类型标识符 成员名；

结构声明后，可以定义这种结构类型的结构变量，C51 结构定义的格式为：

  struct 结构名 变量表；

例如，结构与结构变量的定义：

```
    struct date{              //定义名称为 date 的结构类型
        unsigned char month;
        unsigned char day;
        unsigned char year;
    }
    struct date date1,date2;  //定义结构变量 date1 和 date2
```

对结构变量中成员的访问使用"."运算符，例如：

```
    date1. year = 17
    date1. month = 2
    date1. day = 25
```

4.4.2 对绝对地址进行访问

1. 使用指针

指针是 C 语言中十分重要的概念，在使用 C51 编程时，通常用指针操作来完成 MCS – 51 在总线工作方式下对绝对地址的访问。C51 语言提供了两个专门用于指针和地址的运算符：

　　∗ 取内容
　　& 取地址

取内容和取地址运算的一般形式分别为

　　变量 = ∗指针变量
　　指针变量 = & 目标变量

取内容运算是将指针变量所指向的目标变量的值赋给左边的变量，取地址运算是将目标变量的地址赋给左边的变量。要注意的是：指针变量中只能存放地址（也就是指针型数据），一般情况下不要将非指针类型的数据赋值给一个指针变量。

当 MCS – 51 单片机工作在总线方式时，P0/P2 口作为地址/数据总线使用。对外部扩展的数据存储器 RAM 的读写，可以采用指针的方法，实现在 C51 程序中对任意指定的存储器地址进行操作。

例 4 – 3　使用指针对指定地址进行访问。

```
    #define uchar unsigned char
    #define uint unsigned int
    void test_memory(void){
        uchar idata ivar1;
        uchar xdata * xdp;       /*定义一个指向 xdata 存储器空间的指针*/
        char data * dp;          /*定义一个指向 data 存储器空间的指针*/
        uchar idata * idp;       /*定义一个指向 idata 存储器空间的指针*/
        xdp = 0x1000;            /*xdata 指针赋值,指向 xdata 存储器地址 1000H 处*/
        * xdp = 0x5A;            /*将数据 5AH 送到 xdata 的 1000H 单元*/
        dp = 0x61;               /*data 指针赋值,指向 data 存储器地址 61H 处*/
```

```
    *dp = 0x23;              /*将数据 23H 送到 data 的 61H 单元*/
    idp = &ivar1;            /*idp 指向 idata 区变量 ivar1*/
    *idp = 0x16;             /*等价于 ivar1 = 0x16*/
}
```

2. 使用 C51 扩展关键字 _at_ 对确定地址进行访问

使用_at_对指定的存储器空间的绝对地址进行定位，例如对外部接口的地址进行读写。一般格式如下：

[存储器类型] 数据类型 标识符 _at_ 常数

当对外部接口的地址进行读写时，存储器类型为 xdata 数据类型；使用_at_定义的变量必须为全局变量；"常数"规定变量的绝对地址，是由译码电路产生。

例 4-4 用关键字_at_访问指定地址，将外部 RAM 地址为 1000H 的内容读入内部 RAM 的变量中。

```
#include <regx51.h>                 //定义 MCS-51 的特殊功能寄存器 SFR
unsigned char xdata y1 _at_ 0x1000; //无符号字节变量 y1 的地址是外部 0x1000
main(){
    unsigned char x1;               //定义内部 RAM 变量 x1
    x1 = y1;                        //将外部数据地址 0x1000 的内容读入 x1
    while(1);
}
```

3. 使用 C51 运行库中的预定义宏

C51 编译器提供了一组宏定义用来对 MCS-51 系列单片机的 code、data、pdata 和 xdata 空间进行绝对地址访问。函数原型如下：

```
#define CBYTE   ((unsigned char volatile code *)0)
#define DBYTE   ((unsigned char volatile data *)0)
#define PBYTE   ((unsigned char volatile pdata *)0)
#define XBYTE   ((unsigned char volatile xdata *)0)
```

这些函数原型放在 absacc.h 文件中。

以上宏定义用来对 MCS-51 单片机的存储空间进行绝对地址访问，可以作为字节寻址。CBYTE 以字节形式对 code 区寻址，DBYTE 以字节形式对 data 区寻址，PBYTE 以字节形式对 pdata 区寻址，XBYTE 以字节形式对 xdata 区寻址。

例 4-5 用宏定义 XBYTE 读入外部接口或 RAM 地址 0x1000 的数据。

```
#include <absacc.h>
#include <reg52.h>
#define uchar unsigned char
#define uint unsigned int
main(){
    uchar uc_var1;
    uc_var1 = XBYTE[0x1000];    /*读入外部 RAM 或接口的地址 1000H 的内容*/
```

```
        while(1);
    }
```

4.5 C51 的运算符和表达式

运算符就是完成某种特定运算的符号。运算符可分为单目运算符、双目运算符和三目运算符。单目就是指需要有一个运算对象，双目就要求有两个运算对象，三目则需要三个运算对象。表达式是由运算符及运算对象所组成的具有特定含义的式子。C是一种表达式语言，表达式后面加";"号就构成了一个表达式语句。

1. 赋值运算符

赋值运算符"="的功能是给变量赋值，称之为赋值运算符，如 x = 10。由此可见，利用赋值运算符将一个变量与一个表达式连接起来的式子为赋值表达式，在表达式后面加";"便构成了赋值语句。使用"="的赋值语句格式如下：

变量 = 表达式；

示例如下：

```
a = 0xa6;            //将常数十六进制数 0xa6 赋予变量 a
b = c = 33;          //同时赋值给变量 b,c
d = e;               //将变量 e 的值赋予变量 d
f = a + b;           //将变量 a + b 的值赋予变量 f
```

由上面的例子可知，赋值语句的意义就是先计算出"="右边的表达式的值，然后将得到的值赋给左边的变量。而且右边的表达式可以是一个赋值表达式。

需要注意"=="与"="两个符号的区别，如果编辑时，在 if(b == 0xff) 之类语句中，错将"=="用为"="，编译软件只会产生警告错误的报告，仍然会生成运行文件，当然运行将得不到预期的结果。"=="符号是用来进行判断是否相等的关系运算符。

2. 算术运算符

对于 a + b 和 a/b 这样的表达式大家都很熟悉，用在 C51 语言中，"+""/"，就是算术运算符。C51 中的算术运算符有如下几个，其中只有取正值和取负值运算符是单目运算符，其他都是双目运算符：

```
+    加或取正值运算符
-    减或取负值运算符
*    乘运算符
/    除运算符
%    模(取余)运算符，如 8%5 = 3，即 8 除以 5 的余数是 3
```

运算对象可以是常量、变量、函数、数组、结构等。如：

```
a + b * (10 - a)
(x + 9)/(y - a)
a * (b + c) - (d - e)/f
```

a + b/c -'T'

除法运算符和一般的算术运算规则有所不同,如果是两浮点数相除,其结果仍为浮点数,例如 10.0/20.0 所得值为 0.5,而两整数相除时,所得值就是整数,如 7/3,值为 2。与 ANSI C 一样,运算符有优先级和结合性,同样可用括号"( )"改变优先级。

3. 自增自减运算

自增"++"和自减"--"是 C 语言的两个非常有用,而且简洁的运算符。运算符"++"是操作数加 1 运算;运算符"--"是操作数减 1 运算。

自增自减运算符可用在操作数之前,也可放在其后,例如"x = x + 1"既可以写成"++x",也可写成"x++",其运算结果完全相同。同样,"--x"和"x--"与"x = x - 1"的运算结果也完全相同。但在表达式中这两种用法是有区别的。自增或自减运算符在操作数之前,C 语言在引用操作数之前,就先执行加 1 或减 1 操作;运算符在操作数之后,C 语言就先引用操作数的值。而后进行加 1 或减 1 操作。请看下例:

  x = 99;
  y = ++x;

则 y = 100,x = 100,如果程序改为

  x = 99;
  y = x++;

则 y = 99,x = 100。

在大多数 C 编译程序中,自增和自减操作生成的程序代码比等价的赋值语句生成的代码要快,所以采用自增和自减运算符是一种好的编程习惯。

算术运算符及其优先级排列如下:

  最高 ++、--
      -(取负值)
      *、/、%
  最低 +、-

编译程序对同级运算符按从左到右的顺序进行计算。当然,可以用括号改变计算顺序。C 语言处理括号的方法与几乎所有的计算机语言相同:强迫某个运算或某组运算的优先级升高。

4. 关系运算符

当两个表达式用关系运算符连接起来时,就是关系表达式。关系表达式通常用来判别某个条件是否满足。要注意的是关系运算符的运算结果只有 0 和 1 两种,也就是逻辑的真与假,当指定的条件满足时结果为 1,不满足时结果为 0。

C51 中有 6 种关系运算符:

  > 大于
  < 小于
  >= 大于或等于
  <= 小于或等于

== 测试等于
!= 测试不等于

如：

$$I<J, I>=J, (I=4)>(J=3), J+1>J$$

关系和逻辑运算符的优先级比算术运算符低，例如表达式"10 > x + 12"的计算，应看作"10 > (x + 12)"。

5. 逻辑运算符

关系运算符所能反映的是两个表达式之间的大小关系，逻辑运算符则用于求条件式的逻辑值，用逻辑运算符将关系表达式或逻辑量连接起来就是逻辑表达式。格式如下：

逻辑与：条件式1&& 条件式2。

逻辑或：条件式1 ‖ 条件式2。

逻辑非：! 条件式。

逻辑与，就是当条件式1与条件式2都为真时结果为真（值为1），否则为假（值为0）。条件式1与条件式2其中一个为假，逻辑运算的结果为假。

逻辑或，是指只要两个运算条件中有一个为真时，运算结果就为真，只有当条件式都不为真时，逻辑运算结果才为假。

逻辑非，则是把逻辑运算结果值取反。如果条件式的运算值为真，进行逻辑非运算后则结果变为假；条件式运算值为假时最后逻辑结果为真。

在C语言的条件判断中，如果条件表达式的运算结果为0，则结果为假（值为0），反之如果条件表达式的运算结果为非0，则结果为真（值为1）。

例如 a = 7, b = 6, c = 0 时, 则

!a   （=0,逻辑结果为假）
!c   （=1,逻辑结果为真）
a&&b   （=1,逻辑结果为真）
!a&& b   （=0,逻辑结果为假）
b ‖ c   （=1,逻辑结果为真）
(a>0)&&(b>3)   （=1,逻辑结果为真）
(a>8)&&(b>0)   （=0,逻辑结果为假）

6. 位运算符

C51 语言也能对运算对象进行按位操作，从而使 C51 语言也具有对硬件直接按位进行操作的能力。位运算符的作用是按位对变量进行运算，但并不改变参与运算的变量的值。如果要求按位改变变量的值，则要利用相应的赋值运算。位运算符不能用来对浮点型数据进行操作。位运算一般的表达形式如下：

变量1 位运算符 变量2

C51 中共有6种位运算符，位运算符的优先级从高到低如下：

~ 按位取反
<< 左移 >> 右移
,

& 按位与

^ 按位异或

│ 按位或

例如，假设 a = 0x54 = 0b0101 0100（0b 表示二进制），b = 0x3b = 0b0011 1011，则

  a&b   ;(= 0b00010000)
  a│b   ;(= 0b01111111)
  a^b   ;(= 0b01101111)
  ~a   ;(= 0b10101011)
  a<<2   ;(= 0b01010000)
  b>>1   ;(= 0b00011101)

7. 复合运算符

复合运算符就是在赋值运算符"="的前面加上其他运算符。以下是 C51 语言中的复合赋值运算符：

  += 加法赋值   >>= 右移位赋值
  -= 减法赋值   &= 逻辑与赋值
  *= 乘法赋值   │= 逻辑或赋值
  /= 除法赋值   ^= 逻辑异或赋值
  %= 取模赋值   ~= 逻辑非赋值
  <<= 左移位赋值

复合运算的一般形式为

  变量 复合赋值运算符 表达式

其含义就是变量与表达式先进行运算符所要求的运算，再把运算结果赋值给参与运算的变量。其实这是 C 语言中简化程序的一种方法，凡是二目运算都可以用复合赋值运算符简化表达。例如：a + = 56 等价于 a = a + 56，y/ = x + 9 等价于 y = y/(x + 9)。

采用复合赋值运算符可以使程序代码简单化，但会降低程序的可读性。

4.6 C51 语言的程序结构

C 语言是一种结构化编程语言，整个程序由若干模块组成。每个模块包含一些基本结构，每个基本结构由若干语句构成；C51 语言的"语句"可以是以";"结束的简单语句，也包括用"{}"组成的复合语句。

C51 语言大致可分为三种基本结构：顺序结构、选择结构和循环结构。

4.6.1 顺序结构

顺序结构是指程序由低地址向高地址顺序（从前向后）执行指令代码的过程，是最简单的程序结构。从整体上看，所有程序都是顺序结构，只不过中间某些部分是由选择结构或循环结构组成，选择结构或循环结构部分执行完成后，程序重新按顺序结构向下执行。

单片机上电或复位后是从地址 0000H 开始顺序执行指令代码的。

4.6.2 选择结构

选择结构的基本特点是程序由多路分支构成,在程序的一次执行中根据指定的条件,选择执行其中的一条分支,而其他分支上的语句被直接跳过。

C51 语言中,由 if 语句和 switch 语句构成选择结构。

1. if 语句

if 语句的格式为

  if(表达式) 语句 1
  else 语句 2

if 语句的例子可参见例 4-1。"else 语句 2"也可以省略。
"语句 2"还可以接续另一个 if 语句。构成:

  if(表达式 1) 语句 1
  else if(表达式 2) 语句 2
  else if(表达式 3) 语句 3
  else 语句 3
  …
  else 语句 n

语句可以是以";"结尾的简单语句,更多的是由"{ }"包括的组合语句,C 语言认为"{ }"中的是一个组合语句,在语法上等同于以";"结尾的简单语句。

例 4-6 在例 4-1 中,要求当 S1 闭合时,报警灯亮;当计数器 TL1 大于 30,同时 S1 打开时,报警灯灭。

```
#include <regx51.h>        //定义 MCS-51 的特殊功能寄存器 SFR
sbit P32    = P3^2;        //定义 P3.2 为 P32
sbit P20    = P2^0;        //定义 P2.0 为 P20
main(){
    while (1){
        P32 = 1;           //P32 为输入端
        if (P32 == 0){     //P32 是低电平? 如果 S1 按下,P32 为低电平
            P20 = 1;       //S1 按下,则 P20 输出高电平,报警灯亮
        }else if(TL1 > 30){ //如果 S1 没有按下,并且 TL1 > 30
            P20 = 0;       //则 P20 输出低电平,报警灯灭
        }
    }
}
```

2. switch 语句

switch 语句用于处理多路分支的情形,格式为

  switch(表达式){
  case 常量表达式:

```
            语句 1;
            break;
        case 常量表达式 2:
            语句 2;
            break;
        ……
        case 常量表达式 n:
            语句 n;
            break;
        default:
            语句 n+1;
            break;
    }
```

对 switch 语句，需要注意以下两点：

（1） case 分支中，常量表达式的值必须是整型、字符型，不能使用条件运算符。

（2） break 语句用于跳出 switch 结构。若 case 分支中未使用 break 语句，则程序将继续执行到下一个 case 分支中的语句直至遇到 break 语句或整个 switch 语句结束。这可以用于多个分支需要执行相同语句的情况。

4.6.3 循环结构

C 语言由 for、while、do … while 三种语句构成循环结构。

1. for 循环语句

for 循环语句的一般格式为

   for(表达式 1;表达式 2;表达式 3)循环体语句

for 循环语句的执行过程如下。

① 求解表达式 1；

② 求解表达式 2；表达式一般是逻辑判断语句，若其值为真，则执行循环体；若其值为假，则循环语句结束，执行下一条语句。

③ 求解表达式 3；并转到第二步继续执行。

若第一次求解表达式 2，其值就不成立，则循环体将一次都不执行。

2. while 语句

while 循环语句的格式为

   while(表达式)循环体语句

while 语句先求解循环条件表达式的值。若为真（非 0），则执行循环体，否则跳出循环，执行后续操作。一般来说在循环体中应该有使循环最终能结束的语句。若表达式初始值为假，循环体将一次都不执行。

3. do … while 语句

do … while 语句的格式为

```
    do
        循环体语句
    while(表达式);
```

do … while 语句先执行循环体一次，再判断表达式的值，若为真，则继续执行循环，否则退出循环。

4. goto 语句

goto 语句的格式为

```
    goto 语句标号;
```

goto 语句是无条件转移语句，它将程序运行的流向转到指定的标号处。

5. break 语句

在循环语句中，break 语句的作用是在循环体中控制程序立即跳出当前循环结构，转而执行循环语句的后续操作。

6. continue 语句

continue 语句只能用于循环体结构中，作用是结束本次循环。一旦执行了 continue 语句，程序就跳过循环体中位于该语句后的所有语句，提前结束本轮循环并开始下一轮循环。

例 4-7 用 do … while 语句编程计算 $1+2+3+\cdots+10$ 的值。

```
    unsigned char sum,i;
    sum = 0;i = 0;
    do{
        sum += i;
        i++;
    }while(i <= 10);
```

程序运行结果 sum = 55；i = 10。

在单片机应用中，在没有操作系统的情况下，程序需要"永远"运行，不能停止。因此，在单片机的程序中都有一个主循环，通常使用

```
    for(;;){主循环程序块}
```

或者

```
    while(1){主循环程序块}
```

的程序结构形式。

4.7 C51 语言的函数

在 C 语言中，函数是程序的基本组成单位。函数可以实现程序的模块化，提高程序的可读性和可维护性，使序设计变得简单和直观。通常把程序中经常用到的一些计算或操作设计成通用的函数，以供随时调用。

C 程序由一个主函数 main() 和若干个其他函数组成。由主函数调用其他函数，其他函

数也可以互相调用，同一个函数可以被调用多次。

1. 函数定义

函数定义的一般格式为

> 函数类型 函数名(形式参数列表)[interrupt m] [using n]
> 局部变量声明部分
> 语句(有返回值的要有 return 语句)

函数类型定义了函数中返回语句（return）返回值的数据类型，返回值可以是任意一种有效的数据类型。

参数表是一个用逗号分隔的变量表，当函数被调用时，这些变量接收调用参数的值。一个函数可以没有参数，这时函数参数表是空的。

2. 函数返回值

返回语句 return 用来回送一个数值给定义的函数，完成后从函数中退出。如果函数没有返回值可以不使用 return 语句，或使用不带返回值的 return 语句。

关于返回值，有以下几点需要注意。

- 返回值是通过 return 语句返回的。
- 返回值的类型如果与函数定义的类型不一致，那么返回值将被自动转换成函数定义的类型。
- 如果没有 return 语句，函数会返回一个不确定的值。因此如果函数无须返回值，可以用 void 类型说明符指明函数无返回值。

3. 形式参数与实际参数

与使用变量一样，在调用一个函数之前，必须对该函数进行声明，即先声明后调用。函数声明的一般格式为

> 函数类型　函数名(形式参数列表)

函数定义时，参数列表中的参数称为形式参数，简称形参。它们同函数内部的局部变量作用相同。形参的定义是在函数名后的括号中。函数调用时所使用的替换参数，是实际参数，简称实参。定义的形参与函数调用的实参类型应该一致，书写顺序应该相同。

在 C 语言中，对不同类型的实参，有以下 3 种不同的参数传递方式。

基本数据类型的参数传递。当函数的参数是基本数据类型的变量时，主调函数将实参的值传递到被调函数的形参中，这种方式称为值传递。这种参数传递方式下，形参的值发生改变时，实参的值不会受到影响。因此值传递是一种单向传递，是一种最常用的传递方式。

数组类型的参数传递。当函数的参数是数组类型的变量时，主调函数将实参数组的起始地址传递到被调函数的形参中，这种方式称为地址传递。这种参数传递方式下，形参的值发生改变时，实参的值也会改变，因此地址传递是一种双向传递。

指针类型的参数传递。当函数的参数是指针类型的变量时，主调函数将实参的地址传递到被调函数的形参中。因此也是地址传递。这种参数传递方式下，形参的值发生改变时，实参的值也会改变。

4. 调用函数的方式

在一个函数中调用另一个函数需要具备下面的条件。

被调用的函数必须是已经存在的函数,即已经声明或定义的函数(库函数或自定义函数)。如果是库函数,应该在程序开头用#include 命令将有关库函数所需用到的信息包含到本程序中来。如果是用户定义的函数,一般还应该对被调用的函数进行声明。

调用函数的方式可以是以下几种。

1) 函数作为语句。把函数调用作为一个语句,不使用函数返回值,只是完成函数所定义的操作。例如:

  refresh_led();

2) 函数作为表达式。函数调用出现在一个表达式中,使用函数的返回值进行相关运算。

  k = sum(a,b) + c;

3) 函数作为一个参数。函数调用作为另一个函数的实参,即使用函数的返回值作为另一个函数的实参。

  k = sum(sum(a,b),c);

5. 规定函数使用的寄存器组

MCS-51 单片机内部存储器的低 32 B 被划分成 4 个寄存器组,每个寄存器组有 8 个寄存器。寄存器组可以通过 PSW 中的两个位进行选择,任何时刻仅有一个寄存器组处于工作状态。该寄存器组称为当前寄存器组。

寄存器组的切换在调用函数和使用实时操作系统时很有用。在调用函数时,有时需要将当前寄存器组的值保存在堆栈中,并在退出函数时将保存在堆栈中的值恢复到寄存器组中。入栈和出栈操作均需要两个指令周期,如果保存和恢复 8 个寄存器的值,共需 32 个周期。通过寄存器组切换来保护寄存器组中的数据,在函数中使用与主函数不同的寄存器组,可省去寄存器组的堆栈操作,从而提高程序的运行速度。

可使用 using n 函数说明属性来规定函数所使用的寄存器组,格式为

  函数类型 函数名(形参列表)using n

using n 属性使用一个 0~3 的整型参数,这个参数表示使用的寄存器组的编号。using 属性一般用在中断函数中。例如函数 sum(ai,bi)使用寄存器组 2:

```
int sum(int ai,int bi)using 2{
    int k;
    …
    return(k);
}
```

使用 using 属性的函数的操作顺序如下:
- 进入函数前,将当前使用的寄存器组的标号保存在堆栈中。
- 更改 PSW 的寄存器组选择位,选择设定的寄存器组作为当前寄存器组。
- 函数退出时,将寄存器组恢复成进入函数前的寄存器组。

例如,函数 unsigned char sum(unsigned char ai,unsigned char bi)使用寄存器组 2。

```
unsigned char sum(unsigned char ai,unsigned char bi)using 2{
    return(ai + bi);
}
```

经过 Keil C 编译器编译后的汇编语言（在文件".LST"）如下：

```
0000 C0D0          PUSH    PSW
0002 75D010        MOV     PSW,#010H
0005 EF            MOV     A,R7
0006 2D            ADD     A,R5
0007 FF            MOV     R7,A
0008 D0D0          POP     PSW
000A 22            RET
```

从汇编语言可以看出，进入函数后首先将 PSW 进栈，保存进入函数前的寄存器组等参数。再设置 PSW 值，使其为寄存器组 2，随后进行函数运算。在退出函数前，将保存在堆栈中的 PSW 值取出，恢复原先的寄存器组。因此，在 C51 中，是由编译器进行寄存器组的保存与恢复的，无需其他的编程语句。

4.8 中断服务程序

中断服务程序是一种特殊的函数，又称为中断函数。MCS-51 的中断系统十分重要，C51 编译器允许在 C51 语言源程序中声明中断和编写中断服务程序，从而减轻了采用汇编程序编写中断服务程序的繁琐程度。中断编程通过使用 interrupt 关键字来实现。定义中断服务程序的一般格式如下：

void 函数名( ) interrupt n [using m]

关键字 interrupt 后面的 n 是中断号，理论上可以是 0~31 的整型参数，用来表示中断处理函数所对应的中断号，该参数不能是带运算符的表达式。对于 AT89C51 单片机 n 的取值范围是 0~4。也可以用在 regx51.h 中定义的常数来代替 n，例如用 IE0_VECTOR 代替 $n=0$ 表示外部中断 0，增加程序的可读性。编译程序从 $8n+3$ 处产生中断向量，即在程序存储器 $8n+3$ 地址处形成一条长跳转指令，转向中断号 n 的中断服务程序。这些跳转指令以及中断服务程序的位置安排，都是由 C51 编译器实现的，不必如汇编语言一样需要自己编程跳转指令。

中断号对应着 IE 寄存器中的使能位，即：IE 寄存器中的 0 位对应着外部中断 0，相应的外部中断 0 的中断号是 0。AT89C51 的中断号 0~4 对应中断源的关系见表 4-6。C51 将根据定义的中断号自动生成中断向量。

表 4-6 中断号和中断源的对应关系

中 断 号	中 断 源	中 断 向 量
0	外部中断 0	0003H
1	定时/计数器 0	000BH

(续)

中 断 号	中 断 源	中 断 向 量
2	外部中断 1	0013H
3	定时/计数器 1	001BH
4	串行口	0023H

using m 指明该中断服务程序所对应的工作寄存器组，m 的取值范围是 $0\sim3$。指定工作寄存器组的缺点是所有被中断程序调用的子程序都必须使用同一个寄存器组，否则参数传递会发生错误。通常不设定 using m，除非保证中断程序中未调用其他子程序。

使用 C51 编写中断服务程序，程序员无需关心 ACC、B、DPH、DPL、PSW 等寄存器的保护，C51 编译器会根据上述寄存器的使用情况在目标代码中自动增加压栈和出栈操作。

仅能在函数定义时使用 interrupt 函数属性，不能在函数声明时使用 interrupt 函数属性（实际上，中断函数不需要声明）。

中断函数在运行过程中完成以下工作。

1）当中断产生时，中断函数被系统所调用。ACC、B、DPH、DPL、PSW，这些特殊功能寄存器的值将被保存在堆栈中。

2）如果中断函数没有使用 using m 属性进行修饰，那么其所使用寄存器的值将保存在堆栈中。

3）中断函数运行完成退出时，堆栈中保存的数据将被恢复。

4）中断函数退出时，其对应的汇编代码使用 RETI 指令退出（普通函数使用 RET 指令退出）。

中断函数应遵循以下规则。

- 中断函数不能进行参数传递。
- 中断函数没有返回值。
- 不能在其他函数中直接调用中断函数。
- 若在中断中调用了其他函数，则必须保证这些函数和中断函数使用了相同的寄存器组。

中断服务程序是响应中断后运行的程序，有关中断的概念、中断的开启与关闭、中断的响应过程等内容详见第 6 章。

4.9 C51 的预处理

预处理功能包括宏定义、文件包含和条件编译 3 个主要部分。预处理命令不同于 C51 语言语句。具有以下特点。

- 预处理命令以"#"开头，后面不加分号。
- 预处理命令在编译前执行，编译是对预处理的结果进行的，如词法、语法分析等。
- 多数预处理命令习惯放在文件的开头。

4.9.1 宏定义

宏定义命令使用#define 关键字。作用是用宏符号名（标识符）来替代常数、字符串和

带参数的宏。宏符号名一般采用大写形式。不带参数的宏定义的格式为

  #define 宏符号名 常量表达式

当程序中出现"宏符号名"引用时，编译器用宏定义中的"常量表达式"来替代该宏符号。宏符号名一般采用大写形式，宏定义行的末尾不要加分号。例如，在控制某型号彩屏显示中定义：

  #define WHITE 0xFFFF
  #define BLACK 0x0000
  #define RED 0xF800

在程序的开始，或者头文件中，用宏符号名 WHITE 代替 0xFFFF，BLACK 代替 0x0000，RED 代替 0xF800。不仅可读性好，而且以后修改、移植程序也容易。

"宏符号名"在宏定义开始到宏定义结束的这段时间内有效。如果没有结束宏定义命令，则在文件结束前宏定义均有效。可以使用以下格式结束宏符号名的定义。

  #undef 宏符号名

有时候可以把程序中内容单一、语句简单明确的代码段写作宏，使程序简洁、可读性好。例如，单片机 P1 的 3 个引脚接 74HC138 译码器的通道地址选择脚时，用宏定义选择 3-8 译码器的通道 1：

  #define HC138CH1 (P1^5 = 0, P1^4 = 0, P1^3 = 1)

在程序中，代码 HC138CH1 就相当于宏定义中括弧中的 3 条语句。

4.9.2 包含文件

包含文件的含义是在一个程序文件中包含其他文件的内容。用包含文件命令可以实现文件包含功能，命令格式为

  #include < 文件名 > 或 #include "文件名"

例如，在文件 file1.c 中：

  #include "file2.c"
  main( ) {
    …
  }

其中 file2.c 是想要包含进去的文件名。在编译预处理时，对 #include 命令进行文件包含处理。实际上就是将文件 file2.c 中的全部内容复制插入到 #include "file2.c" 的命令处。文件包含命令可以减少不必要的重复劳动。

对文件包含命令并不是把两个文件连接起来，而是编译时作为一个源程序编译，得到一个目标文件（.obj）。这种常用在文件头部的被包含的文件常被称为"头文件"，经常以".h"为后缀名，当然，其他后缀名也可，但必须在引用中包含完整的文件名。

在 AT89C51 的编程中，#include < regx51.h > 是必须有的，在头文件 regx51.h 中，包括

了 AT89C51 全部的 SFR 定义。

包含文件可以用尖括号 <> 引用，也可以用双引号" "引用，两者的区别是：用尖括号时，系统不检查源文件（上例中的 file1.c）所在的文件目录而直接按系统指定的标准方式检索目录（在编译器中定义的头文件的目录）查找包含文件；而对于双引号的形式，系统先在引用被包含文件的源文件 file1.c 所在的文件目录中寻找要包含的文件，若找不到，再按系统指定的标准方式检索目录。

4.9.3 条件编译命令

在预处理语句中有一种条件语句，用于在预处理中进行条件控制。它提供了一种在编译过程中根据某些条件的值有选择地包含不同代码的手段，实现对程序源代码的各部分有选择地进行编译，称为条件编译。

#if 语句中包含一个常量表达式，若该表达式的求值结果不等于 0 时，则执行其后的各行，直到遇到#endif、#elif 或#else 语句为止（预处理 elif 相当于 else if）。在#if 语句中可以使用一个特殊的表达式 defined（标识符）：当标识符已经定义时，其值为 1；否则，其值为 0。

例如，为了保证 hdr.h 文件的内容只被包含一次，可以像下面这样用条件语句把该文件的内容包围起来：

```
#ifndef(HDR)
#define HDR
#include "hdr.h"
#endif
```

当编译器在程序中第一次遇到以上条件时，由于标识符 HDR 未定义，编译器将会向下执行：定义标识符 HDR，包含文件 hdr.h。之后编译器在程序中再次遇到以上语句时，由于 HDR 已定义，不会再包含 hdr.h 文件。

条件编译有 3 种形式。

（1）常量表达式条件

```
#if 常量表达式 1
    程序段 1
#elif 常量表达式 2
    程序段 2
…
#elif 常量表达式 n
    程序段 n
#else
    程序段 n+1
#endif
```

功能：依次检查条件表达式。如果为真。编译后续程序段，并结束本次条件编译；如果所有常量表达式均为假，则编译程序段 n+1。

(2) 标识符定义条件

　　#ifdef 标识符
　　　　程序段 1
　　#else
　　　　程序段 2
　　#endif

功能：若标识符已经被#define 定义过，则编译程序段 1，否则编译程序段 2。

(3) 标识符未定义条件。

　　#ifndef 标识符
　　　　程序段 1
　　#else
　　　　程序段 2
　　#endif

功能：若标识符未被#define 定义过，则编译程序段 1，否则编译程序段 2

4.10　C51 的库函数

C51 的强大功能及其高效率的重要体现之一在于，其提供了丰富的可直接调用的库函数。使用库函数使程序代码简单、结构清晰、易于调试和维护。

4.10.1　本征库函数

C51 提供的本征函数（intrinsic routines）在编译时直接将固定的代码插入当前行，而不是用 ACALL 和 LCALL 语句实现的，提高了函数访问的效率，而非本征函数则必须由 ACALL 及 LCALL 调用。C51 的本征库函数只有 11 个，数目虽少，但都非常有用，见表 4-7。

表 4-7　C51 库函数

函 数 名 称	功　　能
unsigned char _crol_(unsigned char, unsigned char)	将 char 型变量循环向左移动指定位数后返回
unsigned char _cror_(unsigned char, unsigned char)	将 char 型变量循环向右移动指定位数后返回
unsigned int _irol_(unsigned int, unsigned char)	将 int 型变量循环向左移动指定位数后返回
unsigned int _iror_(unsigned int, unsigned char)	将 int 型变量循环向右移动指定位数后返回
unsigned long _lrol_(unsigned long, unsigned char)	将 long 型变量循环向左移动指定位数后返回
unsigned long _lror_(unsigned long, unsigned char)	将 long 型变量循环向右移动指定位数后返回
unsigned char _chkfloat_(float)	返回指定浮点数的状态
void _nop_(void)	相当于插入汇编指令 NOP
bit _testbit_(bit)	相当于 JBC 指令，测试该位变量并跳转同时清零
void _push_(unsigned char _sfr)	相当于 PUSH 指令，把指定 sfr 的内容保存到堆栈中
void _pop_(unsigned char _sfr)	相当于 POP 指令，把栈顶的内容取出还原到指定的 sfr 中

使用上述函数时,源程序开头必须包含 intrins.h 头文件。下面以循环左移函数_cror_为例说明本征函数的使用。

函数_crol_在头文件 intrins.h 中定义的原型为

  unsigned char _crol_(unsigned char c,unsigned char b);

变量 c 为将要进行循环左移的数值,变量 b 为左移的位数,返回值是 c 循环左移后的数值。例如:

```
#include <intrins.h>
void tst_cror(void){
    unsigned char a;
    unsigned char b;
    a = 0xA5;
    b = _crol_(a,1);    /*b 的结果为 a 循环左移一位的值,等于 0x4B*/
}
```

4.10.2 常用库函数介绍

  Keil 为 C51 单片机提供了一套标准的 C 函数库。库函数会在头文件"*.h"中声明,编程时需要把使用到的库函数的头文件包含在程序的开始处。完整的函数列表请参阅 Keil 的帮助。下面简单介绍几类常用的库函数。

  (1) 特殊功能寄存器 include 文件:reg51.h。reg51.h 中包括了所有 MCS－51 的 SFR 及其位定义,reg52.h 中包括了所有 52 系列单片机的 SFR 及其位定义,一般系统都必须包括 reg51.h 或 reg52.h,对于 AT89C51 和 AT89C52,使用 regx51.h 和 regx52.h 头文件会更加全面。

  (2) math.h 头文件定义了常用的数学函数,如 abs、sqrt、log、sin、cos、asin、acos、atan 等。

  (3) ctype.h 头文件定义了字符分类和字符转换函数,如 isalnum、isalpha、islower、toupper、tolower 等。

  (4) limits.h 头文件定义了各种整型数据类型最大最小值的常量,如 CHAR_MAX、CHAR_MIN、INT_MAX、INT_MIN、UINT_MAX、LONG_MAX、LONG_MIN 等。

  (5) string.h 头文件定义了字符串和内存缓冲区处理函数,字符串操作函数包括 strcat、strcmp、strcpy 等;内存缓冲区处理函数包括 memccpy、memchr、memcmp、memcpy、memmove、memset 等。

  (6) stdlib.h 头文件定义了类型转换和动态内存分配函数,如 atof、atol、rand、malloc 等。

4.11 使用 C51 编译器时的注意事项

  C51 编译器能对 C51 程序源代码进行处理,产生高度优化的代码。使用 C51 编程应注意下面一些问题,以便产生更好的代码质量。

1. 采用短变量

减小变量的数据宽度是提高代码效率的最基本的方法。使用 C51 语言编程时，用户习惯于对循环控制变量使用 int 类型，这对 8 位的单片机来说是一种极大的浪费，应该仔细考虑变量取值可能的范围，然后选择合适的变量类型。很明显，经常使用的变量应该是 unsigned char，只占用 1 个字节。

2. 避免使用浮点运算

在 8 位 CPU 上进行 32 位浮点数运算，速度是很慢的，如果需要使用浮点数，可以考虑是否使用整型运算来替代浮点运算。整型（长整型）的运算速度比浮点数（双精度）的运算速度要快得多。

3. 使用位变量

对于逻辑值运算应使用位变量，而不是 unsigned char，这将节省内存的使用，提高程序的运行速度。

4. 使用常量宏定义

这可以提高程序的可维护性。

5. 用局部变量代替全局变量

全局变量始终占用内存空间，因此使用全局变量会占用更多的内存空间。而且在中断系统和多任务系统中，可能会出现几个过程同时使用全局变量的情况，必须对全局变量进行保护，才能确保不会出现错误的运行结果。

6. 尽量使用内部数据存储区

应把经常使用的变量放在内部数据存储区中，这可使程序的运行速度得到提高，缩短代码长度。从存储速度考虑，应按下面的顺序使用存储器：data、idata、pdata、xdata。

7. 使用存储器指针

程序中使用指针时，应指定指针的类型，确定它们指向的存储区域，这样，程序代码会更加紧凑，运行速度会更快。

8. 使用库函数

对于一些简单的操作，如变量循环位移，编译器提供了一些库函数供用户使用。许多例程直接对应着汇编指令，因而速度更快。以下是几个常用的与汇编指令对应的库函数：循环左移和循环右移（字符类型）_crol_、_cror_；（int 类型）_irol_、_iror_；（long 类型）_lrol_、_lrol_；空操作_nop_。

9. 使用宏替代函数

对于小段代码，如从锁存器中读取数据，可通过使用宏来替代函数。这使得程序有更好的可读性。编译器在遇到宏时，用事先定义的代码替代宏。当需要改变宏时，只要修改宏的定义即可。这可以提高程序的可维护性。

10. 存储器模式

C51 编译器提供了 3 种存储器模式，应该尽量使用小存储器模式。

习题 4

1. 用 C51 编程，按要求完成以下功能。

（1）定义变量 count 为无符号字符型，存储在内部 RAM 中，并说明 count 的取值范围。

（2）定义变量 ad_data 为无符号整型，存储在外部 RAM 中，并说明 ad_data 的取值范围。

（3）已知取值范围 0~100 的整数，定义变量 a，存储在内部 RAM 中。

（4）已知取值范围 0.0~100.0 的浮点数，定义变量 b，存储在外部 RAM 中。

（5）已知取值范围为 0~1000 的整数，定义变量 c，存储在内部 RAM 中。

（6）定义变量 d，取值范围 0 或者 1，存储在内部 RAM 的位寻址区中。

（7）用 sbit 定义符号 LED1 为 P0 口的第 1 位。

（8）用 sbit 定义符号 KEY_IN 为 P2 口的第 0 位。

（9）首先定义 8 位的变量 mstatus，再定义位变量 ad0_flage 是 mstatus 的第 0 位，ad1_flage 是 mstatus 的第 1 位。

（10）定义一维数组变量 datlab，数组元素 10 个，已知每个元素的取值范围 0~1023 的整数，存储在外部 RAM 中。

（11）定义指针 ptr1 指向外部 RAM 数据，数据取值范围 0~4095 的整数，指针变量 ptr1 存放在内部 RAM 中。

（12）LED 灯接 AT89C51 的 P2.1 引脚，当 P2.1 为 1 时点亮 LED，当 P2.1 为 0 时熄灭 LED。分别定义宏 LED_ON，点亮 LED；宏 LED_OFF，熄灭 LED。

2. 用 C51 语言按以下要求编写数据传送程序：

（1）将地址为 0x4000 的片外数据存储单元的单字节内容，送入内部 RAM 单元的变量 a 中。

（2）将地址为 0x2000 的片外数据存储单元的单字节内容，送入地址为 0x3000 的片外数据存储单元中。

（3）将地址为 0x0100 的程序存储器中的单字节内容，送入内部 RAM 单元的变量 b 中。

（4）片外 RAM 从 0x1000 至 0x10FF 有一数据块，编写程序将其传送到片外 RAM 的 0x2500 单元开始的区域中。

3. 在 AT89C51 的程序存储器 ROM 中存放一个 1~7 的阶乘表 {1,2,6,24,120,720,5040}，并写出查表的子程序，子程序入口参数 $n(n=1~7)$，返回参数是查表得到的阶乘 $n!$ 数值。

4. 已知 10 位的 AD 转换的地址为外部 RAM 地址 0x1010，编程读取 AD 转换的值（从外部 RAM 地址 0x1010 读取无符号整型数据），将数据存放在内部 RAM 变量 ad_value 中。

5. 写出程序，计算无符号整型数组 ad_value[10] 的平均值。其中 ad_value[10] 是全局变量，数据的范围是 0~1023。

6. 片外 RAM 有 16 个无符号字符数据，存储在 0x1000 开始的地址处，使用指针方式编程，剔除其中大于 0xf0 的数据，统计小于或等于 0xf0 的数据的个数，并计算其平均值。

第5章 MCS-51单片机的程序设计

汇编语言是以单片机的指令为基础的一种低级语言，对汇编语言的学习是为了更好地理解单片机的工作原理。单片机的 C51 是结合 MCS-51 单片机的一种 C 语言，是单片机开发的主要设计语言。本章以 MCS-51 单片机作为硬件基础，介绍和讲解汇编语言和 C51 语言的程序设计，用案例方式讲解汇编语言和 C51 语言程序设计的基础知识、方法和步骤。

5.1 程序设计基本方法

5.1.1 单片机程序设计语言

单片机所用的程序设计语言基本上可分为三类：一类是完全面向机器的机器语言；一类是非常接近机器语言的符号化语言；第三类为面向过程的高级语言。

（1）机器语言

机器语言是由二进制码"0"和"1"组成的，能够被计算机直接识别和执行的语言。例如，在 MCS-51 中，用机器语言"00000100"来表示"A-1→A"，即将累加器 A 中的内容减 1 再回送给 A。用机器语言表示的程序，称为机器语言或目标程序。用机器语言编程难学、难记。此外，机器语言还随机型的不同而异。一般来说，不同型号的计算机的机器语言是互不通用的。

（2）汇编语言

汇编语言是一种符号化语言。它使用助记符（特定的英文字符）来代替二进制指令。例如，用 MOV 代表"传送"，ADD 代表"加"。在第 3 章中已经介绍的 111 条 MCS-51 指令都属于汇编语言。用汇编语言编写成的程序称为汇编语言程序。显然，它比机器语言易学易记。但是，计算机不能直接识别和执行汇编语言程序，而要通过"翻译"把汇编语言译成机器语言才能执行，这一"翻译"工作称为汇编。有时需要根据已有的机器语言程序，将其转化为相应的汇编语言程序，这个过程称为反汇编。一般单片机开发系统都提供了汇编与反汇编功能。

汇编语言是一种低级语言。为充分发挥其灵活性，编程时不仅要掌握指令系统，还要了解计算机的内部结构。在早期的单片机应用系统程序设计中，广泛采用汇编语言。在当前高级语言占绝对主导地位的情况下，汇编语言以其占用内存单元少、执行效率高的特点，依然应用在一些与硬件高度相关的程序设计中。

（3）高级语言

高级语言是一种不依赖于具体计算机的语言。它面向问题或过程。其形式类同于自然语言和数学公式。高级语言的出现，使人们不必深入了解主机的内部结构和工作原理，只要设计出算法就能很容易地将它用高级语言表示，从而可以集中精力考虑解决问题的方法，提高编程效率。

但是,单片机并不能直接执行高级语言程序。用高级语言编写的程序,在执行时必须先"翻译"成机器语言,一般通过解释程序或编译程序实现。用高级语言编程要经过解释程序解释或编译程序编译,其目标程序较长,占用内存单元多,运行速度相对较慢,但其表达能力强,可移植性好,在实际开发设计中得到普遍应用。

常用的 MCS-51 程序设计语言有 C51 等高级语言和汇编语言。汇编语言主要优点是占用资源少、程序执行效率高。但是不同的 CPU,其汇编语言可能有所差异,所以不易移植。使用 C51 编程时需要有一定的 C 语言基础,其缺点是占用资源较多,执行效率稍逊于汇编语言。但其可读性好,移植容易,会大大缩短开发周期,且明显地增加软件的可读性,便于改进和扩充。综上所述,用 C51 语言进行单片机程序设计是单片机开发与应用的必然趋势。

本章将介绍 MCS-51 系列单片机的汇编语言和 C51 语言程序设计。

5.1.2 程序设计步骤

对于编程工作,正确的设计思路应该是首先对设计任务做出透彻的分析,然后根据分析的情况设计出总体方案,按总体方案的要求画出流程图,最后一步步实现源程序。

程序设计的基本步骤:

(1) 分析题意,明确要求

仔细分析问题,明确所要解决问题的要求。

(2) 建立思路,确定算法

在程序设计时,要根据实际问题和指令系统的特点,决定所采用的计算公式和计算方法,这就是一般所说的算法。算法是进行程序设计的依据,决定了程序的正确性和程序的质量。例如,在测量系统中,从模拟输入通道得到的温度、压力、流量等现场信息与该信号对应的实际值往往存在非线性关系,这时就需要进行线性化处理并确定算法。在直接数字控制系统中,常采用 PID 控制算法及其改进算法等。

(3) 编制框图,绘出流程

根据所选的算法,制定出运算步骤和顺序,把运算过程画成程序流程图(也称程序框图),通常在编写程序之前,先绘制程序流程图。所谓程序流程图就是用各种图形、符号、指向线段(如图 5-1 所示)将程序的流向用图形表示出来。

(4) 分配内存工作区及相关端口地址

在编写程序之前,要确定数据格式,分配工作单元,并进一步将程序框图画成详细的操作流程图。绘制流程图时,先画出简单的功能流程图(粗框图,如图 5-1 所示),再对功能流程图进行扩充和具体化,即对存储器、标志位等工作单元做具体的分配和说明,把功能图上每一个粗框图转变为对具体存储器或 I/O 口的操作,从而绘制出详细的程序流程图,即细框图。

(5) 编写源程序及相关注释,上机调试

根据程序流程框图,编出实现流程图的汇编语言或 C51 语言程序。在编写程序时,应遵循尽可能节省数据存放单元、缩短代码长度、缩短运行时间三个原则。

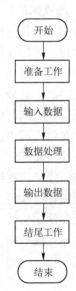

图 5-1 一般的程序处理流程图

将源程序在计算机上用编译程序生成目标程序。对于没有自开发功能的单片机来说，需要使用仿真器，通过计算机将目标程序装入仿真器，在仿真器上以单步、断点、连续方式试运行程序，对程序进行调试，排除程序中的错误，直到正确为止。

在调试的过程中对程序进行优化，即优化程序结构、缩短程序长度、加快运算速度和节省数据存储单元。

(6) 固化程序

俗称"烧写"，把经过上述步骤调试好的目标代码通过编程器或者其他方式写入单片机的 ROM 中，从而完成单片机的整个程序设计与固化的工作。

显然，算法和流程是至关重要的。程序结构有简单顺序、分支、循环和子程序等几种基本形式。在程序设计中，经常使用循环程序和子程序的形式来缩短程序，通过改变算法和正确使用指令来节省工作单元和减少程序执行的时间。

5.1.3 程序流程图

真正的程序设计过程应该是流程图的设计，上机编程只是将设计好的程序流程图转换成程序设计语言而已。程序流程图和对应的源程序是等效的，但给人的感觉是不同的。源程序是一维指令流，而流程图是二维的平面图形。在表达逻辑策略时，二维图形要比一维的指令流直观明了得多，因而更有利于查错和修改。多花一些时间来设计程序流程图，就可以节约大量的源程序编辑调试时间。

1. 程序流程图的画法

流程图的画法是先粗后细，只考虑逻辑结构和算法，不考虑或者少考虑具体指令。这样画流程图就可以集中精力考虑程序的结构，从根本上保证程序的合理性和可靠性。余下的工作是进行指令代换。这样就很容易编出源程序，而且很少大返工。

2. 流程图的符号

画流程图是指用各种图形、符号、指向线等来说明程序设计的过程。国际通用的图形和符号说明如图 5-2 所示。

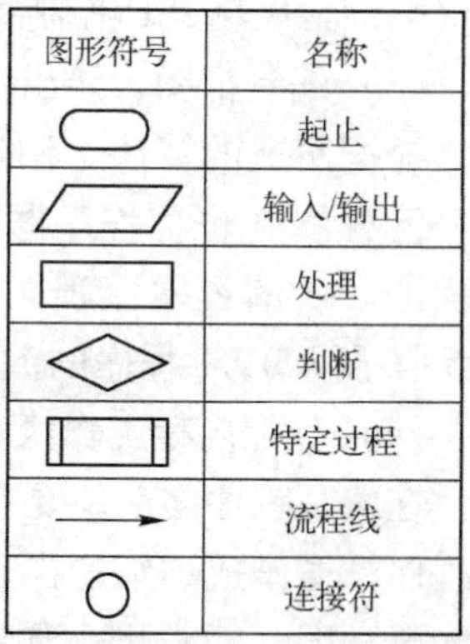

椭圆框：起止框，在程序的开始和结束时使用。

矩形框：处理框，表示要进行的各种操作。

菱形框：判断框，表示条件判断，以决定程序的流向。根据条件在两个可供选择的程序处理流程中做出判断，选择其中的一条程序处理流程。

指向线：流程线，表示程序执行的流向。

圆圈：连接符，用来表示流程图的待续。为避免出现流程线交叉和使用长线，或某个流程图能在另一页上延续，可用连接符将流程线截断。截断始端的连接符称为出口连接符，截断末端的连接符称为入口连接符，两连接符中用同一标识符。

图形符号	名称
⬭	起止
▱	输入/输出
▭	处理
◇	判断
▭	特定过程
→	流程线
○	连接符

图 5-2　程序流程图符号

特定过程：又称预定义过程，用来表示图表中已知或已确定的另一个过程，但未在图表中详细列出。

5.2 汇编语言程序设计的基本概念

5.2.1 MCS-51 伪指令

每种汇编语言都有自己的伪指令，用来对汇编过程进行某种控制，或者对符号、标号赋值。伪指令和指令是完全不同的，是不能执行的指令，在汇编时起控制作用，自身并不产生机器码，而仅是为汇编服务的一些指令。对不同版本的汇编语言，伪指令的符号和含义可能有所不同，但基本用法是相似的。伪指令不属于 MCS-51 指令系统。下面介绍一些常用的伪指令：

(1) 汇编起始命令

汇编起始命令的功能是规定下面的目标程序的起始地址。格式如下：

  ORG 16 位地址

例：

    ORG 0100H
 START： MOV A,#32H
    ……

上述程序说明标号 START 所在的地址为 0100H，指令就从 0100H 开始存放。

在一个源程序中，可以多次使用 ORG 指令，以规定不同的程序段的起始位置。但所规定的地址应该是从小到大，而且不允许重叠，即不同的程序段之间不能有重叠地址。一个源程序如果不从 ORG 指令开始，则从 0000H 开始存放目标码。

(2) 汇编结束命令

END 是汇编语言源程序的结束标志，在 END 以后所写的指令，汇编程序都不予处理。一个源程序只能有一个 END 命令。在同时包含主程序和子程序的源程序中，同样也只能有一个 END 命令，通常将 END 命令放在程序的最后。

(3) 等值命令

等值命令 EQU 的功能是将一个数或者特定的汇编符号赋予规定的字符名称。格式如下：

  字符名称 EQU 数或汇编符号

这里使用的"字符名称"不是标号，不能用":"来作分隔符。用 EQU 指令赋值以后的字符名称可以用作数据地址、代码地址、位地址或者当作一个立即数来使用。因此，给字符名称所赋的值可以是 8 位数，也可以是 16 位数。

例：

  TEMP EQU R4
  MOV A,TEMP

这里将 TEMP 等值为汇编符号 R4，在后面的指令中 TEMP 就可以代替 R4 来使用。

例：

```
        X        EQU    16H
        SUB1     EQU    1456H
        MOV      A,X
        LCALL    SUB1
```

这里 X 赋值以后，X = 16H，执行 MOV A，X 指令被当作直接地址使用，将 16H 单元的内容赋值到 A；而 SUB1 被定义为 16 位地址，是一个子程序的入口。使用 EQU 命令时必须先赋值后使用，而不能先使用后赋值。同时，该字符名称不能和汇编语言的关键字同名，例如，不能是 A、MOV、SJMP、B 等。

（4）数据地址赋值命令

DATA 命令的功能是将数据地址或代码地址赋予规定的字符名称。格式如下：

  字符名称　DATA　表达式

DATA 伪指令的功能与 EQU 有些相似，使用时要注意它们有以下区别：

① EQU 伪指令必须先定义后使用，而 DATA 伪指令无此限制。

② 用 EQU 伪指令可以把一个汇编符号赋给一个字符名称，而 DATA 伪指令不能。

③ DATA 伪指令可将一个表达式的值赋给一个字符变量，所定义的字符变量也可以出现在表达式中，而 EQU 定义的字符不能这样使用。DATA 伪指令在程序中常用来定义数据地址。

（5）定义字节指令

DB 命令的功能是从指定的地址单元开始，定义若干个 8 位内存单元的内容。格式如下：

  [标号：]　DB　8 位二进制数表

这个伪指令可在程序存储器的某一部分存入一组 8 位二进制数。这个伪指令在汇编以后，将影响程序存储器的内容。

例：

```
              ORG     0200H
        L1：  DB      45H,67H,50,80H
        L2：  DB      111B,"B"
```

以上伪指令经汇编以后，0200H 开始的单元内容为：

  (0200H) = 45H　　　(0201H) = 67H
  (0202H) = 50 = 32H　(0203H) = 80H
  (0204H) = 111B = 07H　(0205H) = 42H

其中 42H 是字符"B"的 ASCII 码，其余的十进制数（50）和二进制数（111B）也都换算为十六进制数。

（6）定义字命令

定义字命令 DW 的功能是从指定的地址开始定义若干 16 位数据。格式如下：

  [标号：]　DW　16 位二进制数表

一个 16 位数要占据两个单元的存储器，其中，高 8 位存入低地址字节，低 8 位存入高地址字节。若不足 16 位，高位用 0 填充。

例：

    ORG 0300H
 L5： DW 1067H,6080H,110

汇编后：

  （0300H）=10H   （0301H）=67H
  （0302H）=60H   （0303H）=80H
  （0304H）=00H   （0305H）=6EH

其中十进制数（110）换算为 16 进制数为 6EH，高位用 0 填充。

(7) 定义空间命令

定义空间命令 DS 的功能是从指定的地址开始，保留若干字节的 ROM 空间以作备用。格式如下：

  ［标号：］ DS 表达式

在汇编以后，将根据表达式的值来决定从指定的地址开始留出多少个字节空间，表达式也可以是一个指定的数值。

例：

  ORG 0500H
  DS 07H
  DB 86H,0A7H

汇编后，从 0500H 开始保留 7 B 的内存单元，然后从 0507H 开始，按照下一条 DB 命令给 ROM 单元赋值，即（0507H）=86H，（0508H）=A7H。保留的空间将由程序的其他部分决定它们的用途。

DB，DW，DS 伪指令都只对程序存储器 ROM 起作用，不能用来对数据存储器的内容进行赋值或进行其他初始化的工作。

(8) 位地址符号命令

BIT 命令对位地址赋予所规定的字符名称。格式如下：

  字符名称 BIT 位地址

例：

  A1 BIT 01H
  A2 BIT P2.0

这样就把两位位地址分别赋给了两个变量 A1 和 A2，在其后的编程中，A1 就可当作位地址 01H 来使用，A2 就可当作位位置 P2.0 来使用。

必须指出，并非所有汇编程序都有这条伪指令，若不具备 BIT 命令，则可以用 EQU 命令来定义位地址变量，但这时所赋的值应该是具体的位地址值。例如，P1.0 就要用具体位地址 90H 来代替。

说明：在汇编语言程序设计中，可以使用伪指令完成对汇编过程的控制或对符号、标号的赋值功能。在 C51 程序设计中，虽然没有伪指令，但可由编译工具自动分配程序的起始地址及结束标志，而其他的伪指令可以使用第 4 章介绍的标识符完成其功能。例如：

汇编语言伪指令：

    MODE EQU 82H ;MODE = 82H
    PORTA EQU 9000H
    ORG   0200H
  L1： DB   45H,67H,50H,80H

采用 C51 语言编写对应命令：

  #define mode 0x82
  unsigned char xdata PORTA _at_ 0x9000;
  unsigned char code LEDMAP[ ] = {0x45,0x67,0x50,0x80};

5.2.2 汇编语言程序的格式

  汇编语言程序的每一句程序一般由四部分组成，即标号、操作码、操作数和注释。每部分之间要用分隔符隔开，即如下形式：

    标号： 操作码 操作数 ;注释

  对于任一行程序来说，只有操作码是必不可少的，其他视情况而定。
  标号由 8 个或 8 个以下的字母或数字构成，但第一个必须是字母。除字母和数字外，还有一个下画线符号"_"可以在标号中使用，各种特殊功能寄存器名、各个位地址名、各种伪指令等都不能用作标号。
  以下是一些合法的标号：B3，DAT，AD，DELY，LOOP 等。
  以下的字符串不能用作标号：4A，A + B，END，ADD 等。
  操作数一般为立即数、寄存器、直接地址、寄存器间址等。立即数的前缀为"#"，可以是二进制，后缀为"B"；可以是十进制数，没有后缀；也可以是十六进制数，后缀为"H"。十六进制数的最高位必须是数字，不能为字母，如果高位大于 9 时，则在前加 0。对直接地址 direct 来说，也有多种选择：
  （1）二进制数、十进制数或十六进制数。
  （2）标号地址。
  （3）带有加减操作的表达式。
  （4）特殊功能寄存器值。
  与 C51 语言不同，在汇编语言中，无论是标号、操作码，还是操作数，都是大小写字母不敏感的，即 MOV 与 mov 或者 Mov 相同，LOOP 与 loop 也相同。

5.2.3 汇编语言程序的汇编

  汇编就是把汇编语言翻译成机器语言。汇编的方法一般有两种，一种是人工汇编，另一种是机器汇编。
  人工汇编是将源程序由人工查表来译成目标程序，现在由于编译器已经非常成熟，人工汇编基本不用。

机器汇编是将汇编程序输入计算机后,由汇编程序译成机器码。汇编后对机器码运行调试,程序员对程序进行修改十分容易。程序员可以根本不知道机器码是什么,就能将源程序调试好。机器汇编有两次扫描过程。

第一次扫描:检查语法错误,确定符号名字;建立使用的全部符号名字表;每一符号名字后跟一对应值(地址或数)。

第二次扫描:是在第一次扫描的基础上,将符号地址转换成地址(代真);利用操作码表将助记符转换成相应的目标码。

例 5-1 一个 8 位数组存放在 30H 开始的 RAM 单元中,数组长度存在 2FH 中。用 Keil 汇编语言编程找出数组中值为 44H 的个数,并将个数存入到 2AH 中,查看汇编后的目标码。

```
            ORG    1000H              ;以下程序从1000H开始
    START:  MOV    R0,2FH             ;(2FH)→R0
            MOV    R2,#00H            ;R2 用于存放 44H 的个数
            MOV    A,@R0              ;直接使用 MOV A,2FH 也行
            MOV    R3,A               ;数据长度→R3
            INC    R3
            SJMP   NEXT               ;数据长度为 0 就不用找了,否则继续查找
    LOOP:   INC    R0                 ;从 30H 开始,加 1 递增
            CJNE   @R0,#44H,NEXT      ;不是 44H,找下一个
            INC    R2                 ;是 44H,计数加 1
    NEXT:   DJNZ   R3,LOOP            ;每次查找后 R3 减 1,全部找完了?
            MOV    2AH,R2             ;值为 44H 的个数存入 2AH
            SJMP   $                  ;原地跳转,无限循环
            END
```

机器汇编的结果为

地址	机器码	标号	助记符	
1000			ORG	1000H
1000	A82F	START:	MOV	R0,2FH
1002	7A00		MOV	R2,#00H
1004	E6		MOV	A,@R0
1005	FB		MOV	R3,A
1006	0B		INC	R3
1007	8005		SJMP	NEXT
1009	08	LOOP:	INC	R0
100A	B64401		CJNE	@R0,#44H,NEXT
100D	0A		INC	R2
100E	DBF9	NEXT:	DJNZ	R3,LOOP
1010	8A2A		MOV	2AH,R2
1012	80FE		SJMP	$
			END	

例 5-2 与上个例题类似,用 C51 语言编程找出数组中值为 0x44 的个数,结果存入变量中。用 Keil C 编译,查看编译后的目标码。

```
#include < regx51. h >
volatile unsigned char data array[10];      //有一个全局变量的数组
main( ){
        unsigned char i;
        unsigned char num;                  //变量 num 存放值 0x44 的个数
        num = 0;
        for(i = 0;i < 10;i ++ ){             //查找数组中的全部单元
            if( array[i] == 0x44) num ++ ;   //如果值为 0x44,计数加 1
        }
        while(1);                            //无限循环
}
```

Keil 编译后的结果为

地址	机器码	助记符		
C:0x0000	020025	LJMP	C:0025	
4: main( ){				
5:		unsigned char i;		
6:		unsigned char num;		//变量 num 存放
7:		num = 0;		
C:0x0003	751300	MOV	0x13,#0x00	
8:		for(i = 0;i < 10;i ++){		//查找数组中的全部单元
C:0x0006	751200	MOV	0x12,#0x00	
C:0x0009	E512	MOV	A,0x12	
C:0x000B	C3	CLR	C	
C:0x000C	940A	SUBB	A,#0x0A	
C:0x000E	5012	JNC	C:0022	
9:		if(array[i] == 0x44) num ++ ;		//如果值为 0x44,则计数加 1
C:0x0010	AF12	MOV	R7,0x12	
C:0x0012	7408	MOV	A,#array(0x08)	
C:0x0014	2F	ADD	A,R7	
C:0x0015	F8	MOV	R0,A	
C:0x0016	E6	MOV	A,@R0	
C:0x0017	FF	MOV	R7,A	
C:0x0018	EF	MOV	A,R7	
C:0x0019	B44402	CJNE	A,#0x44,C:001E	
C:0x001C	0513	INC	0x13	
10:		}		
C:0x001E	0512	INC	0x12	
C:0x0020	80E7	SJMP	C:0009	
11:		while(1);		//无限循环

C:0x0022	80FE	SJMP	C:0022
12: }			
C:0x0024	22	RET	
C:0x0025	787F	MOV	R0,#0x7F
C:0x0027	E4	CLR	A
C:0x0028	F6	MOV	@R0,A
C:0x0029	D8FD	DJNZ	R0,C:0028
C:0x002B	758113	MOV	SP(0x81),#0x13
C:0x002E	020003	LJMP	main(C:0003)

以上用 Keil C 编译的结果，中间穿插了源程序的 C51 代码，便于理解。地址前的 C 表示地址是程序（CODE）存储器 ROM 中的地址。

最后在单片机中运行的是机器码。

5.3 单片机汇编语言与 C51 语言的程序设计

5.3.1 16 位加减法程序

例 5-3 已知两个 16 位二进制数分别存放在 R1R0 和 R3R2 中，试求其和，并将结果存入 R1R0 中。

采用汇编语言程序设计如下：

根据二进制的加法运算规则，考虑到低 8 位在加法过程中，可能产生进位。在运算中，需使用 ADDC 指令进行高 8 位的加法运算。

  加 数：R1R0
  被加数：R3R2
  结 果：R1R0
程序如下：

```
    ORG   0000H
    MOV   A,R2    ;被加数低 8 位→A
    ADD   A,R0    ;加数低 8 位 + 被加数低 8 位→A
    MOV   R0,A    ;A→结果低 8 位,若有进位则 CY = 1
    MOV   A,R3    ;被加数高 8 位→A
    ADDC  A,R1    ;加数高 8 位 + 被加数高 8 位 + CY→A
    MOV   R1,A    ;A→结果高 8 位
    SJMP  $
    END
```

采用 C51 语言程序设计如下：

根据 C51 的数据类型规定，16 位数据用带符号的 int 整型数定义，加数为 x，被加数为 y，和存放入 x 中（x = x + y）。

  void main(void){

```
        int data x,y;/* x,y 被定义为 int 整型数,定位于片内 RAM 中 */
        x = x + y;
}
```

5.3.2 顺序程序

顺序程序是指按顺序依次执行的程序，也称为简单程序或直线程序。其特点是按指令的排列顺序一条条地执行，直到全部指令执行完毕为止。整个程序无分支、无循环。这类程序往往用来解决一些简单的算术及逻辑运算问题，主要用数据传送类指令和数据运算类指令实现。

无论多么复杂的程序，都是由若干顺序程序段组成的。

例 5-4 编写逻辑运算程序，功能为 $F = X(Y + Z)$。

采用汇编语言程序设计如下：

其中 F、X、Y、Z 均为位变量，依次存在以 30H 为首址的位寻址区中。

```
        F       BIT     30H
        X       BIT     31H
        Y       BIT     32H
        Z       BIT     33H
        ORG     0000H
        SJMP    MAIN
        ORG     0040H
MAIN:
        MOV     C,Y     ;Y→C
        ORL     C,Z     ;Y+Z→C
        ANL     C,X     ;X(Y+Z)→C
        MOV     F,C     ;C→F
        SJMP    $
        END
```

采用 C51 语言程序设计如下：

根据 C51 的数据类型规定，位数据 F、X、Y、Z 分别用 bit 位变量定义。

程序如下：

```
void main(void)
{
    bit F,X,Y,Z;   /* 位数据 F、X、Y、Z,定位于片内 RAM 的位寻址区 */
    F = X &&(Y||Z);
}
```

例 5-5 编写逻辑运算程序，功能为 $P2.0 = (P2.0 + P1.0) \cdot P1.1$。

采用汇编语言程序设计如下：

```
        ORG     0000H
        SJMP    MAIN
```

```
            ORG     0040H
MAIN:
            MOV     C,P2.0      ;P2.0→C
            ORL     C,P1.0      ;P2.0+P1.0→C
            ANL     C,P1.1      ;(P2.0+P1.0)·P1.1→C
            MOV     P2.0,C      ;C→P2.0
            SJMP    $
            END
```

采用 C51 语言程序设计如下：

程序如下：

```
sbit  P1_0 = P1^0;      /* 定义 P1.0、P1.1、P2.0 */
sbit  P1_1 = P1^1;
sbit  P2_0 = P2^0;
void main(void)
{
    P2_0 = P1_1 &&(P2_0 || P1_0);
}
```

例 5-6 某设备计数器数值（0~255）存放在内部 RAM 30H 单元中，试将其十进制形式的个位、十位、百位数据分别存放于 31H、32H 和 33H 单元中。

采用汇编语言程序设计如下：

利用单片机除法指令，当计数器数值除以 10（十进制的权）时，余数为其数据十进制格式的个位，商再除以 10 时，余数为其数据十进制格式的十位，由于内部 RAM 存储的最大值不超过 255，所以商为其数据十进制格式的百位。

程序流程图如图 5-3 所示。

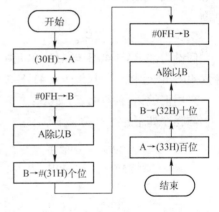

图 5-3 顺序结构程序流程图

```
            ORG     0100H
            MOV     A,30H       ;(30H)→A
            MOV     B,#10       ;10→B
            DIV     AB
            MOV     31H,B       ;B→(31H)数据十进制格式的个位
            MOV     B,#10       ;10→B
            DIV     AB
            MOV     32H,B       ;B→(32H)数据十进制格式的十位
            MOV     33H,A       ;A→(33H)数据十进制格式的百位
            END
```

采用 C51 语言程序设计如下：

根据 C51 的数据类型规定，分别定义无符号字符变量 counter、unit、decade、hundred 表

示计数值、个位、十位、百位。

```
void main(void){
    unsigned char counter,unit,decade,hundred;
    /*定义无符号字符变量,分别表示计数值、个位数值、十位数值、百位数值*/
    hundred = counter/100;
    decade = counter/10%10;
    unit = counter%10;
}
```

5.3.3 分支程序

根据不同条件转向不同的处理程序,这种结构的程序称为分支程序。

分支程序是利用条件转移指令,使程序执行某一指令后,根据条件(即运算的情况)是否满足来改变程序执行的次序。在设计分支程序时,关键是如何判断分支的条件。在MCS-51指令系统中,可以直接用于判断分支条件的指令有:累加器判零条件转移指令JZ(JNZ)、比较条件转移指令CJNZ和位条件转移指令JC(JNC)、JB(JNB)、JBC等。通过这些指令,就可以完成各种各样的条件判断,如正负判断、溢出判断、大小判断等。注意,执行一条判断指令时,只能形成两路分支。若要形成多路分支,就要进行多次判断。

例5-7 单分支程序。

假设内部RAM 40H与41H单元中有两个无符号数,现要求找出其中的较大者,并将其存入40H单元中,较小者存入41H单元。

采用汇编语言程序设计如下：

源程序如下：

```
        ORG   0000H
        MOV   A,40H
        CLR   C
        SUBB  A,41H
        JNC   EXIT
        MOV   A,40H
        XCH   A,41H
        MOV   40H,A
EXIT:   SJMP  EXIT
        END
```

采用C51语言程序设计如下：

根据C51的数据类型规定,两个无符号数x1,x2用unsigned char字符型数定义,定位于片内RAM中。

```
void main(void){
    unsigned char x1,x2,temp;    /*x1,x2被定义为无符号数,temp存放临时数据*/
    if(x1<x2){
```

```
            temp = x2;x2 = x1;x1 = temp;
    }
}
```

由于 C51 语言与单片机硬件结构相对独立，C51 编译器会自动完成变量的存储单元的分配，编程者只需关注变量和常量的存储类型与存储空间。因此在本书的 C51 编程示例中，通常不直接读取工作寄存器或 RAM 单元的内容，而采用定义变量的方式进行参数传递或判断等。

例 5-8 三分支程序。

已知 30H 单元中有一变量 X，要求编写一程序按下述要求给 Y 赋值，结果存入 31H 单元。采用汇编语言程序设计如下：

$$Y = \begin{cases} X+1 & X>0 \\ 0 & X=0 \\ -1 & X<0 \end{cases}$$

题意：根据 X 的不同，程序编写时有三个出口，即有三个分支。

程序流程图如图 5-4 所示。

源程序如下：

```
        ORG     0000H
        MOV     A,30H
        JZ      LP1         ;X = 0,转 LP1 处理
        JNB     ACC.7,LP2   ;X > 0,转 LP2 处理
        MOV     A,#0FFH     ;X < 0,则 Y = -1
        SJMP    LP1
LP2:    ADD     A,#01       ;X > 0,Y = X+1
LP1:    MOV     31H,A       ;存结果
        SJMP    $           ;循环等待,$表示转至本地址
        END
```

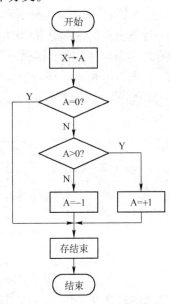

图 5-4 三分支程序流程图

采用 C51 语言程序设计如下：

根据 C51 的数据类型规定，使用 char 字符类型定义 x，y，定位于片内 RAM 中。

```
void main(void) {
    char data x,y;    /* x,y 被定义为两个指向 DATA 存储器空间的指针 */
    if(x>0) {
        y = x+1;
    } else if(x==0) {
        y = 0;
    } else {
        y = -1;
    }
}
```

5.3.4 循环程序

循环程序是常用的一种程序结构形式。在程序设计时，往往会遇到同样的一个程序段要重复多次，虽然可以重复使用同样的指令来完成，但若采用循环结构，则该程序结构只要使用一次，由计算机根据条件，控制重复执行该程序段的次数，这样便可以大大地简化程序结构，减少程序占用的存储单元数。

循环程序一般由如下四部分组成：

① 初始化部分：用来设置循环初值，包括预置变量、计数器和数据指针初值，为实现循环做准备。

② 循环处理部分：要求重复执行的程序段，是程序的主体，称为循环体。循环体既可以是单个指令，也可以是复杂的程序段，通过它可完成对数据进行实际处理的任务。

③ 循环控制部分：控制循环次数，为进行下一次循环而修改计数器和指针的值，并检查该循环是否已执行了足够的次数。也就是说，该部分用条件控制循环次数和判断循环是否结束。

④ 循环结束部分：分析和存放结果。

计算机对第一部分和第四部分只执行一次，而对第二部分和第三部分则可执行多次，一般称之为循环体。典型的循环结构流程如图 5-5 所示，或将处理部分和控制部分的位置对调，如图 5-6 所示。前者所示的处理部分至少要执行一次，例如 C 语言中的 do{…}while(…)语句等；而后者所示的处理部分可以根本不执行，例如 C 语言中的 while(…){…}语句等。

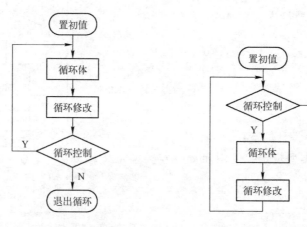

图 5-5　循环程序流程图形式一　　图 5-6　循环程序流程图形式二

在进行循环程序设计时，应根据实际情况采用适当的结构形式。

从以上 4 个部分来看，循环控制部分是循环程序设计主体中关键的环节。常用的循环控制方法有计数器控制和条件标志控制两种。用计数器控制循环时，循环次数是已知的，可在循环初始部分将次数置入计数器中，每循环一次计数器减 1，当计数器的内容减到零时，循环结束，常用 DJNZ 指令实现；相反，有些循环程序中无法事先知道循环次数，而只知道循环有关的条件，这时只能根据给定的条件标志来判断循环是否继续，一般可参照分支程序设计方法中的条件判断指令来实现。

例 5-9 试编写统计数据区长度的程序。设数据区从外部 RAM 1000H 单元开始,该数据区以 0 结束,统计结果送入外部 RAM 1100H 单元。

采用汇编语言程序设计如下:

题意:根据题目要求,编写统计数据长度子程序 ADUP,同时编写主程序,调用 ADUP 子程序。

统计数据长度子程序如下:

```
        ORG    0400H
ADUP:   MOV    2FH,#00H       ;数据长度清零
        MOV    DPTR,#1000H    ;置数据区首址
ALOP:   MOVX   A,@DPTR        ;取数据内容
        JZ     LP1            ;判断是否为结束标志0,若数据区结束,则跳转到LP1
        INC    2FH            ;数据区未统计完毕,长度加1
        INC    DPTR           ;修改数据区地址
        SJMP   ALOP
LP1:    MOV    DPTR,#1100H    ;数据长度存放单元地址
        MOV    A,2FH
        MOVX   @DPTR,A        ;将统计数据区长度送入外部 RAM 1100 单元
        RET                   ;子程序返回
```

主程序如下:

```
        ORG    0000H
        SJMP   MAIN           ;单片机程序复位地址,程序无条件跳转到MAIN
        ORG    0040H
MAIN:                         ;主程序入口地址
        ……
        LCALL  ADUP           ;调用子程序
        SJMP   $              ;原地等待
        END
```

采用 C51 语言程序设计如下:

```
unsigned char xdata ptr;                    //指向外部 RAM 数据区的指针
unsigned char xdata data_len _at_ 0x1100;   //数据长度存放单元地址
void main(void){
    data_len = 0;
    ptr = 0x1000;
    while( *ptr! = 0){
        ptr ++ ;
        data_len ++ ;
    }
}
```

例 5-10 编写延时 10 ms 子程序,f_{osc} = 12 MHz。

题意：根据题目要求，编写延时程序首先必须知道晶振的频率，已知所用晶振为 12 MHz，则一个机器周期就是 1 μs。而 MCS-51 单片机对每一条指令都给出了指令周期数。根据这些数据，可以编写相应的延时程序。

采用汇编语言程序设计如下：

$f_{osc}=12$ MHz，一个机器周期为 1 μs。延时子程序采用 2 重循环，根据每条语句的执行周期和执行次数，计算整个程序的执行时间，用于软件延时。R6 设置外循环次数，R7 设置内循环次数。

```
DY10ms: MOV   R6,#20      ;1 机周×1 次=1 机周
DLP1:   MOV   R7,#250     ;[1 机周]×20 次=20 机周
DLP2:   DJNZ  R7,DLP2     ;[(2 机周×250)×20]=10000 机周
        DJNZ  R6,DLP1     ;[2 机周]×20=40 机周
        RET               ;2 机周×1 次=2 机周
```

说明：MOV Rn 指令为 1 个机器周期；
　　　DJNZ 指令为 2 个机器周期；
　　　RET 指令为 2 个机器周期；

以上注释了每条指令执行的次数和执行的时间，( ) 中是内循环的次数，[ ] 是外循环的次数。总执行需要的机器周期：1+20+10000+40+2=10063 个机器周期=10063 μs。或者按循环计算：

$\{1+[1+(2\text{ 机器周期}\times250)+2]\times20+2\}\times1$ μs/机器周期=10063 μs≈10 ms

采用 C51 语言程序设计如下：

程序如下：

```
void delay_10ms(void)
{
    volatile unsigned char i,j;    /*i,j 被定义为 unsigned char 整型数,定位于
                                    *片内 RAM 中,定义成 volatile 类型的变量
                                    *可以防止被编译器优化。*/
    for(i=0;i<13;i++)              /*i,j 的循环次数由延时时间确定*/
        for(j=0 ;j<250 ;j++);
}
```

使用 Keil C 的 C51 编译器和链接软件将 delay_10ms( ) 延时子程序编译后，可得到对应的反汇编程序如下：

```
C:0x0003   E4       CLR    A
C:0x0004   FF       MOV    R7,A
C:0x0005   E4       CLR    A
C:0x0006   FE       MOV    R6,A
C:0x0007   0E       INC    R6
C:0x0008   BE18FC   CJNE   R6,#0xFA,C:0007
C:0x000B   0F       INC    R7
```

```
C:0x000C    BF64F6    CJNE        R7,#0x0D,C:0005
C:0x000F    22        RET
```

分析后发现，在此类程序中，C51 程序编程的效率与汇编语言有所差别，根据反汇编语句对应的指令周期，计算出延时时间为：

$$\{1+1+[1+1+(1+2)\times250+1+2]\times13+2\}\times1\,\mu s/机器周期=9819\,\mu s\approx10\,ms$$

所以在进行精确延时的场合，仍需要汇编语言或使用定时器进行编程。

总结：汇编语言延时程序中延时时间的设定如下所示。

源程序：   指令周期

    DELAY： MOV R3,#X   2 个 $T_{机器}$
    DEL2： MOV R4,#Y   2 个 $T_{机器}$
    DEL1： NOP   1 个 $T_{机器}$
           NOP   1 个 $T_{机器}$
           DJNZ R4,DEL1   2 个 $T_{机器}$
           DJNZ R3,DEL2   2 个 $T_{机器}$
           RET

指令周期、机器周期 $T_{机器}$ 与时钟周期 $T_{时钟}$ 的关系：

$$T_{机器}=12T_{时钟}=12\times1/f_{osc}=1\,\mu s \quad (假设晶振频率 f_{osc} 为 12\,MHz)$$

延时时间的简化计算结果：$(1+1+2)\times X \times Y$

5.3.5 查表程序

表格是事先存放在 ROM 中的，一般为一串有序的常数，例如平方表、字型码表等。
表格可通过伪指令 DB 来确定。
通过查表指令

    MOVC   A,@ A + DPTR
    MOVC   A,@ A + PC

可实现表的查询。

当用 DPTR 作基址寄存器时，查表的步骤分 3 步：
① 基址值（表格首地址）→DPTR。
② 变址值（表中要查的项与表格首地址之间的间隔字节数）→A。
③ 执行 MOVC A,@ A + DPTR。

当用 PC 作基址寄存器时，其表格首地址与 PC 值间距不能超过 256 B，且编程要事先计算好偏移量，比较麻烦。因此，一般情况下用 DPTR 作基址寄存器。

例 5-11 用查表法计算 0~9 的平方。
采用汇编语言程序设计如下：
用 DPTR 作基址寄存器时，源程序如下：

    ORG   0000H
    MOV   DPTR,#TABLE   ;表首地址送 DPTR
    MOV   A,#05   ;被查数字 5→A

```
              MOVC   A,@A+DPTR      ;查表求平方
              SJMP   $
       TABLE: DB     0,1,4,9,16,25,36,49,64,81
              END
```

用 PC 作基址寄存器时，源程序如下：

```
              ORG    1000H
       1000H  MOV    A,#05          ;被查数字 5→A
       1002H  ADD    A,#02          ;修正累加器 A
       1004H  MOVC   A,@A+PC        ;查表求平方
       1005H  SJMP   $
       1007H: DB     0,1,4,9,16,25,36,49,64,81
              END
```

采用 C51 语言程序设计如下：
C51 源程序如下：

```
unsigned char code table[10] = {0,1,4,9,16,25,36,49,64,81};
void main(void){
    unsigned char i,j;    /* i,j 被定义为 unsigned char */
    i = 5;
    j = table[i];
}
```

5.3.6 散转程序

散转程序是指通过修改某个参数后，程序可以有三个以上的流向，多用于键盘程序。常用的指令是 JMP @A+DPTR，该指令是把 16 位数据指针 DPTR 的内容与累加器 A 中的 8 位无符号数相加，形成地址，装入程序计数器 PC，形成散转的目的地址。

在 C51 语言程序设计中，常用 switch/case 语句处理多路分支的情况。

例 5-12 根据 R7 的内容，转向各自对应的操作程序（R7=0，转入 OPR0；R7=1，转入 OPR1；……；R7=n，转入 OPRn）。

采用汇编语言程序设计如下：

```
       JUMP1:  MOV   DPTR,#JPTAB1   ;数据指针跳转至表首
               MOV   A,R7
               ADD   A,R7           ;R7×2→A(修正变址值)
               JNC   NOAD           ;判断有否进位
               INC   DPH            ;有进位则加到高字节地址
       NOAD:   JMP   @A+DPTR        ;转向形成的散转地址入口
       JPTAB1: AJMP  OPR0           ;直接转移地址表
               AJMP  OPR1
               ……
```

AJMP　OPRn

采用 C51 语言程序设计如下：

C51 编程中通常不直接读取工作寄存器的内容，而采用定义变量的方式进行判断。本例假定根据变量 index 进行多路分支判断。（index = 0，转入 opr0( )；index = 1，转入 opr1( )；……；index = n，转入 oprn( )）

```
unsigned char index;              //定义变量 index 进行多路分支判断
……
switch(index){
    case 0:
        opr0();                   //opr0 对应的子程序
        break;                    //转向对应的散转地址入口
    ……
    case 7:
        opr7();                   //opr7 对应的子程序
        break;
    default:
        break;
}
```

5.3.7 子程序

在实际问题中，常常会遇到在一个程序中多次用到相同的运算或操作，若每次遇到这些运算或操作，都从头编起，将使程序烦琐、浪费内存。因此，实际上，经常把这种多次使用的程序段，按一定结构编好，当需要时，可以调用这些独立的程序段。通常将这种可以调用的程序段称为子程序。

子程序设计注意事项：

（1）要给每个子程序起一个名字，也就是入口地址的代号。

（2）要能正确地传递参数。即首先要有入口条件，说明进入子程序时，它所要处理的数据放在何处（如：汇编语言是放在 A 中还是放在某个工作寄存器中等）。另外，要有出口条件，即处理的结果存放在何处。

（3）注意保护现场和恢复现场。在子程序使用累加器、工作寄存器等资源时，要先将其原来的内容保存起来，即保护现场。当子程序执行完毕，在返回主程序之前，要将这些内容再取出，送还到累加器、工作寄存器等原单元中，这一过程称为恢复现场。

例 5–13　利用子程序的参数传递，计算平方和 $c = a^2 + b^2$。

采用汇编语言程序设计如下：

程序清单如下：

```
ORG     0000H           ;主程序
MOV     SP,#5FH         ;设置栈底
MOV     A,31H           ;取数 a 存放到累加器 A 中作为入口参数
LCALL   SQR             ;计算 a²
```

```
        MOV     R1,A              ;出口参数——平方值存放在 A 中
        MOV     A,32H             ;取数 b 存放到累加器 A 中作为出口参数
        LCALL   SQR               ;计算 b²
        ADD     A,R1              ;求和
        MOV     33H,A             ;存放结果
        SJMP    $
```

;子程序:SQR
;功能:通过查表求出平方值 y = x²
;入口参数:x 存放在累加器 A 中
;出口参数:求得的平方值 y 存放在 A 中
;占用资源:累加器 A,数据指针 DPTR

```
SQR:    PUSH    DPH               ;保护现场,将主程序中 DPTR 的高 8 位放入堆栈
        PUSH    DPL               ;保护现场,将主程序中 DPTR 的低 8 位放入堆栈
        MOV     DPTR,#TABLE       ;在子程序中重新使用 DPTR,表首地址→DPTR
        MOVC    A,@A+DPTR         ;查表
        POP     DPL               ;恢复现场,将主程序中 DPTR 的低 8 位从堆栈中弹出
        POP     DPH               ;恢复现场,将主程序中 DPTR 的高 8 位从堆栈中弹出
        RET
TABLE:  DB      0,1,4,9,16,25,36,49,64,81
```

采用 C51 语言程序设计如下:
C51 源程序如下:

```
    unsigned char a,b,c;          /* a,b,c 被定义为 unsigned char */

    unsigned char func(unsigned char val){
        return(val * val);        /* 计算 val * val 并返回结果 */
    }
    void main(void){
        c = func(a) + func(b);
    }
```

说明:

C51 的强大功能及其高效率的重要体现之一在于其丰富的可直接调用的库函数,多使用库函数可使程序代码简单,结构清晰,易于调试和维护。

例 5-14 编写 $c = \sqrt{a} + \sqrt{b}$ 的 C51 程序。

C51 源程序如下:

分析:可利用 C51 提供的库函数 float sqrt(float x);

方法一:

```
    #include <math.h>             /* 包含函数 sqrt 函数原型声明的头文件 */
    float a = 16,b = 25,c;        /* a,b,c 被定义为浮点型数据 */
```

```
                    /* 其中对 a,b 分别赋初值,要求:a>=0;b>=0 */
    void main(void)
    {
        c = sqrt(a) + sqrt(b);
    }
```

方法二：可以将 $c = \sqrt{a} + \sqrt{b}$ 直接编写为函数，在主程序中直接利用函数调用。

```
    #include <math.h>                    /* 包含函数 sqrt 函数原型声明的头文件 */
    unsigned int a = 16, b = 25, c;      /* a,b,c 被定义为无符号整型数据 */
                                         /* 其中对 a,b 分别赋初值,要求:a>=0;b>=0 */
    unsigned int func(unsigned int v_a, unsigned int v_b) {
        return(sqrt(v_a) + sqrt(v_b));   /* 计算 √a + √b 并返回结果 */
    }
    void main(void) {
        c = func(a,b);                   /* 调用函数 func,完成 √a + √b 的计算 */
    }
```

使用 C51 编写调用子程序或库函数时，程序员无须关心 ACC、B、DPH、DPL、PWS 等寄存器的保护，C51 编译器会根据上述寄存器的使用情况在目标代码中自动增加压栈和出栈操作。

习题 5

1. 单片机应用的原理如图 1-2 所示，设计程序实现功能：当 S1 闭合时，LED 灯 D1 亮；S1 打开时，LED 灯 D1 灭。要求：
(1) 画出程序设计的流程图。
(2) 用汇编语言编写程序，写出机器汇编后的结果。
(3) 用 C51 语言编写程序，写出机器编译后的结果。

2. 什么叫汇编语言的伪指令？常用的伪指令有几种？

3. 用汇编语言编程求 Y 值，设 m、n 存在 30H 和 31H 中，Y 存在 32H 中，且 m、n 的积 <256，m、n 的商为整数。

$$Y = \begin{cases} m \times n & (m < n) \\ 0 & (m = n) \\ m \div n & (m > n) \end{cases}$$

4. 用汇编语言编写程序，将内部 RAM 30H～5FH 单元的内容清 0。

5. 求 8 个单字节数的平均值，这 8 个数以表格形式存放在从 table 开始的单元中。请用汇编语言编程实现。

6. 用汇编语言编程，比较两个 ASCII 码字符串是否相等。字符串的长度存在内部 RAM 41H 单元，第一个字符串的首地址为 42H，第二个字符串的首地址为 52H。如果两个字符串相等，则置内部 RAM 40H 单元为 00H，否则置 40H 单元为 0FFH。

7. 已知内部 RAM 30H 单元中存有 0～99 的十进制数，试编程将其十位数和个位数对应的 ASCII 码分别存入 31H 和 32H 中。用汇编语言编程实现。

8. 用汇编语言按下列要求编写延时子程序：

延时 10 ms 子程序，$f_{osc} = 6$ MHz。

延时 8 ms 子程序，$f_{osc} = 12$ MHz。

延时 1 s 子程序，$f_{osc} = 12$ MHz。

9. 用 C51 语言编写两个无符号整型数的比较程序，将 x、y 两数中较大的数存入 max 变量中。

10. 用汇编语言和 C51 语言分别编程求 Y 值，设 X 由 P1 口输入，Y 存于外部 RAM 1000H，试按下列要求编写程序。

$$Y = \begin{cases} 0FH & (X < 7FH) \\ 55H & (X = 7FH) \\ F0H & (X > 7FH) \end{cases}$$

11. 设在外部 RAM 4000H 开始的存储区有若干个字符和数字，若已知最后一个字符为 "\$"（\$ 的 ASCII 码为 24H），试统计这些字符和数字的个数，统计结果存入外部 RAM 1000H 单元。分别用汇编语言和 C51 语言编程。

12. 编写程序，对外部 RAM 2040H ~ 204FH 中存储的单字节数据求算术平均值，并将结果存入外部 RAM 2050H 单元。分别用汇编语言和 C51 语言编程。

13. 分别用 C51 语言和汇编语言编写函数，函数的输入为 0 ~ 9 之间的整数，输出为数字对应的 ASCII 码。

14. 分别用 C51 语言和汇编语言编写程序，将外部 RAM 2000H ~ 204FH 单元中存储的小写字母转换为对应的大写字母并存回原地址单元（字母以 ASCII 码的形式存储）。

15. 某单片机温度数据采集系统采用 8 位的 AD 转换，采样数据 ad_dat 与温度 temp 成线性关系。系统的地址 ad_addr 映射为外部 RAM 的 1010H 地址，数据 ad_dat 的取值范围是 0 ~ 255，对应的温度 temp 是 10 ~ 85℃（分辨率是 1℃）。用 C51 语言编程实现以下功能。

（1）编写大约 10 ms 的软件延时函数（$f_{osc} = 6$ MHz），在 Keil C 上调试，给出实际延时时间。

（2）每隔 10 ms 采集一个数据 ad_dat 存入数组中，当采集 16 个 ad_dat 后计算其平均值，再进行标度变换，计算出温度值 temp。

第6章 MCS-51单片机的中断系统与定时/计数器

中断系统在单片机系统中起着重要的作用,是系统能够及时处理应急事件、提高工作效率和安全可靠性的必要条件。中断系统保证了系统对突发事件响应的实时性,其强弱、数量是衡量单片机系统功能完善与否的标准。

定时/计数器是单片机系统的必要组成部分。在实际应用中,经常存在定时扫描/检测,定时更新/输出等要求,定时器为这些定时需求提供基本工具;计数器用于对外部事件进行计数,通常是对 I/O 端口的脉冲输入信号计数,可在测速、测距等应用领域发挥作用。

6.1 中断系统

6.1.1 概述

在日常生活中,中断现象随处可见。例如:某人正在阅读一本小说,刚读到第 35 页时,电话铃响起,于是放下小说去接电话,为了过一会儿还能找到正在读的页号,将一个书签夹在此页中,接完电话,找到夹了书签的页,继续阅读。这就是一个非常典型的中断实例。我们学习了中断的一些概念和术语后,再来分析这个实例。中断是一项重要的计算机技术,采用中断技术可以使多个任务共享一个资源,所以中断技术实质上就是一种资源共享技术。

1. 基本概念及相关术语

(1) 中断:CPU 在执行程序的过程中,由于计算机系统内部或外部的某种原因,必须暂时中止 CPU 当前的程序执行,去为处理突发事件而执行相应的处理程序,待处理结束后,再回来继续执行被中止的程序。这种程序在执行过程中由于某种原因而被打断的情况称为"中断"。

(2) 中断系统:实现中断的硬件逻辑和实现中断功能的指令系统称为中断系统。

(3) 中断源:引起中断的事件称为中断源。

(4) 中断请求信号:由中断源向 CPU 所发出的请求中断的信号称为中断请求信号。

(5) 中断断点:CPU 中止现行程序执行的位置称为中断断点。

(6) 中断响应:CPU 接受中断请求而中止现行程序,转去为中断源服务称为中断响应。

(7) 中断返回:由中断服务程序返回到原来执行的程序的过程称为中断返回。

(8) 中断服务程序:实现中断功能的处理程序称为中断服务程序。

(9) 保护现场和恢复现场:中断源向计算机发出中断请求,CPU 响应该中断请求,中止主程序,转向中断服务程序,完成中断服务后,再返回到原来的主程序。为了 CPU 完成中断服务后,能够返回到原主程序的位置和状态,就要保护断点处的现场状态,即将断点处的 PC 值、相关寄存器的内容、标志位等状态压入堆栈保存,中断服务完成时再将断点信息出栈，该操作称为保护现场和恢复现场。

在前边的实例中某人正在阅读一本小说可以比作在正常执行主程序，电话铃响起，可以看作出现一个中断请求信号，放下小说去接电话可以看作是对中断的响应，将一个书签夹在小说中可以看作对现场的保护，接听电话的过程是执行中断服务程序，电话接听完毕是中断返回，找到夹了书签的页可以看作是恢复现场，继续阅读小说可以看作重新执行主程序。

2. 中断的作用

计算机内有限的 CPU 资源要处理多项任务，实现多种外部设备之间外部数据的传送，必然引起 CPU 资源短缺的局面。计算机引入中断技术后，解决了这种资源竞争的问题。中断的主要作用有：

（1）分时操作：可以实现 CPU 与外部设备的并行工作，提高 CPU 利用效率。

（2）实时处理：可以实现 CPU 对外部事件的实时处理，进行实时控制。实现多项任务的实时切换。

（3）故障处理：利用中断系统可以监视程序性错误和系统故障，实现故障诊断和故障的自行处理，提高计算机系统的故障处理能力。

3. 中断系统的基本功能

中断系统一般要完成以下功能：

（1）识别中断源：能够正确识别各个中断源，区分不同的中断请求，为不同的中断请求服务。

（2）实现中断响应及中断返回：中断源向 CPU 发出中断请求，CPU 根据具体情况决定是否响应该中断请求。若响应该中断请求，则中止主程序，转向中断服务程序，完成中断服务后，再返回到原来的主程序。主程序中止的位置称为断点，为了 CPU 完成中断服务后，能够返回到原主程序的位置，将断点的 PC 值、相关寄存器的内容、标志位等状态压入堆栈保存。中断服务结束后，在返回主程序前，要将被保护的断点和现场恢复，即弹出堆栈中被保存的内容至各相关寄存器。

（3）实现中断优先级排队：通常计算机系统有多个中断源，当有两个以上的中断源同时向 CPU 提出中断请求时，CPU 面临为哪个中断源先服务的问题，计算机内都为这些中断源规定了中断响应的先后顺序——优先级别，即不同的中断源享有不同的优先响应权利，称为中断优先权，CPU 对多个中断源响应的优先权进行由高到低的排队，称为优先权排队。CPU 总是首先响应优先权级别高的中断请求，处理完成后，再响应优先权级别较低的中断请求。

（4）实现中断嵌套：当 CPU 正在执行某一中断服务程序时，可能有优先级别更高的中断源发出中断请求，此时，CPU 将暂停当前的优先级别低的中断服务，转而去处理优先级更高的中断请求，处理完后，再回到原低级中断处理程序，这一过程称为中断嵌套，该中断系统称为多级中断系统，如图 6-1 所示。没有中断嵌套功能的中断系统称为单级中断系统。

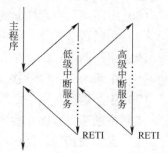

图 6-1 多级中断系统示意图

6.1.2 AT89C51中断系统

一个完整的中断处理过程包括中断请求、中断响应、中断服务、中断返回几个部分。

1. 中断源与中断请求

（1）中断源

MCS-51系列单片机中，单片机种类不同，中断源个数也不同。以AT89C51单片机为例，它具有5个中断源：2个外部中断源、2个定时/计数器中断源、1个串行口中断源。中断系统的结构如图6-2所示。

1）外部中断源

外部中断是由外部请求信号引起的，共有2个中断源：$\overline{INT0}$：外中断0，由P3.2端口线引入，低电平或下降沿引起。$\overline{INT1}$：外中断1，由P3.3端口线引入，低电平或下降沿引起。

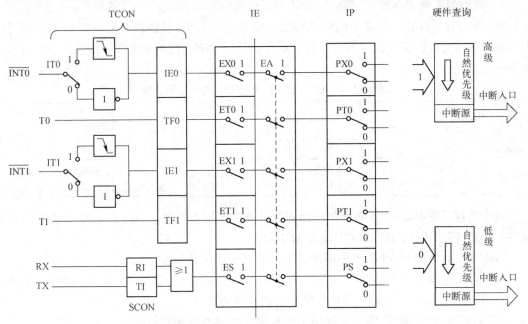

图6-2 中断系统内部结构图

2）定时/计数器中断源

单片机内有两个定时/计数器T0、T1，通过一种计数结构，实现定时/计数功能。当计数值发生溢出时，表明已经达到预期定时时间或计数值，定时/计数器的中断请求标志位TF0或TF1被置1，也就向CPU发出了中断请求。其中T0：定时/计数器0中断，由T0回零溢出引起。T1：定时/计数器1中断，由T1回零溢出引起。

3）串行口中断源

当串行口接收或发送完一组数据时，便产生一个中断请求，特殊功能寄存器SCON中的RI或TI被置1。TI/RI：串行I/O中断，由串行口发送完成或者接收完成一帧数据引起。

（2）中断源的中断入口地址

以AT89C51单片机为例，每一个中断源都有对应的固定不变的中断入口地址，哪一个中断源中断，在PC中就装入哪一个中断源相应的中断入口地址。地址列表见表6-1。

表 6-1 中断源及中断入口地址

中断源	中断入口地址	C51 中的中断号
外部中断源 INT0	0003H	0
定时/计数器 T0 溢出中断	000BH	1
外部中断源 INT1	0013H	2
定时/计数器 T1 溢出中断	001BH	3
串行口中断源	0023H	4

（3）中断请求

要实现中断，首先中断源要提出中断请求，单片机内中断请求的过程是特殊功能寄存器 TCON 和 SCON 相关状态位——中断请求标志位置 1 的过程，当 CPU 响应中断时，中断请求标志位才由硬件或软件清 0。

1）定时器控制寄存器（TCON）中的中断标志位

TCON 寄存器保存了外部中断请求标志，以及定时器/计数器的中断请求标志。既可以对其整个字节寻址，又可以对其位寻址。寄存器地址 88H，位地址 88H~8FH，各位内容见表 6-2。

表 6-2 TCON 的结构、位名称、位地址和功能

TCON	D7	D6	D5	D4	D3	D2	D1	D0
位名称	TF1	TR1	TF0	TR0	IE1	IT1	IE0	IT0
位地址	8FH	8EH	8DH	8CH	8BH	8AH	89H	88H
功能	T1 中断请求标志位	T1 启动控制位	T0 中断请求标志位	T0 启动控制位	INT1 中断请求标志位	INT1 触发方式	INT0 中断请求标志位	INT0 触发方式

这个寄存器既有定时/计数器的控制功能又有中断控制功能，其中，与中断有关的控制位共 6 位：IE0 和 IE1、IT0 和 IT1 以及 TF0 和 TF1。

TF0：定时/计数器 T0 溢出中断请求标志位（由硬件自动置位）。

TF0 = 0 时，定时/计数器 T0 未溢出；TF0 = 1 时，定时/计数器 T0 溢出，此时，由硬件自动置位，请求中断，中断被 CPU 响应后由硬件自动清零。

TF1：定时/计数器 T1 溢出中断请求标志位（由硬件自动置位）。

TF1 = 0 时，定时/计数器 T1 未溢出；TF1 = 1 时，定时/计数器 T1 溢出此时由硬件自动置位，请求中断，中断被 CPU 响应后由硬件自动清零。

IE0：外部中断 0 请求标志位（由硬件自动置位）。

IE0 = 0 时，没有外部中断 0 请求；IE0 = 1 时，有外部中断 0 请求。中断响应后转向中断服务程序时，由硬件自动清 0。

IE1：外部中断 1 请求标志位（由硬件自动置位）。

IE0 = 1 时，没有外部中断 1 请求；IE1 = 1 时，有外部中断 1 请求，中断响应后转向中断服务程序时，由硬件自动清 0。

IT0：外部中断 0（$\overline{INT0}$）请求的触发方式控制位（可由用户通过软件设置）。

IT0 = 0 时，在 INT0 端请求中断的信号低电平有效；IT0 = 1 时，在 $\overline{INT0}$ 端请求中断的信号下降沿有效。

IT1：外部中断1（$\overline{INT1}$）请求的触发方式控制位（可由用户通过软件设置）。

IT1=0时，在$\overline{INT1}$端请求中断的信号低电平有效；IT1=1时，在$\overline{INT1}$端请求中断的信号下降沿有效。

2) SCON中的串行中断标志位

SCON寄存器地址98H，位地址9FH~98H，各位内容见表6-3。

表6-3　SCON的结构、位名称、位地址和功能

SCON	D7	D6	D5	D4	D3	D2	D1	D0
位名称	SM0	SM1	SM2	REN	TB8	RB8	TI	RI
位地址							99H	98H
功能							串行口发送中断的请求标志位	串行口接收中断的请求标志位

其中的高6位用于串行口工作方式设置和串行口发送/接收控制，低2位RI和TI锁存串行口的接收中断和发送中断的请求标志位。（由硬件自动置位，必须由用户在中断服务程序中用软件清0）。

TI=0时，没有串行口发送中断请求；TI=1时，有串行口发送中断请求。

RI=0时，没有串行口接收中断请求；RI=1时，有串行口接收中断请求。

2. 中断允许控制

中断源请求后，中断能否被响应，取决于CPU对中断源的开放或屏蔽状态，由内部的中断允许寄存器IE进行控制，IE的地址是A8H，位地址为A8H~AFH，各位内容见表6-4。

表6-4　IE的结构、位名称、位地址和中断源

IE	D7	D6	D5	D4	D3	D2	D1	D0
位名称	EA			ES	ET1	EX1	ET0	EX0
位地址	AFH			ACH	ABH	AAH	A9H	A8H
中断源	CPU			串行口	T1	$\overline{INT1}$	T0	$\overline{INT0}$

EA：总的中断允许控制位（总开关），EA=0时，禁止全部中断；EA=1时，允许中断。

EX0：$\overline{INT0}$的中断允许控制位。EX0=0时，禁止$\overline{INT0}$中断；EX0=1时，允许$\overline{INT1}$中断。

EX1：$\overline{INT1}$的中断允许控制位。EX1=0时，禁止$\overline{INT1}$中断；EX1=1时，允许$\overline{INT1}$中断。

ET0：T0的中断允许控制位。ET0=0时，禁止T0中断；ET0=1时，允许T0中断。

ET1：T1的中断允许控制位。ET1=0时，禁止T1中断；ET1=1时，允许T1中断。

ES：串行口的中断允许控制位。ES=0时，禁止串行口中断；ES=1时，允许串行口中断。

3. 中断优先权管理

AT89C51有两个中断优先级，每个中断源均可通过软件设置为高优先级或低优先级中断，实现2级中断嵌套。特殊功能寄存器IP为中断优先级控制寄存器，其地址为B8H，位地址为B8H~BFH，各位内容见表6-5。

表 6-5 IP 的结构、位名称、位地址和中断源

IP	D7	D6	D5	D4	D3	D2	D1	D0
位名称				PS	PT1	PX1	PT0	PX0
位地址				BCH	BBH	BAH	B9H	B8H
中断源				串行口	T1	$\overline{INT1}$	T0	$\overline{INT0}$

PX0：外部中断 0 中断优先级控制位。PX0 = 1，外部中断 0 定义为高优先级中断；PX0 = 0，为低优先级中断。

PT0：定时/计数器 0 中断优先级控制位。PT0 = 1，定时/计数器 T0 中断定义为高优先级中断；PT0 = 0，为低优先级中断。

PX1：外部中断 1 中断优先级控制位。PX1 = 1，外部中断 1 定义为高优先级中断；PX1 = 0，为低优先级中断。

PT1：定时/计数器 1 中断优先级控制位。PT1 = 1，定时/计数器 T1 中断定义为高优先级中断；PT1 = 0，为低优先级中断。

PS：串行口中断优先级控制位。PS = 1 时，串行口中断定义为高优先级中断；PS = 0 时，为低优先级中断。

当系统复位后，IP 的所有位被清 0，所有的中断源均被定义为低优先级中断。IP 的各位都可用程序置位和复位，也可用位操作指令或字节操作指令更新 IP 的内容，以改变各中断源的中断优先级。

MCS - 51 单片机的中断系统，遵循下列基本准则：
- 低优先级中断可以被高优先级中断请求所中断，高优先级中断不能被低优先级中断请求所中断。
- 同级的中断请求不能打断正在执行的同级中断。
- 多个同级中断源同时提出中断请求时，响应顺序取决于内部规定的顺序，即自然优先级：外部中断 0、定时/计数器中断 0、外部中断 1、定时/计数器中断 1、串行中断。在程序存储器中，这 5 个中断源的中断服务程序入口地址分别为：0003H，000BH，0013H，001BH，0023H。

4. 中断响应条件和过程

MCS - 51 单片机的中断系统正常工作时，当用户对各个中断源进行了使能和优先级设定后，CPU 会在每个机器周期顺序检查各个中断源，对满足条件的中断源进行响应，执行相应的中断服务程序。

（1）中断响应条件

CPU 要响应中断请求，需要满足前面介绍的要有中断请求、中断被允许等基本条件。如果出现下列情况之一，则中断响应将被阻止：

1）CPU 正在处理同级的或更高优先级的中断。

2）当前的机器周期不是所执行指令的最后一个机器周期，CPU 不会响应任何中断请求。

3）正在执行的指令是 RETI 或是访问 IE 或 IP 的指令。CPU 完成这类指令后，至少还要再执行一条指令才会响应新的中断请求，以便保证程序正确地返回。

如果出现上述任何一种情况，CPU 都会丢弃中断查询结果，否则将在随后的机器周期开始响应中断。

（2）中断响应过程

中断响应过程示意图如图 6-3 所示。

CPU 响应中断时，按照下列过程进行处理：

1）先置位相应的优先级状态触发器，指出 CPU 开始处理的中断优先级别，屏蔽同级或低级的中断请求，允许更高级的中断请求。

2）由硬件生成一条长调用指令 LCALL，CPU 执行该 LCALL 指令，由硬件自动清除有关中断请求标志位（TI 和 RI 除外）。

3）将程序计数器 PC 的内容压入堆栈以保护断点（但不保护 PSW）。

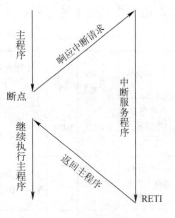

图 6-3　中断响应过程示意图

4）再将被响应的中断入口地址装入 PC。

5）开始进入中断服务。

一个中断，从查询中断请求标志位到转向中断区入口地址要经历一段时间，即为中断响应时间。不同中断情况，中断响应时间也是不一样的。最短的响应时间为 3 个机器周期。如果中断响应受阻，则不同情况需要更长的不同响应时间，最长响应时间为 8 个机器周期。一般情况下，在一个单中断系统里，外部中断响应时间总是在 3～8 个机器周期之间。

5. 中断现场保护和恢复

中断的现场保护主要是在中断时刻单片机的存储单元中的数据和状态的存储。中断的恢复是恢复单片机在被中断前存储单元中的数据和状态。

保护现场就是在程序进入中断服务程序入口之前，将相关寄存器的内容、标志位状态等压入堆栈保存，避免在运行中断服务程序时，破坏这些数据或状态，保证中断返回后，主程序能够正常运行。例如 ACC、PSW、DPTR 等特殊功能寄存器中的数据，都有可能在中断服务程序中被改变，在中断服务程序执行完毕返回主程序时无法恢复其原值，为了避免这种情况的发生，需要在执行中断服务程序之前，先把 ACC、PSW、DPTR 等特殊功能寄存器中的数据压入堆栈保存起来，在中断服务程序执行完毕返回主程序时再将其恢复。C51 编程无须关心该问题，C51 编译器会自动完成现场保护和恢复。

6. 开关中断和中断标志位的清除

对于一个不允许在执行中断服务程序时被打扰的重要中断，可以在进入中断服务程序时关闭中断系统，在执行完中断服务程序后，再开放中断系统。由于 MCS-51 单片机内不具有自动关中断的功能，因此进入服务子程序后，必须通过指令关闭中断。然后，在执行完中断服务程序返回断点之前再通过指令打开中断，允许响应中断请求。

对于串行中断，其中断标志位 TI 和 RI，不进行自动清 0。因为在中断响应后，还要测试这两个标志位的状态，以判定是接收操作还是发送操作，然后才能清除。所以串行中断请求的撤除是通过软件方法，在中断服务程序中实现的。

电平触发的外部中断请求，中断响应后，硬件不能自动对中断请求标志位 IE0 或 IE1 清 0。中断的撤除，要靠撤除INT0或INT1引脚上的低电平才能有效。

其他中断被响应后，其中断请求标志都由硬件自动清除，无需通过软件手动清除。

7. 有关中断的小结

有关中断的小结见表 6-6。

表 6-6 有关中断的小结

中断源	中断入口地址	C51中断号	中断允许控制位	中断请求标志位	中断触发方式选择位/运行控制位	优先级设置位	中断标志位的清除方式
外部中断源 $\overline{INT0}$	0003H	0	EX0 = 1 允许 EX0 = 0 禁止	IE0 = 1 有请求 IE0 = 0 无请求	IT0 = 1 下降沿触发 IT0 = 0 电平触发	PX0 = 1 高级 PX0 = 0 低级	下降沿触发的硬件自动清0；电平触发的低电平清除
定时/计数器 T0 溢出中断	000BH	1	ET0 = 1 允许 ET0 = 0 禁止	TF0 = 1 有请求 TF0 = 0 无请求	TR0 = 1 开始启动 TR0 = 0 停止工作	PT0 = 1 高级 PT0 = 0 低级	硬件自动清0
外部中断源 $\overline{INT1}$	0013H	2	EX1 = 1 允许 EX1 = 0 禁止	IE1 = 1 有请求 IE1 = 0 无请求	IT1 = 1 下降沿触发 IT1 = 0 电平触发	PX1 = 1 高级 PX1 = 0 低级	下降沿触发的硬件自动清0；电平触发的低电平清除
定时/计数器 T1 溢出中断	001BH	3	ET1 = 1 允许 ET1 = 0 禁止	TF1 = 1 有请求 TF1 = 0 无请求	TR1 = 1 开始启动 TR1 = 0 停止工作	PT1 = 1 高级 PT1 = 0 低级	硬件自动清0
串行口中断源	0023H	4	ES = 1 允许 ES = 0 禁止	TI = 1 有发送请求 TI = 0 无发送请求 RI = 1 有接收请求 RI = 0 无接收请求		PS = 1 高级 PS = 0 低级	软件清0

6.1.3 中断应用实例

例 6-1 编写设置外部中断 1 为高优先级，外部中断 0 为低优先级，屏蔽串口中断和定时/计数器 T0，T1 中断请求的指令。

根据题目要求，只要将中断请求优先级寄存器 IP 中的 PX1 置 1，其余位清 0；将中断请求允许寄存器 IE 中的 EA，EX1，EX0 置 1，ES，ET1，ET0 等其余位清 0 就可以了。

汇编语言编程如下：

    MOV IP,#00000100B　或　MOV IP,#04H
    MOV IE,#10000101B　或　MOV IE,#85H

C51 语言编程如下：

```
void initializers(void)    /* 初始化程序 */
{
    IP = 0x04;
    IE = 0x85;
}
```

例 6-2 试编写串口中断服务程序保护现场、恢复现场部分的代码，要求中断服务程序使用寄存器工作组 2。

汇编语言编程如下：

```
        ORG     0023H
        AJMP    ESINT
        ……
ESINT:
        CLR     EA              ;关中断
        PUSH    PSW             ;保护现场
        PUSH    ACC
        SETB    PSW.4           ;切换寄存器工作组
        CLR     PSW.3
        ……
        POP     ACC             ;恢复现场
        POP     PSW
        SETB    EA              ;开中断
        RETI                    ;中断返回
```

为了保证本服务程序在执行过程中不被打断，在进入服务程序后首先关闭中断，保护现场，在数据发送完成后，恢复现场，重新打开中断，返回到断点。

C51 语言编程如下：

```c
void serial( ) interrupt 4 using 2      /*串口中断服务函数*/
{   EA = 0;
    ……
    EA = 1;
}
```

使用 C51 语言编写中断服务程序，程序员无须关心 ACC、B、PSW、DPL、DPH 等寄存器的保护，C51 编译器会根据上述寄存器的使用情况在目标代码中自动增加压栈和出栈操作。

例 6-3 编写允许外部中断 1，并采用边沿触发方式的初始化程序。

汇编语言编程方法 1

```
        SETB    IT1             ;设定外中断1为边沿触发方式
        SETB    EX1             ;开外中断1允许
        SETB    EA              ;开CPU中断允许
```

汇编语言编程方法 2

```
        MOV     TCON, #04H      ;设定外中断1为边沿触发方式
        MOV     IE,   #84H      ;开外中断1和CPU中断允许
```

C51 语言编程如下：

```c
void initializers( void )               /*初始化程序*/
{
    IE = 0x84;                          /*开外中断1和CPU中断允许*/
    TCON = 0x04;                        /*设定外中断1为边沿触发方式*/
}
```

例 6-4 如图 6-4 所示,设计一个程序,能够实现统计 $\overline{INT0}$ 引脚上出现负跳变信号的累计数,在 P1 口控制 8 只发光二极管实现 8 位二进制计数。

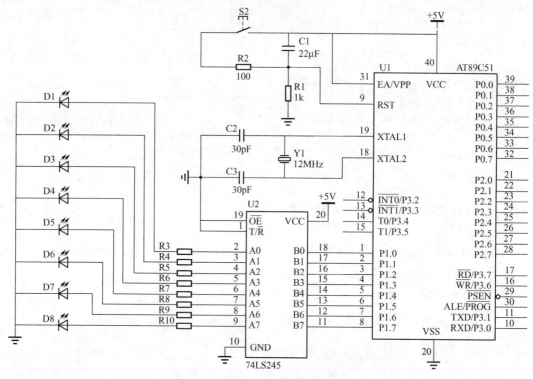

图 6-4　LED 显示按键次数电路图

利用中断系统解决此问题,$\overline{INT0}$ 引脚上每出现一次负跳变,就作为一次中断请求信号,每中断一次,计数的数值加 1,并送到 P1 口显示。

汇编语言编程如下:

```
            ORG  0000H
            AJMP MAIN          ;转主程序
            ORG  0003H
            AJMP INTEX0        ;转中断服务程序
            ORG  0030H
MAIN:       MOV  SP,#60H       ;设堆栈指针
            SETB IT0           ;设INT0为边沿触发方式
            SETB EX0           ;允许INT0中断
            SETB EA            ;CPU 开中断
            CLR  A             ;计数器清 0
            MOV  P1,A          ;P1 口显示清 0
HERE:       SJMP HERE          ;等待中断
INTEX0:     INC  A             ;计数器加 1
            MOV  P1,A          ;送 P1 口显示
            RETI               ;中断返回
```

        END

C51 语言编程如下：

```
#include <reg51.h>
#define TURE 1
#define FALSE 0
unsigned char count;
void initializers(void)              /*初始化程序*/
{
    IE = 0x81;                       /*开外中断 0 和 CPU 中断允许*/
    TCON = 0x01;                     /*设定外中断 0 为边沿触发方式*/
}
void intex0( )    interrupt 0
{
    count++;
    P1 = count;
}
void main(void)
{
    initializers( );
    count = 0;
    P1 = count;
    while(TURE);
}
```

6.2 定时/计数器及应用

定时/计数器是单片机的重要部件，其工作方式灵活，编程简单，使用方便。定时/计数器的核心是一个加 1 计数器，当它对外部事件计数时，由于频率不固定，称之为计数器；当它对内部固定频率的机器周期进行计数时，称为定时器。

MCS-51 单片机内有 2 个 16 位可编程的定时/计数器，分别为 T0 和 T1。AT89C52 单片机内有 3 个 16 位可编程的定时/计数器，分别为 T0、T1 和 T2。

6.2.1 定时/计数器 0、1 的结构及工作原理

1. 定时/计数器 0、1 的原理

● 定时/计数器的结构

定时/计数器 T0、T1 是两个 16 位的定时/计数器，结构和工作原理基本相同，内部结构如图 6-5 所示。

定时/计数器的实质是加 1 计数器（16 位），计数信号的脉冲数，计数值由高 8 位和低 8 位两个寄存器组成，例如：T0 的 TH0 和 TL0。当加 1 计数器的信号源自外部引脚时，是计数器；当加 1 计数器的信号源自内部时钟源时，每个机器周期计数加 1，是定时器。

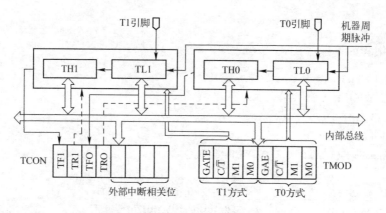

图 6-5 定时/计数器内部结构示意图

TMOD 是定时/计数器的工作方式寄存器，确定工作方式和功能；TCON 是控制寄存器，控制 T0、T1 的启动和停止及设置溢出标志。

- 定时器控制寄存器 TCON

由表 6-2 可知，定时器控制寄存器 TCON 是个 8 位寄存器，它不仅参与定时控制，还参与中断请求控制。既可以对其整个字节寻址，又可以对其位寻址，字节地址 88H，位地址 88H~8FH。

其中

TR0：定时/计数器 T0 运行启停控制位。

  TR0 = 0：T0 停止运行；

  TR0 = 1：T0 启动运行。

TR1：定时/计数器 T1 运行启停控制位。

  TR1 = 0：T1 停止运行；

  TR1 = 1：T1 启动运行。

TF0：定时/计数器 T0 溢出中断请求标志位。

TF1：定时/计数器 T1 溢出中断请求标志位。

- 工作方式控制寄存器 TMOD

工作方式控制寄存器 TMOD，用来设定定时/计数器 T0、T1 的工作方式。TMOD 寄存器只能进行字节寻址，地址为 89H，不能进行位寻址，即 TMOD 的内容，只能通过字节传送指令进行赋值。其高 4 位用于定时/计数器 T1，低 4 位用于定时/计数器 T0，各位内容见表 6-7。

表 6-7 TMOD 的结构和各位名称、功能

高 4 位控制 T1				低 4 位控制 T0			
门控位	定时/计数器方式选择	工作方式选择		门控位	定时/计数器方式选择	工作方式选择	
GATE	C/$\overline{\text{T}}$	M1	M0	GATE	C/$\overline{\text{T}}$	M1	M0

TMOD 的高 4 位和低 4 位的结构、用法相同。以 T0 为例介绍每位的功能。

GATE：门控位，GATE = 0，作为定时器或者 T0 引脚上脉冲的计数器。GATE = 1，用于

测量引脚$\overline{INT0}$上脉冲的宽度。

C/$\overline{T}$：定时器方式和计数器方式选择控制位。通过软件设置C/$\overline{T}$，实现定时或计数的功能选择。当C/$\overline{T}$=0，T0作为定时器使用，当C/$\overline{T}$=1，T0作为计数器使用，计数外部引脚T0上的脉冲。

M1M0：工作方式控制位。M1M0对应4种不同的二进制组合，分别对应4种工作方式。

M1M0=00：工作方式0，13位定时/计数器。

M1M0=01：工作方式1，16位定时/计数器，常用的工作方式。

M1M0=10：工作方式2，8位定时/计数器，常用的工作方式。

M1M0=11：工作方式3，8位定时/计数器。

- 定时/计数器工作原理

以T0工作方式1为例说明定时/计数器的工作原理。T0的工作原理参见图6-6。

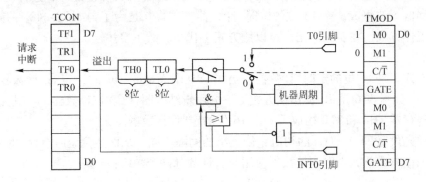

图6-6　T0工作方式1逻辑结构图

T0工作方式1是16位的定时/计数器，内部实际上是16位的加1计数器，计数值存放在寄存器TH0和TL0中，分别存放高8位和低8位。

计数器的加1信号来源可来自机器周期，或者T0引脚，由TMOD的C/$\overline{T}$位控制。

定时工作方式：当C/$\overline{T}$=0时，T0为定时工作方式，计数器的加1信号由振荡器的12分频信号产生，每过一个机器周期，计数器加1。如果晶振为12 MHz，则机器周期1 μs，因此，计数器每隔1 μs加1。

计数工作方式：当C/$\overline{T}$=1时，T0为计数工作方式，计数器的加1信号由外部T0引脚上的脉冲信号产生，T0引脚上的每个脉冲的下降沿计数器加1。

是否能将计数信号输入到计数器，受图中的开关控制。闭合开关启动计数的条件，由门控位GATE、启停控制位TR0，以及外部引脚$\overline{INT0}$决定。

当GATE=1时，仅当TR0=1且$\overline{INT0}$位于高电平时，才能启动定时/计数器0工作。如果$\overline{INT0}$上出现低电平，则停止工作。利用门控位这一特征，可以测量外部引脚$\overline{INT0}$上信号的脉冲宽度，是T0应用于脉冲宽度测量的一种方法，加1计数由外部信号启停；当GATE=0时，T0工作于普通的定时/计数方式，T0的启动仅受TR0的控制，加1计数由软件启停。

在 GATE = 0 的情况下，T0 的启停由软件设置 TR0 实现。

TR0 = 1：启动定时/计数器 T0；TR0 = 1：停止定时/计数器 T0。

TF0 是定时器 T0 溢出中断请求标志位。当加 1 计数器的计数值 TH0、TL0 产生溢出，TF0 = 1，即当计数值从 FFFFH（TH0 = FFH，TL0 = FFH），再加 1 后，计数值变为 0000H（TH0 = 0，TL0 = 0）时，溢出标志位 TF0 置 1，向 CPU 提出定时/计数器 T0 溢出中断的请求，如果 CPU 响应了中断，就会跳转到地址 000BH 处，执行 T0 的中断服务程序，同时将 TF0 清 0，使 TF0 = 0。

6.2.2 定时/计数器 0、1 的四种工作方式

定时/计数器 T0、T1 可以有四种工作方式：方式 0、方式 1、方式 2、方式 3。

方式 0

当 TMOD 中 M1M0 = 00 时，定时/计数器选定方式 0 进行工作。此时，选择定时/计数器的高 8 位和低 5 位组成一个 13 位的定时/计数器。方式 0 是为了与 MCS-48 保持兼容而保留的一种工作方式，在实际应用中可以用方式 1 代替，故不赘述。

方式 1

工作方式 1 是 16 位的定时/计数器。当 TMOD 中 M1M0 = 01 时，定时/计数器选定方式 1 进行工作。如图 6-6 是 T0 工作在方式 1 下的逻辑结构图（定时/计数器 1 与其完全一致），两个 8 位寄存器 TH0 和 TL0 构成了一个 16 位的定时/计数器。

通过预先设置 TH0、TL0 的初值，使溢出的间隔不同，从而达到定时/计数的目的。

在该工作方式下，当作为计数器使用时，计数脉冲个数 N：

$$N = 2^{16} - x = 65536 - x$$

计数初值 x 是 TH0、TL0 设定的初值。$x = 65535$ 时，N 为最小计数脉冲个数 1，$x = 0$ 时 N 为最大计数值 65536，其计数范围是 $1 \sim 65536(2^{16})$。例如，初值 $x = 65536 - 10 = 65526 =$ FFF6H，即 TH0 = FFH，TL0 = F6H，当外部引脚有 10 个脉冲的下降沿，T0 就会溢出。溢出后，TF0 = 1，TH0 = TL0 = 0。

当作为定时器使用时，定时器的定时时间 T_d 为：

$$T_d = (2^{16} - x) \times T_{cy}$$

T_{cy} 是机器周期，如果晶振频率 fosc = 12 MHz，则 Tcy = 1 μs，定时范围为 $1 \sim 65536$ μs。例如，初值 $x = 65536 - 2000 = 63536 =$ F830H，即 TH0 = F8H，TL0 = 30H 时，每个机器周期加 1，加 1 计数 2000 次（时间间隔 20ms）就会产生溢出，溢出标志位 TF0 = 1，TH0 = TL0 = 0。

方式 2

工作方式 2 是具有自动重载的 8 位定时/计数器。工作方式 1 计数器发生溢出现象后，计数值 TH0、TL0 都等于 0。因此如果要实现循环计数或定时，就需要程序给计数器重新赋初值，影响了计数或定时精度。针对该问题，便设计了计数器具有初值自动重新加载功能的工作方式 2，其逻辑结构如图 6-7 所示。

将 16 位计数器分成两个 8 位的计数器 TL0 和 TH0，其中 TL0 作为计数器，TH0 作为计数器 TL0 的初值预置寄存器。当 TL0 计数溢出时，系统在 TF0 位置 1，向 CPU 请求中断的同时，将 TH0 的内容重新装入 TL0，继续计数。省掉了方式 1 通过软件给计数器重新赋初值的程序，适合精确定时的应用。

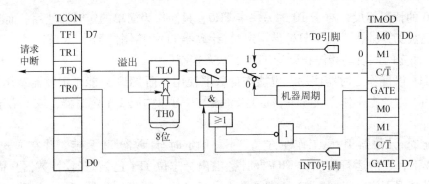

图 6-7 T0 工作方式 2 下的逻辑结构

TH0 的内容重新装入 TL0 后,其自身保持不变。这样,计数器具有重复加载、循环工作的特点,可用于产生固定脉宽的脉冲信号,还可以用来作为串行口波特率发生器使用。

在该工作方式下,当作为计数器使用时,计数脉冲个数 N:

$$N = 2^8 - x = 256 - x$$

计数初值 x 是 TH0 和 TL0 设定的初值。$x=255$ 时 N 为最小计数值 1,$x=0$ 时 N 为最大计数值 256,其计数范围是 $1 \sim 256(2^8)$。

当作为定时器使用时,定时器的定时时间为 T_d:

$$T_d = (2^8 - x) \times T_{cy}$$

如果晶振频率 $f_{osc} = 12 \text{ MHz}$,则 $T_{cy} = 1 \text{ μs}$,定时范围为 $1 \sim 256 \text{ μs}$。例如,产生 10 μs 定时的初值,TH0 = TL = 256 - 10 = 246。

方式 3

当 TMOD 中 M1M0 = 11 时,定时/计数器在定时工作方式 3 下工作。在前三种定时工作方式中,两个定时/计数器 T0、T1,具有相同的功能,但在该工作方式下,T0 和 T1 具有完全不同的功能。

在工作方式 3 下,定时/计数器 T0 被拆成两个独立的 8 位计数器 TL0 和 TH0。其中 TL0 既可以计数使用,又可以定时使用,定时/计数器 T0 的控制位 C/$\overline{T}$、GATE、TR0、$\overline{INT0}$ 和引脚信号全归它使用。其功能和操作与方式 0 或方式 1 完全相同。而且逻辑电路结构也极其类似,如图 6-8 所示。当 TL0 计数溢出时,系统在 TF0 位置位,并向 CPU 请求中断。

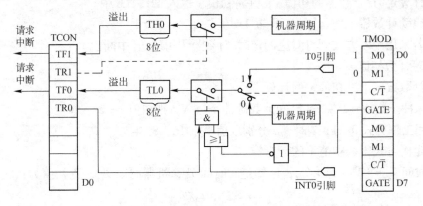

图 6-8 工作方式 3 下定时/计数器 T0 被分成两个 8 位定时器的逻辑结构

与 TL0 的情况相反，对于 T0 的另一半 TH0，只能作为简单的定时器使用。而且由于 T0 的控制位已被 TL0 独占，因此只好借用定时/计数器 T1 的控制位 TR1 和 TF1，以计数溢出去置位 TF1，而定时的启动和停止则受 TR1 的状态控制。

由于 TL0 既能作定时器使用，也能作计数器使用，而 TH0 只能作定时器使用却不能作计数器使用，因此在工作方式 3 下，定时/计数器 0 可以构成 2 个定时器，或 1 个定时器、1 个计数器。

如果定时/计数器 T0 已工作在方式 3 下，则定时/计数器 T1 只能工作在方式 0、方式 1 或方式 2 下，它的运行控制位 TR1 及计数溢出标志位 TF1 已被定时/计数器 0 借用。

在这种情况下定时/计数器 1 通常是作为串行口的波特率发生器使用，以确定串行通信的速率。因为已没有计数溢出标志位 TF1 可供使用，因此只能把计数溢出直接送给串行口。当作为波特率发生器使用时，只需设置好工作方式，便可自动运行。如要停止工作，只需送入一个把它设置为方式 3 的方式控制字就可以了。因为定时/计数器 1 不能在方式 3 下使用，如果一定把它设置为方式 3，则定时/计数器会停止工作。

定时/计数器 0、1 的四种工作方式总结见表 6-8。

表 6-8 定时/计数器 0、1 的四种工作方式总结

方 式	TMOD 中 M1M0	计数器位数	定时范围（12 MHz 晶振）	备 注
0	00	13	1 – 8192 μs	
1	01	16	1 – 65536 μs	手动重载
2	10	8	1 – 256 μs	自动重载
3	11	8	1 – 256 μs	

6.2.3 定时/计数器 0、1 的应用

1. 定时/计数器的初始化编程

MCS–51 单片机的定时/计数器具有定时和计数功能，并可选择 4 种工作方式。在使用前必须对其进行初始化，如设置其工作方式等。初始化包括：

(1) 设置工作方式，即设置 TMOD 中的各位：GATE、$C/\overline{T}$、M1M0。
(2) 计算定时/计数器的初值 x，并将初值 x 送入 TH、TL 中。
(3) 启动计数器工作，即将 TR 置 1。
(4) 若采用中断方式则将对应的定时/计数器及 CPU 开中断。

2. 计算计数初值 x

(1) 计数方式下，初值 x 的计算

计数脉冲个数 $N = 2^n - x$，已知计数脉冲个数 N，则初值 $x = 2^n - N$

当采用工作方式 0，1，2 时，n 分别取值 13，16，8。

(2) 定时方式下，初值 x 的计算

定时时间 $T_d = (2^n - x) \times T_{cy}$，已知定时时间 T_d，机器周期 T_{cy}，则初值为：

$$x = 2^n - T_d/T_{cy}$$

当采用工作方式 0，1，2 时，n 分别取值 13，16，8。

例6-5 定时/计数器 T1 工作于计数方式,计数脉冲个数 $N=100$,允许中断,分别使用:(1)工作方式 1;(2)工作方式 2,进行初始化编程。

解:

(1) 由于 T1 工作于计数方式,从而 GATE=0,$C/\overline{T}=1$,T1 工作于方式 1,则 M1M0=01。T0 不用,TMOD 的低 4 位取 0000,则 TMOD=01010000B=50H,计数器位数 $n=16$。计数器初值 $x=2^{16}-100=65536-100=65436=0$FF9CH。

C51 语言初始化程序如下:

```
TMOD = 0x50;      /*设置 T1 工作计数方式 1*/
TH1 = 0xff;       /*加 1 计数器高 8 位 TH1 赋初值 FFH*/
TL1 = 0x9c;       /*加 1 计数器低 8 位 TL1 赋初值 9CH*/
TR1 = 1;          /*打开 T1 启动开关*/
ET1 = 1;          /*T1 开中断*/
EA = 1;           /*CPU 开中断*/
```

汇编语言初始化程序 1 如下:

```
MOV    TMOD,#50H
MOV    TH1,#0FFH
MOV    TL1,#9CH
SETB   TR1
SETB   ET1
SETB   EA
```

汇编语言初始化程序 2 如下:

```
MOV    TMOD,#50H
MOV    TH1,#0FFH
MOV    TL1,#9CH
SETB   TR1
MOV    IE,#88H
```

(2) T1 工作于方式 2,所以 M1M0=10。TMOD=60H,$n=8$。

计数器初值 $x=2^8-100=256-100=156$,由于方式 2 是 8 位重装方式,所以计数初值 156 存放在计数器 TL1 中,8 位重装值 156 存放在 TH1 中。

C51 语言初始化程序如下:

```
TMOD = 0x60;      /*设置 T1 工作计数方式 1*/
TH1 = 156;        /*高 8 位重装寄存器 TH1 赋初值 156*/
TL1 = 156;        /*低 8 位加 1 计数寄存器 TL1 赋初值 156*/
TR1 = 1;          /*打开 T1 启动开关*/
ET1 = 1;          /*T1 开中断*/
EA = 1;           /*CPU 开中断*/
```

汇编语言初始化程序 1 如下:

```
    MOV    TMOD,#60H
    MOV    TH1,#156
    MOV    TL1,#156
    SETB   TR1
    SETB   ET1
    SETB   EA
```

汇编语言初始化程序 2 如下:

```
    MOV    TMOD,#60H
    MOV    TH1,#156
    MOV    TL1,#156
    SETB   TR1
    MOV    IE,#88H
```

例 6-6 T0 工作于定时方式 1,定时时间 $T_d = 2\,\text{ms}$,系统主频 $f_{osc} = 12\,\text{MHz}$,允许中断,对 T0 进行初始化编程。

解: 由于 T0 工作于定时方式,从而 $C/\overline{T} = 0$,GATE = 0。

T0 工作于方式 1,所以 M1M0 = 01。T1 不用,TMOD = 00000001B = 01H。

系统主频 $f_{osc} = 12\,\text{MHz}$ 时,机器周期 $T_{cy} = 12/f_{osc} = 1\,\mu\text{s}$。

计数初值 $x = 2^{16} - 2000/1 = 65536 - 2000 = 63536 = 0\text{F}830\text{H}$,

C51 语言初始化程序如下:

```
TMOD = 0x01;          //设置 T0 为定时方式 1
TH0 = 63536>>8;       //用移位运算来得到 63536 的高 8 位
TL0 = 63536&0xff;     //用与运算来得到 63536 的低 8 位
TR0 = 1;
ET0 = 1;
EA = 1;
```

汇编语言初始化程序 1 如下:

```
    MOV    TMOD,#01H
    MOV    TH0,#0F8H
    MOV    TL0,#30H
    SETB   TR0
    SETB   ET0
    SETB   EA
```

汇编语言初始化程序 2 如下:

```
    MOV    TMOD,#01H
    MOV    TH0,#0F8H
    MOV    TL0,#30H
    SETB   TR0
    MOV    IE,#82H
```

例 6-7 参阅图 6-4,要求利用定时器 T0 使图中 P1.7 口控制的发光二极管 D8 进行秒闪烁。系统主频 $f_{osc} = 12\,MHz$。编程实现以上功能。

解：发光二极管 D8 进行秒闪烁,即每秒一亮一灭,亮 500 ms,灭 500 ms。系统主频 $f_{osc} = 12\,MHz$ 条件下,定时器 0 工作方式 1,最大定时时间为 65.536 ms,取定时器 0 定时 50 ms,溢出 10 次实现 500 ms 定时。

由于 T0 工作于定时方式,从而 $C/\overline{T} = 0$,GATE = 0。

T0 工作方式 1,所以 M1M0 = 01。T1 不用,TMOD = 00000001 = 01H。

系统主频 $f_{osc} = 12\,MHz$ 时,机器周期 $T_{cy} = 12/f_{osc} = 12/12 = 1\,\mu s$。

定时 50 ms 的初值：$x = 2^{16} - 50000 = 15536 = 3CB0H$

TH0 = 3CH,TL0 = 0B0H

汇编语言程序如下：

```
            ORG     0000H
            LJMP    MAIN            ;转主程序
            ORG     000BH           ;T0 中断入口地址
            LJMP    IT0_ISR         ;转 T0 中断服务程序
            ORG     0100H           ;主程序首地址
    MAIN:   MOV     TMOD,#01H       ;定时器 0 工作方式 1
            MOV     TH0,#3CH        ;T0 初值设置
            MOV     TL0,#0B0H
            SETB    ET0             ;T0 中断允许
            SETB    EA              ;总中断允许
            MOV     R7,#0AH         ;50 ms 置 10 次
            SETB    TR0             ;启动 T0
            SETB    P1.7
            SJMP    $               ;等待中断
            ORG     0200H
    IT0_ISR:MOV     TH0,#3CH        ;T0 初值重置
            MOV     TL0,#0B0H
            DJNZ    R7,LEDRET       ;判断 50 ms 是否已经 10 次
            CPL     P1.7            ;500 ms 到,取反
            MOV     R7,#0AH         ;重新 50 ms 置 10 次
    LEDRET: RETI
            END
```

C51 程序如下：

```
#include < reg51.h >
#include < intrins.h >
#define uchar unsigned char
sbit Signal = P1^7;
uchar counter;
void main( ){
```

```c
    TMOD = 0x01;              //T0 工作方式 1
    TH0 = 0x3C;               //设置 T0 的初值
    TL0 = 0xb0;
    ET0 = 1;                  //T0 中断允许
    EA = 1;                   //总中断允许
    TR0 = 1;                  //启动 T0 定时
    Signal = 1;
    counter = 10;             //计数 10 次溢出的变量赋初值
    while(1);                 //等待中断
}
void Timer0_isr(void) interrupt 1 //T0 的中断号是 1
{
    TH0 = 0x3C;               //重新赋初值
    TL0 = 0xb0;
    counter --;               //溢出次数计数
    if(counter == 0){Signal = ~Signal; counter = 10;}   //10 次溢出后,控制 LED 翻转
}
```

MCS-51 系列单片机中,以 AT89C51 单片机为例,它具有 2 个外部中断 $\overline{INT0}$、$\overline{INT1}$。实际控制系统可能需要多个外部中断,因此需要扩展外中断源。利用定时/计数器扩展外部中断源,就是一种有效的方法。如果将定时/计数器计数初值设为 1,当从计数引脚输入一个脉冲就可以使其引起中断,类似于外部中断的脉冲触发方式。

例 6-8 假设 T0 工作于计数方式 2,计数值 $N=1$,是指每当 T0 引脚输入一个计数脉冲就使加 1 计数器产生溢出,使用这种方法扩展外中断。

显然,为了使加 1 计数器每加 1 就溢出,加 1 计数器的初值 $x = 2^8 - 1 = 255 = 0FFH$,由于方式 2 是 8 位重装方式,所以 M1M0 = 10,TMOD = 06H,计数初值 FFH 存放在计数器 TL0 中,8 位重装值 FFH 存放在 TH0 中。

C51 语言程序如下:

```c
#include <reg51.h>
void main(void)
{
    TMOD = 0x06;
    TH0 = 255;
    TL0 = 255;
    TR0 = 1;                  /* 打开 T0 启动开关 */
    ET0 = 1;                  /* T0 开中断 */
    EA = 1;                   /* CPU 开中断 */
}
void timer0_int(void) interrupt 1    /* T0 中断服务程序 */
{
    ...
}
```

例 6–9 单片机的 $f_{osc} = 6\,\text{MHz}$，要求在 P1.0 脚上输出周期为 2.5 s，占空比为 20% 的脉冲信号。

占空比即信号周期与脉冲宽度之比。根据题意可知，P1.0 脚上输出高电平 0.5 s。对于 6 MHz 晶振，定时器在工作方式 1 下工作，最长定时可以达到 131 ms，取 100 ms 定时，则周期 2.5 s，需中断 25 次，高电平 0.5 s，需中断 5 次。

由于 T0 工作于定时方式，从而 $C/\overline{T} = 0$，GATE = 0。
T0 工作于方式 1，所以 M1M0 = 01。T1 不用，TMOD = 00000001 = 01H。
系统主频 $f_{osc} = 6\,\text{MHz}$ 时，机器周期 $T_{cy} = 12/f_{osc} = 2\,\text{ms}$。
计数初值 $x = 2^{16} - 100000/2 = 65536 - 50000 = 3CB0H$，
C51 语言程序如下：

```
#include <reg51.h>
#define uchar unsigned char
sbit P10 = P1^0;
uchar time = 0;                    /*中断次数*/
uchar period = 25;
uchar high = 5;
void main(void)
{
    TMOD = 0x01;                   /*设置 T0 为定时方式 1*/
    TH0 = 0x3c;                    /*设置 T0 的初值 3CB0H*/
    TL0 = 0xb0;
    TR0 = 1;
    ET0 = 1;
    EA = 1;
    while(1);
}
void timer0(void) interrupt 1      /*中断服务程序*/
{
    TH0 = 0x3c;                    /*重装计数初值*/
    TL0 = 0xb0;
    if(++time == high){
        P10 = 0;                   /*高电平时间到就变低*/
    } else if(time == period){     /*周期时间到就变高*/
        time = 0;
        P10 = 1;
    }
}
```

汇编语言程序如下：

```
        ORG     0000H
```

```
        AJMP    MAIN
        ORG     000BH
        AJMP    TIMER0
        ORG     0030H
MAIN:   MOV     TMOD,#01H       ;设置 T0 为定时方式 1
        MOV     TH0,#3CH        ;设置计数初值
        MOV     TL0,#0B0H
        MOV     R7,#5           ;高电平需中断 5 次
        MOV     R6,#25          ;周期需中断 25 次
        SETB    P1.0            ;置高电平
        SETB    ET0
        SETB    EA
        SETB    TR0
        SJMP    $               ;等待中断

TIMER0: MOV     TH0,#3CH        ;重装计数初值
        MOV     TL0,#0B0H
        JNB     P1.0,CY1
        DJNZ    R7,CY1
        CLR     P1.0            ;中断 5 次后,结束高电平
        MOV     R7,#5
CY1:    DJNZ    R6,CY2
        SETB    P1.0            ;中断 25 次后,周期重新开始
        MOV     R6,#25
CY2:    RETI
        END
```

6.2.4　AT89C52 定时/计数器 2 的结构

　　AT89C52 中有一个功能较强的定时/计数器 T2,它是一个 16 位的、具有自动重装和捕获能力的定时/计数器。具有三种工作方式:16 位自动重装载定时/计数器方式、捕捉方式和串行口波特率发生器方式。

　　在定时/计数器 2 内部,除了两个特殊功能寄存器 TH2、TL2 和控制寄存器 T2CON、T2MOD 之外,还有捕获寄存器 RCAP2H、RCAP2L 等。其中 TH2、TL2 构成 16 位加 1 计数器。RCAP2H、RCAP2L 构成 16 位寄存器。定时/计数器 2 的计数脉冲源有两个,一个是内部机器周期,另一个是外部计数脉冲。输入引脚 T2 (P1.0) 是外部计数脉冲输入端,输入引脚 T2EX (P1.1) 是外部控制信号输入端,定时/计数器 2 的工作由控制寄存器 T2CON 控制。

1. 控制寄存器 T2CON

　　它是一个逐位定义的 8 位寄存器,既可以字节寻址也可以位寻址,字节地址为 0C8H,位寻址地址为 0C8H~0CFH,结构见表 6-9。

表6-9 T2CON 的结构和各位名称、功能

T2CON	D7	D6	D5	D4	D3	D2	D1	D0
位名称	TF2	EXF2	RCLK	TCLK	EXEN2	TR2	C/$\overline{T2}$	CP/$\overline{PL2}$
位地址	0CFH	0CEH	0CDH	0CCH	0CBH	0CAH	0C9H	0C8H
功能	定时/计数器T2溢出标志	外定时/计数器T2外部中断标志位	串行口接收时钟标志位	串行口发送时钟标志位	外定时/计数器T2外部允许标志位	定时器T2的运行控制位	外定时/计数器T2功能选择位	捕获/重装载标志

TF2：定时/计数器 T2 溢出标志。在自动重装载定时/计数器方式、捕捉方式下，TH2 计数溢出时，由硬件置 1，请求中断。CPU 响应中断后，需由软件清 0。在串行口波特率发生器方式下，计数溢出时，不会被置 1，不会请求中断。

EXF2：外定时/计数器 T2 外部中断标志位。当 EXEN2 = 1，且 T2EX（P1.1，是外部控制信号输入端）引脚上出现负跳变而造成捕获或重装载时，EXF2 被置 1，请求中断。中断被响应后，EXF2 要靠软件清除。

RCLK：串行口接收时钟标志位。

TCLK：串行口发送时钟标志位。

EXEN2：外定时/计数器 T2 外部允许标志位，由软件置位或复位，以允许或禁止用外部信号来发出捕获或重装载操作。

TR2：定时器 T2 的运行控制位，由软件置位或复位。TR2 = 1，允许 T2 计数；当 TR2 = 0，禁止 T2 计数。

C/$\overline{T2}$：外定时/计数器 T2 功能选择位，由软件置位或清除。C/$\overline{T2}$ = 1，计数器工作方式，计数脉冲输入引脚 T2（P1.0）；C/$\overline{T2}$ = 0，定时器工作方式，计内部机器周期个数。

CP/$\overline{PL2}$：捕获/重装载标志，由软件置位或清除。当 RCLK = 0 且 TCLK = 0 时 CP/$\overline{PL2}$ = 1 为捕获功能，CP/$\overline{PL2}$ = 0 为重装载功能。当 RCLK = 1 或 TCLK = 1 时，CP/$\overline{PL2}$ 不起作用，强制工作于重装载功能，常用作波特率发生器。

2. 捕获寄存器 RCAP2H、RCAP2L

外定时/计数器 T2 的捕获寄存器是一个 16 位的数据寄存器。由高 8 位寄存器 RCAP2H 和低 8 位寄存器 RCAP2L 组成。只能字节寻址，相应的字节地址为 0CBH，0CAH。捕获寄存器 RCAP2H、RCAP2L 用于捕获计数器 TH2，TL2 的计数状态，或用来预置计数初值。

6.2.5 AT89C52 定时/计数器 2 的工作方式

定时/计数器 2 的工作方式用控制位 CP/$\overline{PL2}$ 和 RCLK、TCLK 来选择，有三种工作方式：16 位自动重装载定时/计数器方式、捕捉方式和串行口波特率发生器方式。AT89C52 定时/计数器 2 的工作方式见表 6-10。

表 6-10 AT89C52 定时/计数器 2 的工作方式

RCLK	TCLK	CP/$\overline{PL2}$	工作方式
0	0	0	16 位自动重装载定时/计数器方式
0	0	1	16 位捕捉方式

(续)

RCLK	TCLK	CP/$\overline{RL2}$	工 作 方 式
0	1	x	串行口波特率发生器方式，定时/计数器 2 的溢出脉冲作串行口发送时钟
1	0	x	串行口波特率发生器方式，定时/计数器 2 的溢出脉冲作串行口接收时钟
1	1	x	串行口波特率发生器方式，定时/计数器 2 的溢出脉冲作串行口发送、接收时钟

1. 定时/计数器 2 的自动重装载工作方式

RCLK=0、TCLK=0、CP/$\overline{RL2}$=0 使定时器/计数器 2 处于自动重装载工作方式。这时 TH2、TL2 构成 16 位加法计数器，RCAP2H、RCAP2L 构成 16 位初值寄存器。

2. 定时/计数器 2 的捕捉工作方式

RCLK=0、TCLK=0、CP/$\overline{RL2}$=1 使定时/计数器 2 处于捕捉工作方式。

定时/计数器 2 的工作与定时/计数器 0、1 的工作方式 1 相同。C/$\overline{T2}$=0 为 16 位定时器，C/$\overline{T2}$=1 为 16 位计数器，计数溢出时，由硬件置 TF2=1，向 CPU 请求中断。定时/计数器 2 的初值必须由程序重新设定。

3. 波特率发生器工作方式

T2CON 中的 RCLK 或 TCLK=1，定时/计数器 2 处于波特率发生器工作方式。这时 TH2、TL2 构成 16 位加法计数器，RCAP2H、RCAP2L 构成 16 位初值寄存器。C/$\overline{T2}$=1 时 TH2、TL2 对 T2（P1.0）上的外部脉冲加法计数。C/$\overline{T2}$=0 时 TH2、TL2 对 T2（P1.0）上的时钟脉冲（频率为 f_{osc}/2）加法计数，而不是对机器周期脉冲（频率为 f_{osc}/12）加法计数，这一点要特别注意。TH2、TL2 计数溢出时 RCAP2H、RCAP2L 中预置的初值自动送入 TH2、TL2，使 TH2、TL2 从初值开始重新计数，因此溢出脉冲是连续产生的周期脉冲。

溢出脉冲经 16 分频后作为串行口发送脉冲、接收脉冲。发送脉冲、接收脉冲的频率称为波特率。

习题 6

1. 什么是中断？
2. AT89C51 单片机有几个中断源？有几级中断优先级？各中断源中断标志是怎样产生的？又是如何清除的？
3. 写出 AT89C51 单片机 5 个中断源的入口地址、C51 语言编程的中断号、中断请求标志名称、位地址和所在的特殊功能寄存器。
4. 在 AT89C51 单片机中，哪些中断标志可以在响应后自动撤销？那些需要用户撤除？如何撤除？
5. 外部中断 1 所对应的中断入口地址是多少？C51 语言编程的中断号是多少？
6. AT89C51 单片机响应 T0 溢出中断后，PC 值是多少？
7. AT89C51 定时/计数器在什么情况下是定时器？什么情况下是计数器？
8. 定时/计数器 T0 的启停控制位是什么？

9. 定时工作方式 2 有什么特点？适用于什么场合？

10. 用汇编语言编写外部中断 1 为下降沿触发的中断初始化程序。

11. C51 语言编写初始化程序，实现将 INT1 设为高优先级中断，且为电平触发方式，T0 设为低优先级中断计数器，串行口中断为高优先级中断，其余中断源设为禁止状态。

12. 若 AT89C51 单片机的时钟频率为 12 MHz，试计算用工作方式 1、2 定时 100 μs 所需的初始值。

13. 设 AT89C51 单片机的时钟频率为 6 MHz，请用汇编语言和 C51 语言分别编写程序在 P1.0 脚输出周期为 2 s，脉宽 1 s 的方波程序。

14. 设 AT89C51 单片机的时钟频率为 12 MHz，请用 C51 语言编写程序在 P1.7 脚输出周期为 1 s，脉宽 10 ms 的脉冲的程序。

15. 一个单片机应用系统的外围部分电路如图所示。平时 LED 灯 D1 不亮；每当有触碰行程开关 S1 的信号，LED 灯 D1 按 5 Hz（亮 0.1 s，灭 0.1 s）频率闪烁，持续闪烁 5 s 后 D1 恢复不亮的状态。要求使用外部 INT1 下降沿触发中断的方式监测 S1 的状态，LED 的闪烁使用 T0 定时器的工作方式 1，持续 5 s 的计时采用 T0 或者 T1 均可。请编写完整的应用程序实现功能。已知 AT89C51 单片机的时钟频率为 12 MHz。

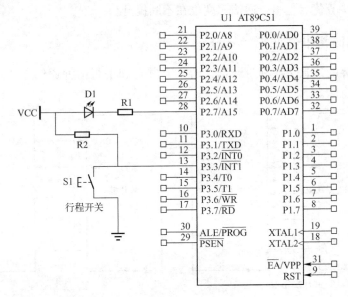

第7章 MCS–51单片机串行通信及其应用

串行通信是单片机与外设或其他设备之间按位进行数据传输的一种通信方式，只需要少数几条线就可以在不同系统间交换数据，节约通信成本，适用于远距离数据通信，是实现信息交互的常用方式，但其传输速度比并行通信低。

本章介绍单片机串行通信的一些基本概念，详细阐述 MCS–51 串行口的结构、控制寄存器和工作方式，用实例的方式讲解 MCS–51 串行口的编程方法。介绍了目前常用的 RS–232 和 RS–485 串行通信协议。

7.1 串行通信概述

串行通信是单片机和外界通信的主要手段，单片机采用串行口进行通信具有方便、灵活、占用 I/O 口少等优点，串行通信速度也在不断提升。

7.1.1 并行通信和串行通信

计算机与外界的信息交换称为通信，通常有并行和串行两种通信方法。图 7–1 为两种通信方式连接示意图。

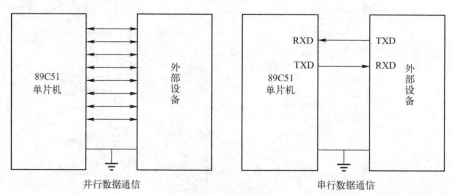

图 7–1 两种通信方式连接示意图

并行通信：所传送数据的各位同时发送或接收。MCS–51 的 P0 口、P1 口、P2 口、P3 口就是并行口。例如，P1 口作为输出口时，CPU 将一个数据写入 P1 口以后，数据在 P1 口上并行地同时输出到外部设备；P1 口作为输入口时，对 P1 口执行一次读操作，在 P1 口上输入的 8 位数据同时被读出。在并行通信中，一个并行数据占多少位二进制，就要多少根传输线。这种传输方式通信速度快，但传输线多，价格较贵，适合近距离传输。

串行通信：所传送数据的各位按顺序一位一位地发送或接收。串行口进行数据传送的主要缺点是传送速度比并行口要慢，但它能节省传输线，通常需要一到两根数据线即可完成信号的传送。特别是当数据位数很多和远距离传送时，这一优点更加突出。计算机与外界的数据传送大多数是串行的,其传送的距离可以从几米到若干千米。

串行通信有两种基本的通信方式,即异步通信 ASYNC(Asynchronous Data Communication)和同步通信 SYNC(Synchronous Data Communication)。

7.1.2 异步通信和同步通信

1. 异步通信的数据传送

在这种异步传送方式中,所发送字符之间的时间间隔是任意的,而且没有同步时钟信号。因此收发双方取得同步的方法,是字符格式中设置起始位(低电平0)和停止位(高电平1)。在数据还没有发送前,传输线处于高电平,接收器检测到起始位,便知道字符到达,开始接收字符;检测到停止位,便认为字符已结束。

异步通信数据传送按帧传输,一帧数据包含起始位、数据位、校验位和停止位。传送用一个起始位表示字符的开始,用停止位表示字符的结束。其每帧的格式如下:

在一帧格式中,先是一个起始位0,然后是8个数据位,规定低位在前,高位在后,接下来是校验位(可以省略),最后是停止位1。用这种格式表示字符,字符可以一个接一个地传送。异步串行通信的字符格式如图7-2所示。

图7-2 异步串行通信的字符格式

对异步串行通信的字符格式作如下说明:

起始位:发送器是通过发送起始位而开始一个字符的传送。

数据位:串行通信中所要传送的数据内容。在数据位中,低位在前,高位在后。数据位通常是8位。

校验位:用于对字符传送作正确性检查,因此校验位是可以省略的。

停止位:一个字符传送结束的标志,停止位在一帧数据的最后。停止位可能是1、1.5或2位,在实际应用中根据需要确定。

位时间:一个格式位的时间宽度。

帧(frame):从起始位开始到停止位结束的全部内容称为一帧,帧是一个字符的完整通信格式,因此也就把串行通信的字符格式称为帧格式。

异步传送并不需要同步时钟脉冲,字符中的每一位用事先约定的速率传送。发送方和接收方具有相同的数据传输速率(波特率)和帧格式,接收方接收到起始信号后,就会根据波特率从传输线上依次读取发送方发出的数据。这种方式的优点是对硬件要求较低,使用简单方便;缺点是通信效率比较低。单片机在低速率通信中主要采用异步通信方式。

2. 同步通信的数据传送

异步数据传送的传输速率比较低,所以当需要进行高速数据传送时,通常采用同步数据传送。

同步传送是一种连续传送数据的方式,发送方除了传送数据外,还要同时传送时钟信号。每个字符没有起始位和停止位，字符和字符之间可以没有间隙，通信效率比较高。典型的同步通信数据格式如图7-3所示，接收方会在发送时钟的上升沿读取（锁存）数据。

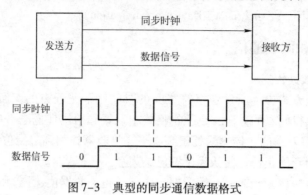

图7-3 典型的同步通信数据格式

7.1.3 单片机串行通信传输方式

在串行通信中，数据是在通信双方之间传送的。按照数据传送的方向，串行通信可以分为单工制式、半双工制式和全双工制式。

1. 单工（Simplex）制式

在单工制式下，通信双方仅能进行一个方向的传送，即发送方只能发送信息，接收方只能接收信息。如图7-4a所示。

2. 半双工（Half Duplex）制式

在半双工制式下，通信双方能交替地进行双向数据传送，但任意时刻只能由一方发送信息，另一方接收信息，两设备之间可以只有一根传输线，也可以使用两根传输线，但两个方向的数据传送不能同时进行。如图7-4b所示。

3. 全双工（Full Duplex）制式

在全双工制式下，通信双方在发送的同时还可以接收对方发送来的信息。设备之间有两根传输线，能在两个方向上同时进行数据传送。如图7-4c所示。

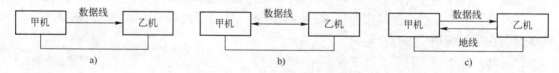

图7-4 单片机串行通信传输方式
a）单工制式串行通信　b）半双工制式串行通信　c）全双工制式串行通信

全双工和半双工制式的区别在于全双工制式允许数据同时双向流动。

7.1.4 串行数据通信的传输速率

波特率（Baud rate）是数据传送的速率，其定义是每秒钟传送的二进制数的位数（bit/s），波特率的倒数为每位传输所需要的时间。例如：

1200波特率=1200位/秒，每1位的传输时间是1/1200（s）。

若每个字符为8位，加上1位起始位，1位停止位，则1200波特率数据传送的速率大约是 120 字符/s。在异步通信中，单片机与外设之间通信，两者波特率必须相同，否则无法成功地完成数据通信。

7.2 MCS–51 串行口

7.2.1 MCS–51 串行口的结构

MCS–51 片内有一个全双工的串行通信接口。它可用作异步通信方式（Universal Asynchronous Receiver/Transmitter，UART），与串行传送信息的外部设备相连；或用于通过标准异步通信协议组成全双工的单片机多机系统；还可以通过同步方式，使用 TTL 或 CMOS 移位寄存器来扩充 I/O 口。

图 7-5 为 MCS–51 串行口的基本结构示意图。从图 7-5 中可以看出，单片机串行口由发送缓冲寄存器 SBUF、接收缓冲寄存器 SBUF 和移位寄存器等组成。其中串口收发缓冲寄存器 SBUF 是挂在一条内部总线上，通过内部总线传送数据信息。

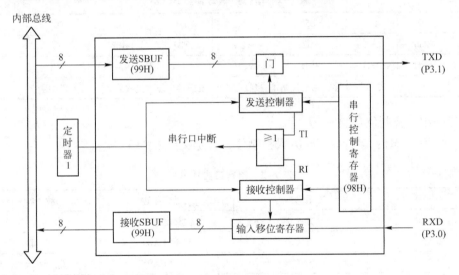

图 7-5 串行口基本结构示意图

MCS–51 单片机通过引脚 RXD（P3.0，串行数据接收端）和引脚 TXD（P3.1，串行数据发送端）与外界通信。

如图 7-5 所示，用 T1 作为波特率发生器，根据波特率和串行控制寄存器 SCON 的设置，将发送寄存器 SBUF 中的数据一位一位地从 TXD 引脚发送出去，发送完成后将 TI 置 1，发出中断请求。同样，一旦在 RXD 引脚上侦测到起始位信号后，将 RXD 引脚上的数据按波特率设置的节奏一位一位地采样到移位寄存器，全部采样完成，检测到停止位信号后，采样数据送入接收寄存器 SBUF 中，将 RI 置 1，发出中断请求。

MCS–51 的串行数据传输使用方便简单，软件设置好串口传输的参数，向发送缓冲器 SBUF 写入数据即启动数据的发送。监测到接收寄存器有数据（如 RI＝1）后，从接收缓冲器 SBUF 读出的数据即是接收到的数据。SBUF 为串行口的收发缓冲器，它是一个可寻址的特殊功能寄存器，其中包含了接收器和发送器寄存器，可以实现全双工通信。尽管这两个寄存器具有同一地址（99H），但实际上，读的 SBUF（99H）和写的 SBUF（99H）是各自独立不同的物理存储单元。

7.2.2 MCS-51 串行口控制寄存器

MCS-51 串行口有关的特殊功能寄存器有：串行数据缓冲寄存器 SBUF、串行控制寄存器 SCON 和电源控制寄存器 PCON。

1. 串行数据缓冲寄存器 SBUF

SBUF 是串行数据缓冲寄存器。在逻辑上，SBUF 只有一个，既表示发送寄存器，又表示接收寄存器。它们有相同名字和单元地址，但不会发生冲突，因为在物理上，SBUF 有两个：一个只能被 CPU 读出数据（接收寄存器），一个只能被 CPU 写入数据（发送寄存器）。

2. 串行控制寄存器 SCON

它用于定义串行口的工作方式及实施接收和发送控制。字节地址为 98H，其结构格式见表 7-1。

表 7-1 串行控制寄存器 SCON

SCON	D7	D6	D5	D4	D3	D2	D1	D0
位名称	SM0	SM1	SM2	REN	TB8	RB8	TI	RI
位地址	9FH	9EH	9DH	9CH	9BH	9AH	99H	98H
功能	工作方式		多机通信控制	接收允许	发送第9位	接收第9位	发送中断	接收中断

下面介绍各控制位功能。

（1）SM0、SM1：串行口工作方式控制位，其定义见表 7-2。

表 7-2 串行口工作方式

SM0 SM1	工作方式	功能描述	波 特 率
0 0	方式 0	8 位移位寄存器	$f_{osc}/12$
0 1	方式 1	10 位 UART	可变
1 0	方式 2	11 位 UART	$f_{osc}/64$ 或 $f_{osc}/32$
1 1	方式 3	11 位 UART	可变

其中 f_{osc} 为晶振频率。

（2）SM2：多机通信控制位，用于工作方式 2 和工作方式 3。

多机通信工作于方式 2 和方式 3，SM2 位主要用于方式 2 和方式 3。在接收状态，当串行口工作于方式 2 或 3，以及 SM2=1 时，只有当接收到第 9 位数据（RB8）为 1 时，才把接收到的前 8 位数据送入 SBUF，且置位 RI 发出中断请求，否则会将接收到的数据放弃。当 SM2=0 时，则无论第 9 位数据是 0，还是 1，都将前 8 位数据送入 SBUF 中，并产生中断请求。

工作于方式 0 时，SM2 必须为 0。

工作于方式 1 时，SM2 通常设为 0，若 SM2=1，则只有收到有效的停止位时才激活 RI。

(3) REN：允许接收位。

REN 用于控制数据接收的允许和禁止，REN = 1 时，允许接收，REN = 0 时，禁止接收。该位由软件置位或复位。

(4) TB8：方式 2 和方式 3 中，要发送的第 9 位数据。

在方式 2 和方式 3 中，TB8 是要发送的第 9 位数据位。在多机通信中同样要传输这一位，并且它代表传输的是地址还是数据，TB8 = 0 为数据，TB8 = 1 时为地址。该位由软件置位或复位。

TB8 还可用于奇偶校验位。

(5) RB8：方式 2 和方式 3 中，要接收的第 9 位数据。

在方式 2 和方式 3 中，RB8 存放接收到的第 9 位数据，用以识别接收到的数据特征。

(6) TI：发送中断标志位。

可寻址标志位。方式 0 时，发送完第 8 位数据后，该位由硬件置位；其他方式下，在发送停止位之前由硬件置位，因此，TI = 1 表示帧发送结束，可由软件查询 TI 位标志，也可以请求中断。TI 必须由软件清 0。

(7) RI：接收中断标志位。

可寻址标志位。方式 0 时，接收完第 8 位数据后，该位由硬件置位；在其他工作方式下，当接收到停止位时，该位由硬件置位，RI = 1 表示帧接收完成，可由软件查询 RI 位标志，也可以请求中断。RI 必须由软件清 0。

3. 电源管理寄存器 PCON

PCON 主要用于 MCS – 51 单片机的低功耗设计，单元地址是 87H，其结构格式见表 7-3。

表 7-3　电源管理寄存器 PCON

PCON	D7	D6	D5	D4	D3	D2	D1	D0
位名称	SMOD	—	—	—	GF1	GF0	PD	IDL

其中，SMOD 是串行口波特率倍增位，当 SMOD = 1 时，串行口波特率加倍。系统复位默认为 SMOD = 0。PCON 寄存器不能进行位寻址。

7.2.3　MCS – 51 串行口的工作方式及波特率计算

MCS – 51 单片机的全双工串行口可编程为 4 种工作方式，由串行控制寄存器 SCON 中的 SM0、SM1 决定，见表 7-2。

1. 工作方式 0

8 位移位寄存器输入/输出方式。多用于外接移位寄存器以扩展 I/O 端口，如图 7-6 所示。串行数据通过 RXD 输入/输出，TXD 则用于输出移位时钟脉冲。收发的数据以 8 位为一帧，不设起始位与停止位，低位在前。波特率固定为 $f_{osc}/12$。其中，f_{osc} 为外接晶振频率。

在方式 0 中，串行端口作为输出时，只要向串行缓冲器 SBUF 写入数据后，串行端口就把此 8 位数据以相等的波特率，从 RXD 引脚逐位输出（从低位到高位）；此时，TXD 输出频率为 $f_{osc}/12$ 的同步移位脉冲。数据发送前，尽管不使用中断，中断标志 TI 也必须清零，8 位数据发送完后，TI 自动置 1。如要再发送，必须用软件将 TI 清零。

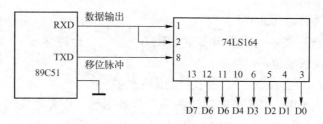

图 7-6　方式 0 实现数据移位输出

串行端口作为输入时，RXD 为数据输入端，TXD 仍为同步信号输出端，输出频率为 $f_{osc}/12$ 的同步移位脉冲，使外部数据逐位移入 RXD。当接收到 8 位数据（一帧）后，中断标志 RI 自动置 1。如果再接收，必须用软件先将 RI 清零。

2. 工作方式 1

方式 1 为波特率可变的 10 位异步通信接口方式。发送或接收一帧信息，包括 1 个起始位 0，8 个数据位和 1 个停止位 1。方式 1 帧格式如图 7-7 所示。

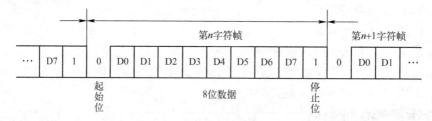

图 7-7　方式 1 帧格式

输出：当 CPU 执行一条指令将数据写入发送缓冲 SBUF 时，就启动发送。串行数据从 TXD 引脚输出，发送完一帧数据后，就由硬件置位 TI。

输入：在 REN=1，SM2=0 时，串行口采样 RXD 引脚，当采样到 1 至 0 的跳变时，确认是开始位 0，就开始接收一帧数据。直到停止位为 8 位数据才进入接收寄存器，并由硬件置位中断标志 RI。

方式 1 的数据传送波特率可以编程设置，使用范围宽，由定时器 T1（89C52 则还可以选择 T2）的溢出脉冲所控制。以 T1 为例，则计算方式为：

$$波特率 = \frac{2^{SMOD} \times (定时器\ T1\ 的溢出率)}{32}$$

其中，SMOD 是寄存器 PCON 中的一位控制位，其取值有 0 和 1 两种状态。显然，当 SMOD=0 时，波特率=（定时器 T1 溢出率）/32，而当 SMOD=1 时，波特率=（定时器 T1 溢出率）/16。所谓定时器的溢出率，就是指定时器一秒钟内的溢出次数。

当定时/计数器 T1 用作波特率发生器时，通常选用定时初值自动重装的工作方式 2（注意：不要把定时/计数器的工作方式与串行口的工作方式搞混淆），从而避免了通过程序反复装入计数初值而引起的定时误差，使得波特率更加稳定。若时钟频率为 f_{osc}，定时器初值为 $T1_{初值}$，则波特率为

$$波特率 = \frac{2^{SMOD}}{32} \times \frac{f_{osc}}{12 \times (256 - T1_{初值})}$$

在实际应用中，通常是先确定波特率，再根据波特率求 T1 定时初值，因此上式又可

写为：

$$T1_{初值} = 256 - \frac{2^{SMOD}}{32} \times \frac{f_{osc}}{12 \times 波特率}$$

例 7-1 已知 $f_{osc} = 12\,\text{MHz}$，SMOD = 1，波特率 = 2400 bit/s，求串行方式 1 时 T1 定时初值。并说明由此产生的实际波特率是否有误差，为什么？

解：根据

$$T1_{初值} = 256 - \frac{2^{SMOD}}{32} \times \frac{f_{osc}}{12 \times 波特率}$$

将以上各值代入：

$$T1_{初值} = 256 - \frac{2^1}{32} \times \frac{12 \times 10^6}{12 \times 2400} = 256 - 26.042 = 229.958 \approx E6H$$

从上面的计算能看出，由于计算结果中出现了小数，所以存在一定误差。

若 $f_{osc} = 11.0592\,\text{MHz}$，其余条件不变，则 T1 定时初值为：

$$T1_{初值} = 256 - \frac{2^1}{32} \times \frac{11.0592 \times 10^6}{12 \times 2400} = 256 - 24 = 232 = E8H$$

当时钟频率选用 11.0592 MHz 时，很容易获得标准的波特率，所以很多单片机系统选用此数值的晶振。使用 T1 设置常用的波特率参见表 7-4。

表 7-4 常用波特率设置表

波特率/(bit/s)	晶振/MHz	SMOD	TH1
62.5k	12	1	FFH
19.2k	11.0592	1	FDH
9600	11.0592	0	FDH
4800	11.0592	0	FAH
2400	11.0592	0	F4H
1200	11.0592	0	E8H

例 7-2 设 AT89C51 单片机串行口工作于方式 1，已知 $f_{osc} = 11.0592\,\text{MHz}$，定时器 T1 作为波特率发生器，要求波特率 = 2400 bit/s，SMOD = 1，开中断，试编写初始化程序。

根据题目要求，首先计算 T1 定时器的初值（可以直接利用例 7-1 的计算过程）。然后利用 TMOD 寄存器，将 T1 设置为工作方式 2（注意：这里是 T1 的工作方式，而不是串行口的工作方式）。再将 PCON 寄存器的 SMOD 设置为 1，然后 TH1、TL1 寄存器加载 E8H，最后启动 T1，开中断，即可产生 2400 bit/s 的波特率。

采用汇编语言设计程序：

```
MOV     TMOD,#20H       ;T1 设置为工作方式 2
MOV     TL1,#0E8H       ;T1 定时器初值
MOV     TH1,#0E8H       ;T1 定时器重装初值
MOV     PCON,#80H       ;SMOD 设置为 1
```

```
        MOV     SCON,#50H      ;串行口方式1,允许接收
        SETB    TR1            ;T1 启动
        SETB    ES             ;开串口中断
        SETB    EA             ;开总中断
```

采用 C51 语言设计程序：
程序如下：

```
void serial_init( void) {
        TMOD = 0x20;        //T1 设置为工作方式2
        TL1 = 0xE8;         //T1 定时器初值
        TH1 = 0xE8;         //T1 定时器重装初值
        PCON = 0x80;        //SMOD 设置为1
        SCON = 0x50;        //串行口方式1,允许接收
        TR1 = 1;            //T1 启动
        ES = 1;             //开串口中断
        EA = 1;             //开总中断
}
```

3. 工作方式 2

方式 2 为 11 位异步通信方式。其中，1 个起始位（0），8 个数据位（由低位到高位），1 个附加的第 9 位和 1 个停止位（1）。如图 7-8 所示。

图 7-8　方式 2 帧格式

在方式 2 下，字符还是 8 个数据位，只不过增加了一个第 9 位（D8），其功能由用户确定，是一个可编程位。

发送数据时，第 9 位数据来自串行控制寄存器 SCON 中的 TB8，可使用如下指令完成：

```
        SETB    TB8            ;TB8 位置1
        CLR     TB8            ;TB8 位清0
```

发送数据（D0～D7）由 MOV 指令向 SBUF 写入，而 D8 的内容则由硬件电路从 TB8 中直接送到发送移位器的第 9 位，并以此来启动串行发送。一个字符帧发送完毕，将 TI 位置"1"，其他过程与方式 1 相同。

方式 2 的接收过程也与方式 1 基本类似，串行口把接收到的前 8 个数据位送入 SBUF，而把第 9 位数据送入本机 SCON 中的 RB8。这个第 9 位数据通常用作数据的奇偶校验位，或在多机通信中作为地址/数据的特征位。

方式 2 的波特率是固定的，而且有两种。如用公式表示则为

$$波特率 = \frac{2^{\text{SMOD}} \times f_{\text{osc}}}{64}$$

由此公式可知，当 SMOD 为 0 时，波特率为 $f_{\text{osc}}/64$，当 SMOD 为 1 时，波特率为 $f_{\text{osc}}/32$。

4. 工作方式 3

方式 3 和方式 2 除了波特率不同，其他性能完全相同。

$$波特率 = \frac{2^{\text{SMOD}} \times (定时器\ T1\ 的溢出率)}{32}$$

由此可见，在晶振时钟频率一定的条件下，方式 2 只有两种波特率，而方式 3 可通过编程设置成多种波特率，这正是这两种方式的差别所在。

7.3 串行通信协议

7.3.1 RS-232 协议

1. RS-232 协议简介

RS-232C 是 1970 年由美国电子工业协会（EIA）联合贝尔公司、调制解调器厂家及计算机终端生产厂家共同制定的用于串行通信的标准。它的全名是"数据终端设备（DTE）和数据通信设备（DCE）之间串行二进制数据交换接口技术标准"。RS（recommended standard）代表推荐标准，232 是标识号，C 代表 RS232 的最新一次修改。该标准规定采用一个 25 个脚的 DB-25 连接器，对连接器的每个引脚的信号内容加以规定，还对各种信号的电平加以规定。后来 IBM 的 PC 将 RS232 简化成了 DB-9 连接器，从而成为事实标准。而工业控制的 RS-232 口一般只使用 RXD、TXD、GND 三条线。

RS-232C 标准最初是为远程通信连接数据终端设备（Data Terminal Equipment，DTE）与数据通信设备（Data Communicate Equipment，DCE）而制定的。因此这个标准的制定，并未考虑计算机系统的应用要求。尽管许多信号在计算机系统上应用并不适合，但是，作为广泛应用的事实，已经成为计算机与外设进行数据交换的最简单方式。

RS-232C 标准中所提到的"发送"和"接收"，都是站在 DTE 立场上，而不是站在 DCE 的立场来定义的。由于在计算机系统中，往往是 CPU 和 I/O 设备之间传送信息，两者都是 DTE，因此双方都能发送和接收。

2. RS-232 接口的引脚定义

RS-232C 最初采用 DB-25 的 25 芯的连接器，目前广泛采用 9 芯 DB-9 连接方式。9 芯中各信号的定义见表 7-5。在计算机端，采用 DB-9 的 9 针接口（公头）。采用"2 收，3 发，5 地"三条信号就可以实现计算机之间，或者计算机与外设之间的双工通信。RS-232C 的 DB9 结构与引脚如图 7-9 所示。

表 7-5 DB-9 接口信号定义

引 脚	信号来自	缩 写	描 述
1	MODEM	DCD	数据载波检测
2	MODEM	RXD	接收数据
3	PC	TXD	发送数据
4	PC	DTR	数据终端准备好
5		GND	信号地
6	MODEM	DSR	数据设备准备好
7	PC	RTS	请求发送
8	MODEM	CTS	清除发送
9	MODEM	RI	振铃指示

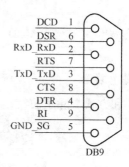

图 7-9 RS-232C 的 DB9 结构与引脚

3. TTL 电平与 RS-232 电平的转换

RS-232C 标准对逻辑电平和各种信号功能都作了规定。对数据信号，逻辑 1 为 -3 ~ -15 V；逻辑 0 为 +3 ~ +15 V。

在通信速率低于 20 kb/s 时，RS-232C 直接连接的最大物理距离为 15 m。驱动器的负载电容应小于 2500 pF。

RS-232C 标准对数字信号的真值与电平的对应关系作了定义，即大于 +3 V 的信号被认为是逻辑 0，小于 -3 V 则被认为是逻辑 1。这里的"电平"是指相对于传输线"信号地"（Signal Ground）的电压。单片机上的 UART 接口虽然在位格式上与 RS-232 协议的定义一样，但是它们在电平定义上是完全不同的。

MCS-51 单片机的输出信号实际上并不符合 RS-232 的标准，因为其串行通信管脚上的电压为 TTL 标准，即 0~5 V 之间的两个状态，传输距离一般在 1~2 m 之间。另一方面 RS-232 信号的电压一般在 -15~+15 V 之间；另外，二者对逻辑 1 和逻辑 0 的定义也完全不同，因此，二者进行通信时，中间必须插入一个电平和逻辑转换环节。RS-232C 与单片机接口如图 7-10 所示。

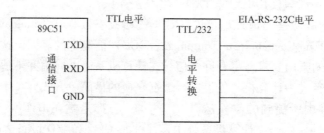

图 7-10 RS-232C 与单片机接口

EIA-RS-232C 电平： 逻辑 1   -3 ~ -15 V
                    逻辑 0   +3 ~ +15 V

TTL 电平：   逻辑 1   +2.7 ~ +5 V
                    逻辑 0   0 ~ +0.5 V

有许多单电源的电平转换芯片，例如，MAXIM 公司的 MAX232 芯片，如图 7-11 所示。

它提供4路转换通道,其中两路用于将RS-232C电平转换为TTL电平,另外两路用于将TTL电平转换为RS-232C信号。该芯片需要4个外接电容,根据芯片型号的后缀不同,电容的最小值有不同的取值。MAX232需要外接最小1μF的电容,而MAX232A只需要接0.1μF的电容即可。

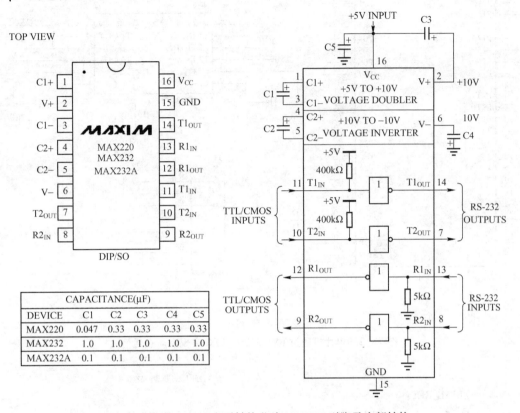

图7-11 RS-232C电平转换芯片MAX232引脚及内部结构

4. 单片机通过RS-232C与PC组成点对点通信

由于单片机和RS-232C的电平信号不同,所以需要电平转换芯片,如单片机串口通过RS-232C总线与PC串口之间进行点对点通信时,可采用图7-12所示的连接电路图。

例7-3 设AT89C51单片机串行口工作于方式1,已知$f_{osc}=11.0592\,\text{MHz}$,定时器T1作为波特率发生器,要求波特率=9600 bit/s,SMOD=0。若和PC串口通过RS-232C总线连接,试编写串口接收字符中断子程序,接收到的字符存入40H单元。

根据题目要求,编写串口接收字符中断子程序。(假设单片机的初始化设置已经参照例7-2设置完成)。

采用汇编语言设计程序:

```
            ORG     0023H               ;串行口中断入口
            LJMP    SERIAL
            ……
SERIAL:     JNB     RI,SERIAL_RET       ;若无接收标志,则中断返回
            MOV     40H,SBUF            ;接收到的字符存入40H单元
```

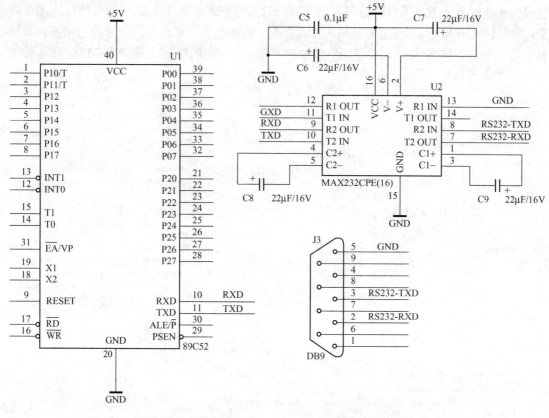

图 7-12 单片机通过 RS-232C 与 PC 实现点对点通信

```
                CLR     RI              ;清除接收标志
    SERIAL_RET:
                RETI                    ;中断子程序返回
```

采用 C51 语言设计程序：

```
    unsigned char rcv_data;                     //定义变量存放接收到的字符
    void serial_isr(void) interrupt 4 {         //串行口中断
        if(RI) {
            rcv_data = SBUF;
            RI = 0;
        }
    }
```

但对于两个单片机直接连接而言，由于两者都是 TTL 电平，因此不需要电平转换芯片，不过两者的 TXD 和 RXD 需要相互反接才能正常收发；此外，两者的波特率还需要一致。

7.3.2 RS-485 协议

1. RS-485 协议简介

RS-485 总线是一种多节点、远距离和高接收灵敏度的数据传输的总线标准。RS-485

采用平衡发送和差分接收。

RS-485 的发送端将串行 UART 的 TTL 电平信号转换成 A，B 两路的差分信号，使用双绞线进行传输，在接收端将差分信号还原成 TTL 电平信号。由于使用双绞线的差分传输方式，所以有很好的抗共模干扰的能力，而且，总线收发器灵敏度很高，可以检测到低至 200 mV 的电压，传输信号在千米之外都可以恢复。RS-485 最大的通信距离约为 1200 m，最大传输速率为 10 Mbit/s。

RS-485 总线网络拓扑一般采用终端匹配的总线型结构。即采用一条总线将各个节点串接起来，不支持环形或星型网络。在 RS-485 总线最远端在 A，B 线之间要接 120 Ω 的终端电阻。

RS-485 总线一般可支持 32 个节点，采用半双工工作方式，任何时候只能有一点处于发送状态，其余节点处于接收状态，因此，发送电路须由使能信号加以控制。

2. TTL 电平与 RS-485 电平的转换

在单片机系统中要实现 RS-485 通信，中间必须插入一个电平和逻辑转换环节。RS-485 与单片机接口如图 7-13 所示。

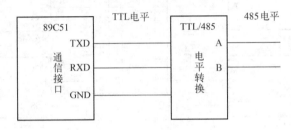

图 7-13　单片机与 RS-485 接口

规定：A 电位大于 B 电位 200 mV，为逻辑 1。
　　　B 电位大于 A 电位 200 mV，为逻辑 0。

符合 RS-485 接口标准的接口芯片很多，下面仅以 MAXIM 公司的 MAX485 收发器为例，说明 RS-485 的接口方法。典型接口连接如图 7-14 所示。

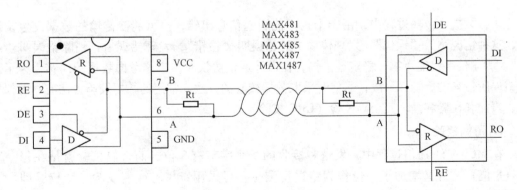

图 7-14　RS-485 典型接口电路

MAX485 使用 +5 V 单一电源工作，它完成将 TTL 电平转换为 RS-485 电平的功能，其引脚结构图如图 7-14 所示。从图中可以看出，MAX485 芯片的结构和引脚都非常简单，内部含有一个驱动器和接收器。RO 和 DI 端分别为接收器的输出和驱动器的输入端，与单片机连接时只需分别与单片机的 RXD 和 TXD 相连即可；$\overline{RE}$ 和 DE 端分别为接收和发送的使能端，当 $\overline{RE}$ 为逻辑 0 时，器件处于接收状态；当 DE 为逻辑 1 时，器件处于发送状态，因为 MAX485 工作在半双工状态，所以只需用单片机的一个管脚控制这两个引脚即可；A 端和 B 端是差分信号端，当 A 引脚的电平高于 B 时，代表发送的数据为 1；当 A 引脚的电平低于 B 时，代表发送的数据为 0。RS-485 与单片机连接时接线非常简单，只需要一个信号控制 MAX485 的接收和发送即可，同时将 A 和 B 端之间加匹配电阻 Rt，一般可选 120 Ω 的电阻。

3. 多单片机通过 RS-485 组成多点总线型网络结构

RS-485 最大的优点在于它的多点总线互连功能，如果采取合适的协议，多单片机可通过 RS-485 组成如图 7-15 所示的多点总线型网络结构。

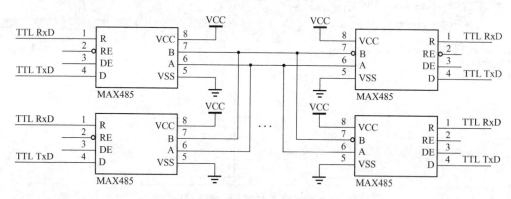

图 7-15　RS-485 的多点总线型网络结构

为了避免总线冲突，在 RS-485 通信网络中一般采用主从通信方式，即一个主机，多个从机。主机执行周期性的轮询，被轮询到的从机可以做出应答，进而发送报文。

7.3.3　串行通信的数据校验

串行数据在传输过程中，由于干扰可能引起信息出错，也可能使传输的数据发生位错误，这种情况称为"误码"。发现传输中的错误叫"检错"，发现错误后，消除错误叫"纠错"。为了使系统能可靠、稳定地工作，在设计通信协议时，应该考虑数据的纠错，为了防止错误所带来的影响，一般在通信时采取数据校验的方法。常用的数据校验方法有：奇偶校验、累加和校验和循环冗余码校验（CRC 校验）。

1. 奇偶校验

在 MCS-51 通信过程中，发送和接收的每个字节有 8 位，而奇偶校验就是在每一字节（8 位）之外又增加了一位作为错误检测位，可采用奇校验或偶校验。奇校验即所有传送的位中，1 的个数为奇数。偶校验即所有传送的位中，1 的个数为偶数。假设通信数据为 11100101，则使用奇校验传送时为 11100101　0，校验位定义为 0；使用偶效验为 11100101　1，校验位定义为 1。奇偶校验举例见表 7-6。

表 7-6 奇偶校验

需传送字符	字符 1	字符 2	字符 3
	02H	05H	30H
采用奇校验发送数据	00000010 0	00000101 1	00110000 1
采用偶校验发送数据	00000010 1	00000101 0	00110000 0

当 CPU 接收到这个字节的数据后，它会按规定的校验方式，判断结果是否符合校验规则。从而在一定程度上能检测出传输错误，奇偶校验只能检测出错误而无法对其进行修正，并且奇偶校验无法检测出双位错误。

2. 累加和校验

累加和校验是将需要发送的一组数据求和，然后将结果附加到数据块的末尾一并发送。接收端对收到的数据求和校验算。累加和校验举例见表 7-7。

表 7-7 累加和校验

字节 1	字节 2	字节 3	累加和校验字节
02H	F5H	30H	27H

累加和校验能够检测到比奇偶校验更多的错误，但是当字节顺序颠倒时，这种校验方式就无法发现错误。

3. 循环冗余码校验（CRC 校验）

CRC 是一种检错能力更强的数据校验码。CRC 的本质是模 2 除法的余数，采用的除数不同，CRC 的类型也就不一样。通常，CRC 的除数用生成多项式来表示。目前，CRC 已广泛用于数据存储和数据通信中，也有不少现成的算法，有兴趣的读者可参考有关书籍。

7.4 串行通信的应用

例 7-4 试以串行方式 1 设计一个双机通信系统。已知 $f_{osc} = 11.0592$ MHz，波特率 = 9600 b/s，SMOD = 0。甲机发送的 16 个数据存在内部 RAM 30H ~ 3FH 单元中，乙机接收后存在内部 RAM 50H 为首的地址区域中。

解 串行方式 1 的波特率取决于 T1 溢出率，首先计算 T1 定时初值，根据

$$T1_{初值} = 256 - \frac{2^{SMOD}}{32} \times \frac{f_{osc}}{12 \times 波特率}$$

将以上各值代入：

$$T1_{初值} = 256 - \frac{2^0}{32} \times \frac{11.0592 \times 10^6}{12 \times 9600} = 256 - 3 = 253 = FDH$$

采用汇编语言设计程序如下：
甲机发送子程序 SEND：

```
       INIT:                          ;甲机初始化串行通信子程序
             MOV    TMOD,#20H         ;置 T1 定时器为工作方式 2
             MOV    TL1,#0FDH         ;置 T1 计数初值
```

```
            MOV     TH1,#0FDH           ;置 T1 计数重装值
            CLR     ET1                 ;禁止 T1 中断
            SETB    TR1                 ;T1 启动
            MOV     SCON,#40H           ;置串行方式1,禁止接收
            MOV     PCON,#00H           ;置 SMOD=0(SMOD 不能位操作)
            CLR     ES                  ;禁止串行中断
            RET
     SEND:                              ;甲机发送子程序
            MOV     R0,#30H             ;置发送数据区首地址
            MOV     R2,#16              ;置发送数据长度
     SENDA: MOV     A,@R0               ;读一个数据
            MOV     SBUF,A              ;发送
            JNB     TI,$                ;等待一帧数据发送完毕
            CLR     TI                  ;清发送中断标志
            INC     R0                  ;指向下一字节单元
            DJNZ    R2,SENDA            ;16 个数据发完否？若未发完,则继续
            RET
```

乙机接收子程序 RCV：

```
     INIT:                              ;乙机初始化串行通信子程序
            MOV     TMOD,#20H           ;置 T1 定时器工作方式2
            MOV     TL1,#0FDH           ;置 T1 计数初值
            MOV     TH1,#0FDH           ;置 T1 计数重装值
            CLR     ET1                 ;禁止 T1 中断
            SETB    TR1                 ;T1 启动
            MOV     SCON,#40H           ;置串行方式1
            MOV     PCON,#00H           ;置 SMOD=0(SMOD 不能位操作)
            CLR     ES                  ;禁止串行中断
            RET
     RCV:                               ;乙机接收子程序
            MOV     R0,#50H             ;置接收数据区首地址
            MOV     R2,#16              ;置接收数据长度
            SETB    REN                 ;启动接收
     RCVB:  JNB     RI,$                ;等待一帧数据接收完毕
            CLR     RI                  ;清接收中断标志
            MOV     A,SBUF              ;读接收数据
            MOV     @R0,A               ;存接收数据
            INC     R0                  ;指向下一数据存储单元
            DJNZ    R2,RCVB             ;16 个数据接收完否？未完继续
            RET
```

采用 C51 语言设计程序如下：
甲机发送子程序 send：

```c
#include <reg51.h>
unsigned char send_data[16];        //send_data 被定义为一个长度为 16 的数组,存放发送的数据
unsigned char i;
void uart_init(void){               //串口初始化函数
    TMOD = 0x20;                    //T1 设置为工作方式 2
    TL1 = 0xFD;                     //T1 定时器初值
    TH1 = 0xFD;                     //T1 定时器重装初值
    ET1 = 0;                        //禁止 T1 中断
    TR1 = 1;                        //T1 启动
    SCON = 0x40;                    //串行口方式 1,禁止接收
    PCON = 0x00;                    //SMOD 设置为 0
    ES = 0;                         //禁止串口中断
}
void send(void){                    //甲机发送函数
    for(i=0;i<16;i++){
        SBUF = send_data[i];        //send_data 数组的内容逐个发送
        while(TI==0);               //等待发送完毕
        TI = 0;                     //发送中断标志软件清零,准备发送下个字符
    }
}
```

乙机接收子程序 rcv:

```c
#include <reg51.h>
unsigned char rcv_data[16];         //rcv_data 被定义为一个长度为 16 的数组,存放接收到的数据
unsigned char i;
void uart_init(void){               //串口初始化函数
    TMOD = 0x20;                    //T1 设置为工作方式 2
    TL1 = 0xFD;                     //T1 定时器初值
    TH1 = 0xFD;                     //T1 定时器重装初值
    ET1 = 0;                        //禁止 T1 中断
    TR1 = 1;                        //T1 启动
    SCON = 0x40;                    //串行口方式 1
    PCON = 0x00;                    //SMOD 设置为 0
    ES = 0;                         //禁止串口中断
}
void rcv(void){
    REN = 1;                        //启动接收
    for(i=0;i<16;i++){
        while(RI==0);               //等待接收完毕
        rcv_data[i] = SBUF;         //接收到的数据依次存放在 rcv_data 数组中
        RI = 0;                     //接收中断标志软件清零,准备接收下个字符
    }
}
```

习题 7

1. 什么叫串行通信和并行通信？各有什么特点？
2. 什么叫异步通信和同步通信？各有什么特点？
3. 什么叫串行通信的波特率？
4. 串行通信按照数据传送方向有哪几种制式？各有什么特点？
5. 为什么定时器 T1 用作串行口波特率发生器时，常采用工作方式 2？
6. 在串行通信中采用偶校验，若传送的数据为 0A5H，则其奇偶校验位应为 _____（用"0"和"1"表示）。
7. 已知 f_{osc}、SMOD 和波特率，试求串行方式 1 时，T1 定时初值。并说明由此产生的实际波特率是否有误差？

    (1) $f_{osc} = 6\text{ MHz}$，SMOD = 0，波特率 = 2400；
    (2) $f_{osc} = 11.0592\text{ MHz}$，SMOD = 1，波特率 = 4800；
    (3) $f_{osc} = 12\text{ MHz}$，SMOD = 1，波特率 = 9600；

8. 设 AT89C51 单片机串行口工作于方式 1，已知 $f_{osc} = 11.0592\text{ MHz}$，定时器 T1 作为波特率发生器，要求波特率 = 2400 bit/s，SMOD = 0。试用汇编语言编写单片机程序，发送内部 RAM 40H ~ 47H 单元中的内容，串行通信采用累加和校验，最后一个字节是发送内容的累加和。

9. 设 AT89C51 单片机串行口工作于方式 1，已知 $f_{osc} = 11.0592\text{ MHz}$，定时器 T1 作为波特率发生器，要求波特率 = 9600 bit/s，SMOD = 1。试用 C51 语言编写串口接收一个字节的中断函数。

10. 甲乙两个 AT89C51 单片机采用串行通信，甲、乙机的 $f_{osc} = 11.0592\text{ MHz}$，波特率 = 9600 bit/s。甲机每间隔 100 ms 发送一次数据，每次发送 16 B，发送数据存放在数组 txdbuff[16]中（假设数组数据会及时更新），甲机的发送采用查询方式。乙机的接收采用中断方式，接收的数据存放在数组 rxdbuff[16]，接收 16 B 完成后调用 dataproc( )函数（假设函数已存在，并已定义）。用 C51 语言分别编写甲乙机的程序。

第8章 MCS-51单片机接口电路

单片机接口电路是单片机同外部设备之间实现信息传输的控制电路。可以是单片机的总线与外部设备的数据信息交互，例如第9章叙述的单片机的存储器扩展；也可以是通过单片机I/O（输入/输出）口读写外部设备的信号转换电路，例如，本章的人机接口电路。单片机接口电路的功能包括：I/O口线扩展、信号的类型转换（电平转换、串并转换、A/D转换）、功能模块、通信扩展、总线扩展等。

8.1 单片机接口电路概述

单片机接口电路是单片机同外部设备之间实现信息传输的控制电路。图8-1为AT89C51单片机与外设的连接示意图，同样也适用于其他单片机系统连接示意图。

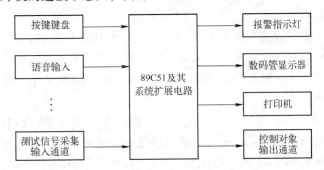

图8-1 AT89C51单片机与外设的连接示意图

从图中可以看出，大多数单片机系统都把外设的状态信息视为输入数据，而把命令信息看成输出数据。单片机接口电路一般要具备两个功能：

1. 信息形式的转换

把外界信息转换成单片机能识别和处理的信息，或把单片机处理后的信息转换成外部设备能识别和处理的形式。

2. 速度匹配

计算机与人机交互设备之间的速度匹配，也就是完成信息发送速率与接收速率的匹配控制问题。

有的外部设备本身能独立完成信息形式的转换任务，如键盘和打印机，则外部接口只需完成速度匹配任务即可；而另有一些外部设备不具备信息形式转换功能，如压力、温度等模拟信号，故接口电路不仅要完成速度匹配任务，还要完成信息形式的转换任务。

8.2 人机接口

在单片机应用系统中，通常都要有人机对话功能。它是应用系统与操作人员之间交互的窗口，是系统与外界联系的纽带和界面。一个安全可靠的应用系统必须具有方便、灵活的交互功能，既能反映系统运行的重要状态，又能在必要时实现适当的人工干预。

单片机系统最常用的数据输入输出设备是键盘和 LED 显示器。

8.2.1　LED 接口

1. LED 发光二极管

LED 是英文 light emitting diode（发光二极管）的简称，它的基本结构是一块电致发光的半导体材料，其核心部分是由 P 型半导体和 N 型半导体组成的晶片，在 P 型半导体和 N 型半导体之间有一个过渡层，称为 PN 结。在某些半导体材料的 PN 结中，注入的少数载流子与多数载流子复合时会把多余的能量以光的形式释放出来，从而把电能直接转换为光能。PN 结加反向电压，少数载流子难以注入，故不发光。这种利用注入式电致发光原理制作的二极管叫发光二极管，通称 LED。当它处于正向工作状态时（即两端加上正向电压），电流从 LED 阳极流向阴极，半导体晶体就发出不同颜色的光线，光的强弱与电流有关。

LED 光源具有使用低压电源、耗能少、适用性强、稳定性高、响应时间短、对环境无污染、多色发光等优点。

一般的发光二极管的导通压降为 1.7~1.9 V，工作电流为 5~10 mA，由于 AT89C51 的驱动能力比较强，可以直接驱动发光二极管，但最好使用灌电流，因此在 5 V 驱动时，多采用 470Ω 限流电阻。当然，为了更亮一些可以减小电阻值，但要保证二极管的电流不要超出单片机的 I/O 口最大电流。

图 8-2 为驱动发光二极管的典型应用电路，其中 $R2$、$R3$、$R4$ 为对应二极管的限流电阻。当单片机对应端口输出为低电平时，输出端电压接近 0V，若 LED 正向偏压时，两端电压 V_D 为 1.7 V，则限流电阻 $R1$ 两端电压为 3.3 V。如果希望将流过 LED 的电流 I_D 限制为 10 mA，则此限流电阻 $R1$ 为：

$$R1 = \frac{5 - 1.7}{10 \times 10^{-3}} = 330\ \Omega$$

例 8-1　如图 8-2 所示，若单片机的晶振为 12 MHz，LED 正向偏压时，两端电压 V_D 为 1.7 V，试选择适当的限流电阻 $R1$，使发光二极管的电流 I_D 限制为 8 mA，并编程实现发光二极管约 2 s 亮灭一次。

分析：首先确定限流电阻 $R1$ 的阻值。

$$R1 = \frac{5 - 1.7}{8 \times 10^{-3}} = 412.5\ \Omega$$

在精度要求不高时，可选择 $R1 = 390\ \Omega$。从电路图可知，单片机 P1.0 端口与发光二极管相连，控制发光二极管阴极的电平高低可使指示灯亮灭。

程序代码：

```
#include <reg51.h>
sbit    gate = P1^0;                    //定义 P1.0 口
void main(void){
    unsigned int i,j;
```

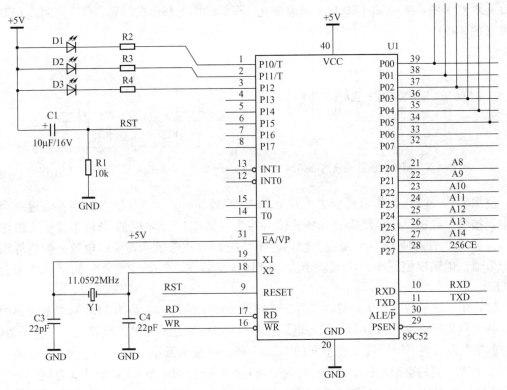

图 8-2 单片机驱动发光二极管电路

```
while(1){
    for(i=1000;i>0;i--)              //双重循环,延时约1 s
        for(j=1000;j>0;j--);
    gate = !gate;                    //对 P1.0 口取反,控制发光二极管的亮灭
}
```

本例中延时程序的时间是通过计算单片机执行指令所需要的时间来确定的,如果需要精确控制延时时间,可以采用定时器。

2. LED 数码管显示接口

LED 数码管是利用多个 LED 组合而成的显示设备,可以显示 0~9 共 10 个数字和某些字母,在许多数字系统中作为显示输出设备,使用非常广泛。

图 8-3 为 7 段数码管内部字段 LED 和引脚分布图。它的结构是由发光二极管构成的 a、b、c、d、e、f 和 g 7 段,并由此得名,实际上每个 LED 还有一个发光段 dp,一般用于表示小数点,所以也有少数资料将 LED 称为 8 段数码管。

LED 内部的所有发光二极管有共阳极接法和共阴极接法两种。将 LED 内部所有二极管阳极接在一起并通过 com 引脚引出,将每一个发光二极管的另一端分别引出到对应的引脚,称为共阳极

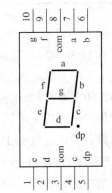

图 8-3 7 段数码管字段和引脚分布图

LED 显示器（图 8-4）。将 LED 内部所有发光二极管的阴极都连在一起，称为共阴极 LED 显示器（图 8-5）。

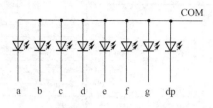

图 8-4　共阳极七段数码管内部结构

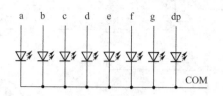

图 8-5　共阴极七段数码管内部结构

使用举例：LED 为共阳极接法，因此，com 端接 5 V 电压，其他引脚端各通过一个限流电阻接到单片机驱动电路端，当各段输入端为逻辑"1"，对应的 LED 不亮；各段输入端为逻辑"0"，对应 LED 才发亮。使用时要根据 LED 正常发光需要的电流参数估算限流电阻取值。电阻取值越小，电流就越大，LED 也就越亮。但要注意长时间过热使用会烧坏 LED。

LED 用于显示数字、字母或符号时，必须将要显示的内容转换为 LED 对应七段码的信息，共阴和共阳结构的 LED 显示器各笔划段名和安排位置是相同的。当发光二极管导通时，相应的笔划段发亮，即通过点亮不同的 LED 字段，可显示数字 0，1，…，9 和 A，B，C，D，E，F 等不同的字符及自定义的一些简单符号。8 个笔划段 dp g f e d c b a 对应于一个字节（8 位）的 D7 D6 D5 D4 D3 D2 D1 D0，于是用 8 位二进制码就可以表示要显示字符的字形代码。如表 8-1 所示。

表 8-1　共阳极 7 段 LED 数码管

D7	D6	D5	D4	D3	D2	D1	D0	字 段 码	显 示 字 符
dp	g	f	e	d	c	b	a		
1	1	0	0	0	0	0	0	C0H	0
1	1	1	1	1	0	0	1	F9H	1
1	0	0	0	1	1	0	0	8CH	P

例如，对于共阴 LED 显示器，当公共阴极接地（为零电平），而阳极 dp g f e d c b a 各段为 01110011 时，显示器显示"P"字符，即对于共阴极 LED 显示器，"P"字符的字形码是 73H。如果是共阳 LED 显示器，公共阳极接高电平，显示"P"字符的字形代码应为 10001100（8CH）。也就是说，对于共阴极和共阳极两种不同的接法，显示同一个字符时，对应的显示段码是不同的，互为反码。表 8-2 列出了这两种接法下的字形段码关系表。表中的段码数字是以 LED 的八段与二进制字节数以下列对应关系为前提得到的：

8 个笔画段 dp g f e d c b a 对应于一个字节（8 位）的 D7 D6 D5 D4 D3 D2 D1 D0。比如为了显示"0"，对应共阴极应该使 D7D6D5D4D3D2D1D0 = 00111111B，即 3FH；对共阳极应该使 D7D6D5D4D3D2D1D0 = 11000000B，即 C0H。从表 8-2 中可以看出，对于同一个显示字符，共阴极和共阳极的 7 段码互为反码。

表 8-2 7 段 LED 显示器字符段码表

显示字符	共阴极段码	共阳极段码	显示字符	共阴极段码	共阳极段码
0	3FH	C0H	A	77H	88H
1	06H	F9H	b	7CH	83H
2	5BH	A4H	C	39H	C6H
3	4FH	B0H	d	5EH	A1H
4	66H	99H	E	79H	86H
5	6DH	92H	F	71H	8EH
6	7DH	82H	P	73H	8CH
7	07H	F8H	U	3EH	C1H
8	7FH	80H	全亮	FFH	00H
9	6FH	90H	全灭	00H	FFH

例 8-2 如图 8-6 所示,编写字符"0~9"的显示子程序($f_{osc}=12\,\text{MHz}$)。

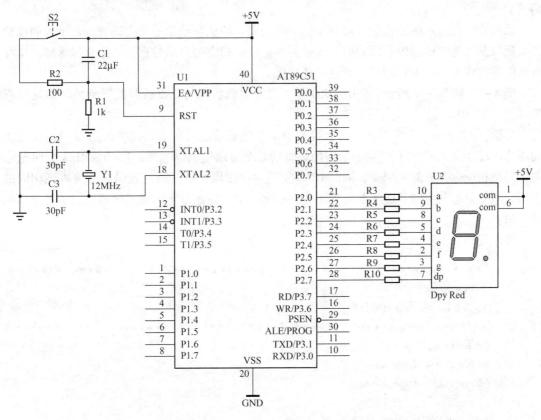

图 8-6 AT89C51 驱动共阳极 7 段数码管电路

首先分析电路图,LED 数码管为共阳极连接方式,则写出字符"0~9"对应的段码。将其用一维数组定义于程序存储器中。

AT89C51 单片机的 P2 端口直接与数码管相连,则在编写对应显示子程序中,只需要将查询到的显示字符对应的段码传送到 P2 端口。

C51 语言程序代码：

```
/**************共阳极 LED 数码管显示子程序******************
    入口：显示字符----定义为变量 dis_index
    出口：无
    功能：将显示字符对应的段码送到 P2 口,实现对应字符的显示功能
*************************************************************/
#include <reg51.h>
unsigned char code LEDvalue[10] = { 0xc0,0xf9,0xa4,0xb0,0x99,    //0,1,2,3,4
                                    0x92,0x82,0xf8,0x80,0x90};   //5,6,7,8,9
void proc_dis(unsigned char dis_index){
    P2 = LEDvalue[dis_index];              //显示代码传送到 P2 口
}
```

3. LED 数码管的动态显示接口

数码管占用的 I/O 端口比较多，当有多个数码管的时候可以采用动态方式显示数码管。

数码管动态显示的原理就是以较短的时间间隔，轮流显示每一个数码管，由于人的视觉暂留现象及发光二极管的余辉效应，人看到的是一组稳定的显示数据，不会有闪烁感。这种方式能够节省大量的 I/O 端口，而且功耗更低。

例 8-3 如图 8-7 所示，DS1~DS4 是 4 位共阴极数码管，试编写数码管的动态显示程序（f_{osc} = 12 MHz）。

分析：P3.0~P3.3 分别通过三极管控制 4 个数码管的共阴端，三极管的目的是提高驱动能力。P2.0~P2.7 分别连接到所有数码管的 8 个显示笔划同名端。P3.0~P3.3 分时轮流置 1 导通相应数码管的共阴端，同时 P2 口发送显示段码，虽然所有数码管都接收到相同的段码，但是只有共阴端导通的数码管才会显示出字形。轮流显示的延迟时间决定了动态显示的效果。

程序代码如下：

```
/***************************************************************
 *  Description:                                                *
 *  动态显示数码管演示程序                                        *
 ***************************************************************/
#include <reg51.h>
#define uint unsigned int
#define uchar unsigned char

//共阴极数码管段码
uchar code LEDvalue[10] = {
    0x3f, 0x06, 0x5b, 0x4f, 0x66,     //0,1,2,3,4
    0x6d, 0x7d, 0x07, 0x7f, 0x6f      //5,6,7,8,9
};
void delayms(uint ms){
```

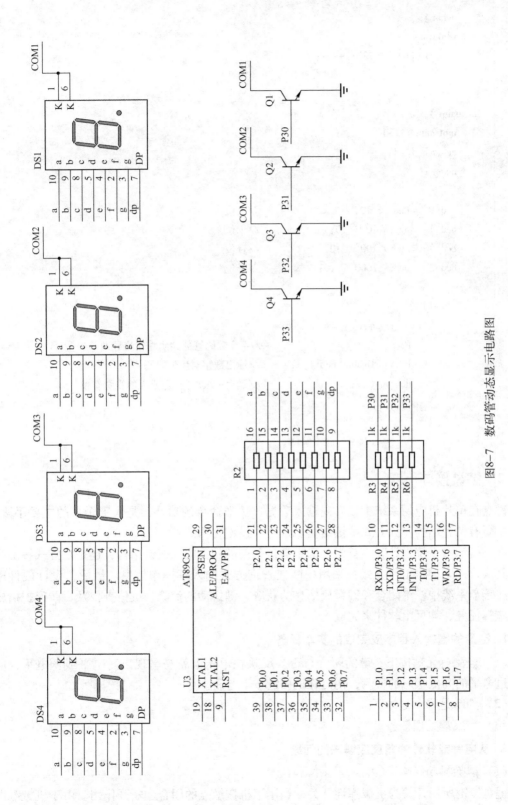

图8-7 数码管动态显示电路图

```
            uchar j;
            while( ms -- ){
                for( j = 0;j < 120;j ++ );
            }
        }
        int main( ){
            uint num = 1234;
            uchar bcd[4];
            uchar i;

            bcd[0] = num % 10;              //个位
            bcd[1] = num / 10 % 10;         //十位
            bcd[2] = num / 100 % 10;        //百位
            bcd[3] = num / 1000 % 10;       //千位

            while( 1 ){
                for( i = 0;i < 4;i ++ ){
                    P3 = (1 << i);                  //4 个数码管的共阴端轮流导通
                    P2 = LEDvalue[bcd[i]];          //输出数字对应的段码
                    delayms(1);                     //延迟一段时间,造成人的视觉暂留
                }
            }
        }
```

8.2.2 键盘接口

键盘在单片机应用系统中,实现输入数据、传送命令的功能,是人工干预的主要手段。键盘主要有两种结构:独立式按键结构、矩阵式按键结构。

在进行键盘系统设计时,首先,确定键盘采用的是独立式按键结构,还是矩阵式按键结构。其次,确定键盘工作方式:采用中断或查询方式输入键操作信息。最后,设计硬件电路。在键盘系统中,键闭合和键释放信息的获取、键抖动的消除、键值查找及一些保护措施的实施等任务,均可由软件来完成。

1. 键盘的键输入程序应完成的基本任务

(1) 监测有无键按下;键的闭合与否,反映在电压上就是呈现出高电平或低电平,所以通过电平的高低状态的检测,便可确认按键按下与否。

(2) 判断是哪个键按下。

(3) 完成键处理任务。

2. 从电路或软件的角度应解决的问题

(1) 消除抖动影响

键盘按键所用开关为机械弹性开关,利用了机械触点的闭合、断开作用。由于机械触点的弹性作用,一个按键开关在闭合和断开的瞬间均有一连串的抖动,波形如图 8-8 所示。

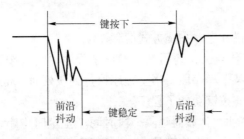

图 8-8 机械开关的键抖动波形

抖动时间的长短由按键的机械特性决定，一般为 5~10 ms，这是一个很重要的参数。抖动过程引起电平信号的波动，有可能令 CPU 误解为多次按键操作，从而引起误处理。

为了确保 CPU 对一次按键动作只确认一次，必须消除抖动的影响。按键的消抖，通常有软件、硬件两种消除方法。

硬件消抖电路如图 8-9 所示。

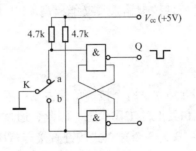

图 8-9 硬件消抖电路

这种方法只适用于键的数目较少的情况。

软件消抖：如果按键较多，硬件消抖将无法胜任，常采用软件消抖。通常采用软件延时的方法：在第一次检测到有键按下时，执行一段延时 10 ms 的子程序后，再确认电平是否仍保持闭合状态电平，如果仍保持闭合状态电平，则确认有键按下，并进行相应处理工作。

（2）采取串键保护措施

串键是指同时有一个以上的键按下。串键会引起 CPU 错误响应。

通常采取的策略：单键按下有效，多键同时按下无效。

（3）处理连击

连击是一次按键产生多次击键的效果。为了消除连击，使一次按键只产生一次键功能的执行（无论一次按键持续的时间多长，仅采样一个数据），则要有对按键释放的处理。否则键功能程序的执行次数将是不可预知的。

3. 键盘工作方式

单片机应用系统中，键盘扫描只是 CPU 的工作内容之一。CPU 忙于各项任务时，如何兼顾键盘的输入，取决于键盘的工作方式。可根据整体系统中 CPU 任务的份量，来确定键盘的工作方式。键盘工作方式的选取原则是：既要保证能及时响应按键的操作，又不过多地占用 CPU 的工作时间。

键盘的工作方式有：查询方式（程序扫描、定时扫描方式）、中断扫描方式。

(1) 查询方式

查询方式分为程序扫描和定时扫描方式两种。

程序扫描是在 CPU 工作空余,调用键盘扫描子程序,响应按键输入信号要求。键盘处理子程序固定在主程序的某个程序段。当主程序执行到该处时,依次扫描键盘,判断有无按键输入。若有,则执行相应按键功能子程序。

定时扫描方式是利用定时/计数器每隔一段时间产生定时中断,CPU 响应中断后对键盘进行扫描,并在有按键输入时转入该键的功能子程序。

这两种方式都要求键盘扫描的时间间隔不能太长,否则会影响对按键输入响应的即时性和准确性。

(2) 中断扫描方式

利用外部中断源,响应按键输入信号。当无键按下时,CPU 执行正常工作程序,当有键按下时,CPU 立即产生中断。在中断服务子程序中扫描键盘,判断是哪一个键被按下,然后执行该键的功能子程序。这种控制方式克服了查询方式可能产生的空扫描和不能及时响应按键输入的缺点,既能及时处理按键输入,又能提高 CPU 运行效率,但要占用一个中断资源。

4. 键盘电路结构

(1) 独立式按键接口设计

独立式按键就是各按键相互独立,每个按键单独占用一根 I/O 口线,每根 I/O 口线的按键工作状态不会影响其他 I/O 口线上的工作状态。因此,通过检测输入线的电平状态很容易判断哪个按键被按下了。图 8-10 为 3 个独立式按键直接与 AT89C51 单片机 I/O 口相连的电路,各按键开关均采用了上拉电阻,是为了保证在按键断开时,对应 I/O 端口有确定的高电平。当有键按下时对应的端口为低电平。

优点:电路配置灵活,软件结构简单。

缺点:每个按键需占用一根 I/O 口线,在按键数量较多时,I/O 口浪费大,电路结构显得复杂。因此,此键盘用于按键较少或操作速度较快的场合。

例 8-4 参照 8-10 独立式按键接口电路图,编写按键扫描处理子程序。已知按键处理子程序分别为 Sub_S1( )、Sub_S2( ) 和 Sub_S3( )。

分析 从电路图可知,3 个按键 S1、S2、S3 分别接入单片机 P1 口,由 P1 口的准双向结构可知,当作为输入口时,必须先对它置 "1"。当有键按下时,对应的端口为低电平。检测到有键按下后,调用对应的按键处理子程序。

若将 P1 口对应的数值作为判断条件,则不同的数值对应某个按键操作,这是一个多分支选择问题,可以使用 switch/case 语句。程序流程如图 8-11 所示。

C51 语言程序代码:

```
#include <reg51.h>
void key_deal(void){
    unsigned char Key_value;           //按键键值
    P1 | = 0x07;                       //P1.0~P1.2 为输入端口
    Key_value = P1 & 07;               //屏蔽 P1 口高 5 位,取键值
    switch(Key_value){
```

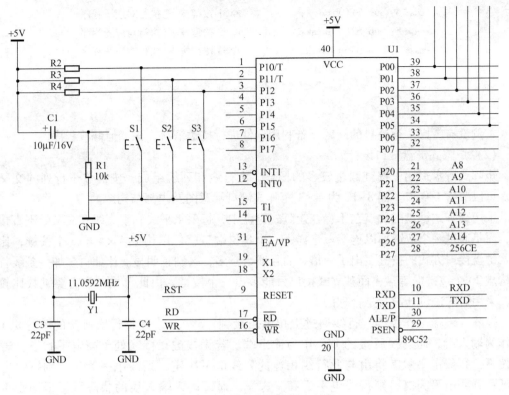

图 8-10 独立式按键接口电路

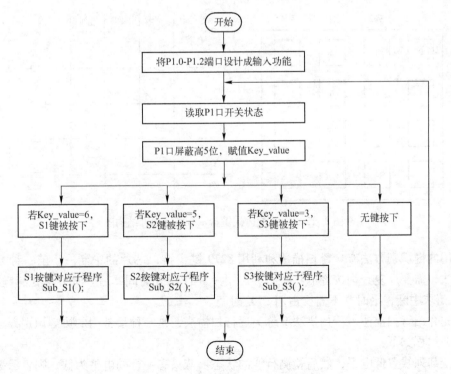

图 8-11 独立式按键接口程序流程图

```
            case 6: Sub_S1( );break;        //S1 按键按下,执行对应子程序
            case 5: Sub_S2( );break;        //S2 按键按下,执行对应子程序
            case 3: Sub_S3( );break;        //S3 按键按下,执行对应子程序
            default:          break;
        }
    }
```

本例没有考虑按键消抖的问题,若利用软件进行按键消抖,该如何修改程序?

(2) 矩阵式键盘接口设计

矩阵式键盘适用于按键数量较多的场合,由行线和列线组成,按键位于行列的交叉点上。可以节省 I/O 口。图 8-12 为 4×4 矩阵式键盘示意图及内部结构图。

采用矩阵式键盘的优点在于:在矩阵式键盘中,每条水平线和垂直线在交叉处不直接连通,而是通过一个按键加以连接。这样,一个 8 位端口就可以构成 4×4=16 个按键,比独立式键盘接口方式的按键多出了一倍,而且线数越多,区别越明显。比如再多加一条线就可以构成 20 个按键的键盘,而独立式接口只能多出一个按键。由此可见,在需要键数比较多时,采用矩阵法设计键盘是合理的。

矩阵式键盘工作原理:行线通过上拉电阻接到 +5V 上,并将行线所接的单片机 I/O 口作为输入端,而列线所接的 I/O 作为输出端。若无按键,行线处于高电平状态,若有键按下,行线电平状态将由与此行线相连的列线电平决定。列线电平为低,则行线电平为低;列线电平为高,则行线电平为高。这样,通过读入输入线的状态就可得知是否有键按下了。

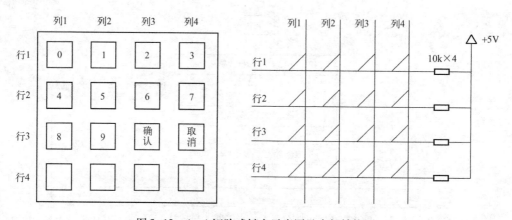

图 8-12 4×4 矩阵式键盘示意图及内部结构图

常用的键识别方法有:行扫描法和利用 8279 键盘接口芯片的中断法。前一种方法相当于查询法,需要反复查询按键的状态,会占用大量的 CPU 时间;后一种方法在有键按下时,向 CPU 请求中断,平时并不需要占用 CPU 时间。

首先介绍行扫描法。行扫描法又称为逐行扫描法,是一种最常用的按键识别方法,其按键识别的过程如下:

将全部列线置低电平,然后检测行线的状态。若只有一行的电平为低,则表示键盘中有键按下,而且闭合的键位于低电平与 4 根列线相交叉的 4 个按键之中。若所有行线均为高电

平,则键盘中无按键按下。

判断闭合键所在位置。在确认有键按下后,即可进入确定具体闭合键的过程。其方法是:依次将列线置为低电平,即在置某根列线为低电平时,其他列线为高电平。在确定某根列线置为低电平后,再逐行检测各行线电平状态。若某行为低,则该行线与某根列线位置交叉处的按键就是闭合的按键。

对于比较简单的单片机系统设计,键盘识别占用 CPU 时间不会对系统正常工作造成影响,因此可以直接利用单片机并行接口完成键盘的接口。

例 8-5 参照图 8-13 矩阵式键盘接口电路图,编写 3×3 矩阵式按键扫描处理子程序。已知按键处理子程序分别为 Sub_S1( )、Sub_S2( )、……、Sub_S9( )。

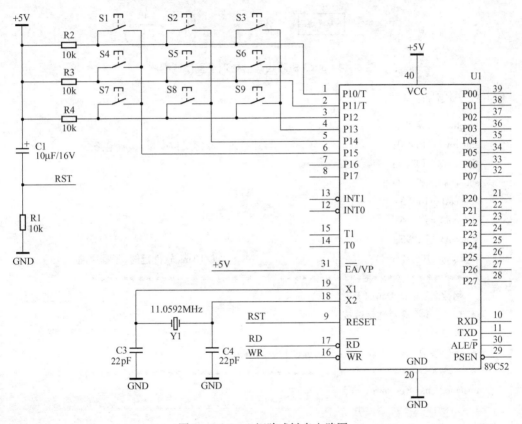

图 8-13 3×3 矩阵式键盘电路图

分析 在本例中,单片机系统使用简单的键盘完成输入操作的人机接口。从电路图可知,9 个按键 S1、S2、…、S9 按三行、三列分别接入单片机 P1.0~P1.5 端口,行线 P1.0~P1.2 通过上拉电阻接到 +5 V 上,将行线所接的单片机 I/O 口作为输入端,而列线 P1.3~P1.5 所接的 I/O 作为输出端。由 P1 口的准双向结构可知,当作为输入口时,必须先对它置"1"。

按照行扫描法进行按键识别,同时考虑软件消抖。当检测到有键按下后,调用对应的按键处理子程序。3×3 矩阵式键盘处理子程序流程图如图 8-14 所示。

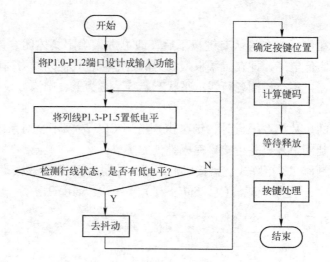

图 8-14 3×3 矩阵式键盘处理子程序流程图

C51 程序代码：

```
#include <reg51.h>
sbit row1 = P1 ^ 0;                        //定义位变量,参看电路图
sbit row2 = P1 ^ 1;
sbit row3 = P1 ^ 2;
sbit col1 = P1 ^ 3;
sbit col2 = P1 ^ 4;
sbit col3 = P1 ^ 5;
void Delay10ms(void);                      //10 ms 软件延时,子程序略
/*****************************************
* 函数名称:KeyDown()
* 功    能:检测键是否按下
* 入口参数:无
* 出口参数:返回1表示键按下,返回0表示键未按下
*****************************************/
unsigned char KeyDown(void)
{
    row1 = 1; row2 = 1; row3 = 1;              //行线设为输入
    col1 = 0; col2 = 0; col3 = 0;              //列线全部置低
    if(((row1 ==0) || (row2 ==0) || (row3 ==0))){   //若有任一行线读回状态为低
        Delay10ms();                           //10 ms 延时消抖
        if((row1 ==0) || (row2 ==0) || (row3 ==0))
                                               //再次读行线状态,若有任一行线读回状态为低
            return 1;                          //返回1,表明有键按下
        else
            return 0;                          //返回0,表明无键按下
    }
    else
```

```c
        return 0;
}
/*******************************************************
* 函数名称:KeyUp( )
* 功    能:检测键是否弹起
* 入口参数:无
* 出口参数:返回 1 表示键弹起,返回 0 表示键未弹起
********************************************************/
unsigned char KeyUp(void)
{
    col1 =0;col2 =0;col3 =0;                    //列线全部置低
    if((row1 ==1)&&(row2 ==1)&&(row3 ==1)){     //若全部行线读回状态都为高
        Delay10ms();                            //10 ms 延时消抖
        if((row1 ==1)&&(row2 ==1)&&(row3 ==1))
                                                //再次读行线状态,若全部行线读回状态都为高
            return 1;                           //返回1,表明所有键都处于弹起状态
        else
            return 0;                           //返回0,表明有键处于按下状态
    }
    else
        return 0;
}
/*******************************************************
* 函数名称:KeyValue( )
* 功    能:检测用户按下的键所对应的键号
* 入口参数:无
* 出口参数:返回 0 表示没有键被按下,返回 1~9 对应被按下的键号
********************************************************/
unsigned char KeyValue(void)
{
    unsigned char KeyTemp;
    KeyTemp =0;
    if(KeyDown() ==1){                 //若键被按下
        col1 =0;col2 =1;col3 =1;       //将列线 1 置低,其他列线置高
        if(row1 ==0)KeyTemp =1;        //若行线 1 读回状态为低,则表明按键 1 被按下
        if(row2 ==0)KeyTemp =4;        //若行线 2 读回状态为低,则表明按键 4 被按下
        if(row3 ==0)KeyTemp =7;        //若行线 3 读回状态为低,则表明按键 7 被按下
        col1 =1;col2 =0;col3 =1;       //将列线 2 置低,其他列线置高
        if(row1 ==0)KeyTemp =2;        //若行线 1 读回状态为低,则表明按键 2 被按下
        if(row2 ==0)KeyTemp =5;        //若行线 2 读回状态为低,则表明按键 5 被按下
        if(row3 ==0)KeyTemp =8;        //若行线 3 读回状态为低,则表明按键 8 被按下
        col1 =1;col2 =1;col3 =0;
        if(row1 ==0)KeyTemp =3;
```

```
            if( row2 == 0) KeyTemp = 6;
            if( row3 == 0) KeyTemp = 9;
            while( KeyUp( ) != 1);         //等待按下的键被释放
            return KeyTemp;                //返回被按下并被释放的键号
        }
        else
            return 0;
}

void key_deal( void) {
    switch( KeyValue( ) ) {
        case 1: Sub_S1( ); break;          //S1 按键按下,执行对应子程序
        case 2: Sub_S2( ); break;          //S2 按键按下,执行对应子程序
        ……
        case 9: Sub_S9( ); break;          //S9 按键按下,执行对应子程序
        default:         break;
    }
}
```

8.2.3 蜂鸣器接口

蜂鸣器（Buzzer）是一种一体化结构的电子讯响器,采用直流供电,广泛应用于计算机、打印机、复印机、报警器、电子玩具、汽车电子设备、电话机、定时器等电子产品中作发声器件。在单片机应用设计上可以使用蜂鸣器来做提示或报警。

蜂鸣器根据结构不同分为压电式蜂鸣器和电磁式蜂鸣器,二者都有有源和无源之分。
- "有源"是指蜂鸣器内部包含驱动,只要接额定电压就可以发声,程序控制简单方便。
- "无源"是指蜂鸣器需要靠外部的驱动才可以发声,一般用 2~5 kHz 的方波来驱动,特点是声音频率可控,可以发出不同的音调。

单片机一般使用 PWM（脉冲宽度调制,就是占空比可变的脉冲波形）输出口驱动无源蜂鸣器。如果没有 PWM 模块,也可以用 I/O 口定时翻转电平模拟 PWM。

例 8-6 参照图 8-15 无源蜂鸣器接口电路图,编写频率 2500 Hz,占空比 50% 的方波驱动蜂鸣器发声的程序。(f_{osc} = 12 MHz)。

分析：可以通过定时器定时控制 I/O 翻转电平产生符合蜂鸣器要求的波形。由频率 2500 Hz 可以知道周期为 400 μs,如果占空比为 50%,定时器可以定时 200 μs,在定时器中断服务函数里控制 I/O 口翻转一次电平,就可以产生频率为 2500 Hz,占空比为 50% 的方波,这个方波再通过三极管就可以驱动蜂鸣器发声了。

程序如下：

```
/************************************************************
 * Description:                                              *
 * 无源蜂鸣器接口演示程序                                       *
```

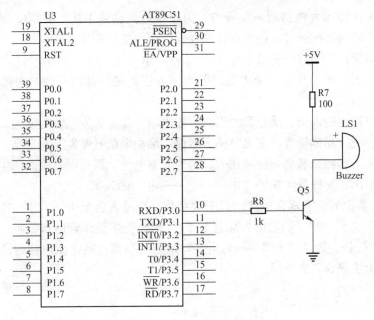

图 8-15　无源蜂鸣器接口电路图

```
 *   使用 I/O 口模拟 2500Hz 的 PWM 方波驱动蜂鸣器发声                          *
 ******************************************************************/
#include <reg51.h>
sbit buzzer = P3^0;              //蜂鸣器的控制引脚定义
int main(){
    TMOD = 0x02;                 //设置 T0 为定时方式 2
    TH0 = 56;
    TL0 = 56;                    //定时 200 μs
    TR0 = 1;
    ET0 = 1;
    EA = 1;
    while(1);
}
//定时器 0 的中断服务函数
void Timer0_isr(void)   interrupt 1
{
    buzzer = !buzzer;            //控制 I/O 口翻转
}
```

8.3　数字 I/O 接口

8.3.1　光电隔离接口

光电隔离电路的作用是在电隔离的情况下,以光为媒介传送信号,对输入和输出电路可以进行隔离。因而能有效地抑制系统噪声，消除接地回路的干扰，有响应速度较快、寿命长、体积小、耐冲击等优点，这些优点使其在强—弱电接口获得广泛应用。

光电耦合器是以光为媒介传输电信号的一种"电—光—电"转换器件。它由发光源和受光器两部分组成。把发光源和受光器组装在同一密闭的壳体内，彼此间用透明绝缘体隔离，如图8-16所示。

发光源的引脚为输入端，受光器的引脚为输出端，常见的发光源为发光二极管，受光器为光敏二极管、光敏晶体管等。在光电耦合器输入端加电信号使发光源发光，光的强度取决于激励电流的大小，此光照射到封装在一起的受光器上后，因光电效应而产生了光电流，由受光器输出端引出，这样就实现了"电——光——电"的转换。

图8-17为典型的光电耦合电路。对于数字量，当输入为低电平"0"时，光敏晶体管截止，输出为低电平"0"；当输出为高电平"1"时，光敏晶体管饱和导通，输出为高电平"1"。需要注意的是，如果用于强——弱电接口电路的隔离，则两个回路的接地端不能连接在一起。否则无法起到隔离作用。

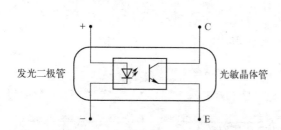

图8-16　晶体管型光电耦合器原理图

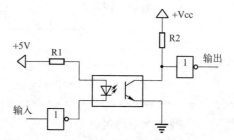

图8-17　典型的光电耦合电路

8.3.2　功率输出（继电器）接口

继电器是单片机测控系统中常用的一种控制设备，通俗地说就是开关，在条件满足的情况下关闭或者开启。继电器的开关特性在很多控制系统中得到广泛的应用。从另一个角度来说，由于电子电路最终都需要和某些机械设备进行交互，所以继电器也起到电子设备和机械设备的接口作用。对于单片机应用系统，若要通过单片机来控制不同电压或较大电流的负载时，可通过继电器来转换控制信号。

驱动继电器主要考虑以下三个因素：

（1）控制电路的电源电压与能提供的最大电流。

（2）被控制电路中的电压和电流。

（3）被控电路需要几组、什么形式的触点。

选用继电器时，一般控制电路的电源电压可作为选用的依据。控制电路应能给继电器提供足够的工作电流，否则继电器吸合不稳定。

下面介绍两种驱动继电器的接口电路。

（1）采用集成电路ULN2003驱动电路

根据集成电路驱动器ULN2003的输入输出特性，可以简称为"驱动器""反向器""放大器"等。图8-18为集成电路ULN2003驱动电路图及内部原理图，其中芯片1~7引脚用于信号输入（IN），10~16引脚用于信号输出（OUT），8和9引脚是集成电路电源。

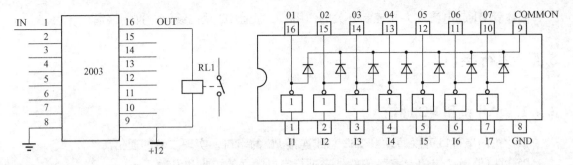

图 8-18 集成电路 ULN2003 驱动电路图及内部原理图

当 ULN2003 输入端为高电平时,对应的输出口输出低电平,继电器线圈通电,继电器触点吸合;当 ULN2003 输入端为低电平时,继电器线圈断电,继电器触点断开;在 ULN2003 内部已集成起反向续流作用的二极管,因此可直接用它驱动继电器。

(2) 采用晶体管驱动电路

当采用晶体管来驱动继电器时,必须将晶体管的发射极接地,NPN 晶体管驱动电路如图 8-19 所示。

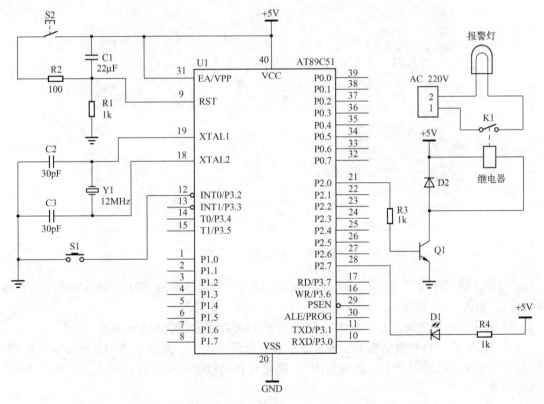

图 8-19 采用 NPN 晶体管驱动电路

当晶体管 Q1 基极输入高电平时,晶体管饱和导通,集电极变为低电平,因此继电器线圈通电,触点 K1 吸合。当晶体管 Q1 基极输入低电平时,晶体管截止,继电器线圈断电,触点 K1 断开。

晶体管 Q1 起电流放大与控制开关的作用。二极管 D2 反向续流，抑制浪涌。

8.4 串行接口

8.4.1 单片机和 PC 通信

单片机的串行口可以通过 RS232 总线连接 PC 的串口，实现二者的通信。PC 可以使用"串门专家"等软件来进行串口数据的接收和发送。

下面以"串门专家"软件为例，说明单片机和 PC 的串行口通信过程。

1）单片机串行口通过 RS232 总线连接 PC 的串口。

2）打开"串门专家"软件，界面显示如图 8-20 所示。

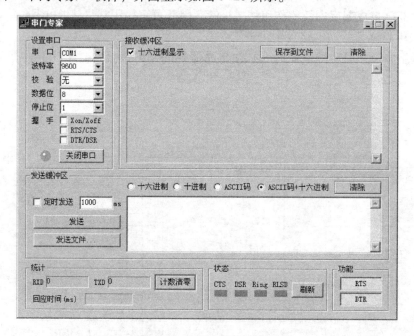

图 8-20 "串门专家"界面

3）单击设置串行口中的下拉按钮，选择正确的串行口，设置波特率和通信协议规定的帧格式，如图 8-21 所示。

4）各串行口中的绿灯显示，则说明 PC 串行口可以正常接收和发送数据。

5）若 PC 串行口接收到数据，则会显示在接收缓冲区中。数据有两种显示方式：ASCII 码和十六进制。若选中"十六进制显示"，则接收到的数据以十六进制显示，否则以 ASCII 码方式显示。

6）若 PC 需要通过串行口发送数据，则在发送缓冲区中输入数据内容，如图 8-22 所示。数据有四种发送格式选择，若选中"十六进制"，则缓冲区中的数据内容以十六进制进行串口输出。在发送方式上可以选择手动发送和定时发送两种；若需要手动发送数据，则在设置好发送数据内容和发送格式后，单击"发送"按钮。若需要定时发送缓冲区中的数据，则设置好定时发送的时间后，选中"定时发送"选项。

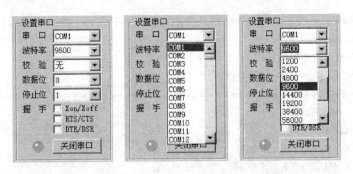

图 8-21 "串门专家"设置串口示意图

7) 发送和接收到的数据可以通过统计栏查看,如图 8-22 所示。

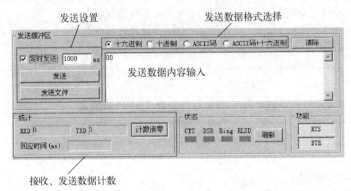

图 8-22 "串门专家"串口发送及状态栏示意图

8.4.2 串行口通信应用及实例

单片机串行口通信一般要制定一个通信协议。所谓通信协议是指通信双方的一种约定,这个约定包括对串行口的工作方式(包括数据位数、传输速率、校验方式等)和帧的格式(包括控制字符定义、数据内容的定义等)问题做出统一规定,通信双方必须共同遵守。

例如,某挡车器产品的串行口通信协议规定如下:

- RS232 异步全双工 4800 bit/s,1 位停止位,8 位数据位,无校验。
- 命令帧的通信格式:帧头 + 命令码 + 地址码 + 帧尾。

帧头:ASCII 码——"AT"。

命令码:ASCII 码——"UP",抬杆命令。

地址码:高五位全为 1,低三位是地址区分码,地址范围:000B~111B。

帧尾:16 进制数 0DH。

例如:向地址为 11B 的挡车器发送抬杆命令的命令帧为:(注:地址码高五位为 1)

A	T	U	P	地址码	帧尾(0DH)
0100 0001	0101 0100	0101 0101	0101 0000	1111 1011	0000 1101

例 8-7 参照以上串行通信协议编写单片机接收命令帧的串口程序。

源程序代码及其说明如下:

```c
/************************************************************
 *   Description:                                            *
 *   串口通信演示程序                                          *
 *   接收到一帧数据,并回送数据                                  *
 ************************************************************/
#include < REG51. H >
#include < intrins. h >
#define COMMAND_HEAD0  0x41          //帧头:A
#define COMMAND_HEAD1  0x54          //帧头:T
#define COMMAND_END    0x0D          //帧尾标志
#define ADDRESS        0xFB          //地址:11111011B

unsigned char rcv_data_buffer[6];    //串口接收数据缓存
unsigned char rcv_data_idx;          //串口接收数据缓存指针
void send_echo();
/*-----------------------------------------------------------
The main C function.
程序运行首先进行串口初始化,设置串行口参数:COM1,4800。
----------------------------------------------------------- */
main( )
{
    rcv_data_idx = 0;
    SCON = 0x50;                     //设置串口工作方式1
    PCON = 0x80;                     //波特率加倍
    TMOD = 0x20;                     //设置计数器工作方式2
    TH1 = 0xf3;                      //$f_{osc}$ = 12 MHz,4800 bit/s
    TL1 = 0xf3;
    TR1 = 1;
    ES = 1;
    EA = 1;
    _nop_( );
    while(1);
}
//发送单字符
void send_char( unsigned char txd)
{
    SBUF = txd;
    while( !TI) ;
    TI = 0;
}
//发送指定长度的字符串,并附加 OK 字符
void send_echo( unsigned char * echo, unsigned char length)
{
    unsigned char k;
    EA = 0;
```

```c
        for(k = 0;k < length;k ++) {
            send_char(echo[k]);
        }
        send_char('O');
        send_char('K');
        EA = 1;
}

//串行口中断服务函数,接收到完整的一帧数据后,回送接收数据并附加 OK 二个字符
void serial_isr(void) interrupt 4 {
    unsigned char c;
    if(RI)
    {
        c = SBUF;
        RI = 0;
        switch(rcv_data_idx) {
            case 0:
                if(c == COMMAND_HEAD0) {            //接收到帧头 A
                    rcv_data_buffer[rcv_data_idx ++] = c;
                }
                break;
            case 1:
                if(c == COMMAND_HEAD1) {            //接收到帧头 T
                    rcv_data_buffer[rcv_data_idx ++] = c;
                } else {
                    rcv_data_idx = 0;
                }
                break;
            case 2:
                if(c == 'U') {                      //接收到抬杆命令 U
                    rcv_data_buffer[rcv_data_idx ++] = c;
                } else {
                    rcv_data_idx = 0;
                }
                break;
            case 3:
                if(c == 'P') {                      //接收到抬杆命令 P
                    rcv_data_buffer[rcv_data_idx ++] = c;
                } else {
                    rcv_data_idx = 0;
                }
                break;
            case 4:
                if(c == ADDRESS) {                  //判断地址是否相符
```

```
                    rcv_data_buffer[ rcv_data_idx ++ ] = c;
                } else {
                    rcv_data_idx = 0;
                }
                break;
            case 5:
                if( c == COMMAND_END) {         //判断是否是帧尾标志
                    rcv_data_buffer[ rcv_data_idx ] = c;
                    send_echo(rcv_data_buffer,6);   //回送接收数据
                }
                rcv_data_idx = 0;
                break;
            default:
                break;
        }
    }
    if( TI ) {TI = 0;}
}
```

单片机的串行口通过 RS232 总线连接 PC 的串口, 打开"串门专家", 按照通信协议设置串口, 然后在发送缓冲区中输入十六进制的一帧数据, 单击"发送"按钮, 可以看到单片机的回送数据, 如图 8-23 所示。

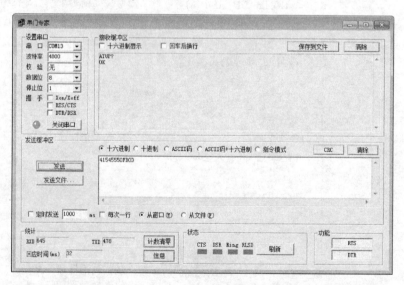

图 8-23 "串门专家"发送一帧数据以及接收的回送数据

8.4.3 I²C 接口存储芯片的应用

I²C(Inter – Integrated Circuit) 总线是一种两线式串行总线, 用于连接微控制器及其外围设备。器件间通过串行数据线 SDA 和串行时钟线 SCL 传送信息, 只要具有 I²C 总线结构的器件, 均可通过 SDA/SCL 同名端相连进行串行扩展, 因此 I²C 总线在单片机控制系统中

应用广泛。

1. I²C 总线的特点

I²C 总线是一种较为常用的串行接口标准,具有支持芯片较多、协议完善和占用 I/O 口少等优点。器件间共享总线,总线上的每个器件都有唯一的地址识别,而且都可以作为主机或从机,在任何时间点上只能有一个主机,主机可以控制信号的传输和时钟频率。

I²C 总线有三种数据传输速度:标准模式、快速模式和高速模式。标准模式下可达 100 kbit/s,快速模式为 400 kbit/s,高速模式为 3.4 Mbit/s,连接到总线的接口数量仅由总线分布电容限定,其负载能力为 400 pF。

2. I²C 总线基本原理

I²C 总线只要求两条总线线路:串行数据线 SDA 和串行时钟线 SCL,可发送和接收数据。所有挂接在 I²C 总线上的器件和接口电路都应具有 I²C 总线接口,且所有的 SDA/SCL 同名端相连,器件共享总线,示意图如 8-24 所示。

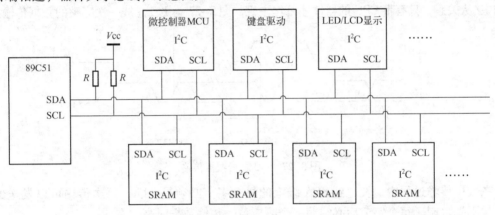

图 8-24 I²C 总线串行扩展示意图

SDA 和 SCL 都是双向 I/O 口线,通过上拉电阻连接到正电源 Vcc。当总线空闲时,这两条线路都是高电平。由于不同的器件都会接到 I²C 总线,逻辑"0"(低电平)及"1"(高电平)的信号电平取决于 Vcc 的电压。总线上所有器件要依靠 SDA 发送的地址信号寻址,不需要片选线。I²C 器件在出厂时已经给定了这类器件的地址编码。I²C 总线器件地址 SLA 格式如图 8-25 所示。

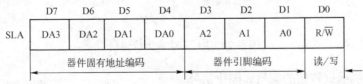

图 8-25 I²C 总线器件地址 SLA 格式

(1) DA3~DA0,4 位器件地址是 I²C 总线器件固有的地址编码,器件出厂时就已给定,用户不能自行设置。

(2) A2A1A0,3 位引脚地址用于相同地址器件的识别。若 I²C 总线上挂有相同地址的器件,或同时挂有多片相同器件时,可用硬件连接方式对 3 位引脚接 Vcc 或接地,形成地址数据。

(3) R/$\overline{\text{W}}$ 确定数据传送方向:为 1 时,主机接收;为 0 时,主机发送。

如果单片机自带 I²C 总线接口，则所有 I²C 器件对应连接到该总线上即可；若无 I²C 总线接口，则可以使用 I/O 口模拟 I²C 总线。使用单片机 I/O 口模拟 I²C 总线时，硬件连接非常简单，只需两条 I/O 口线即可，在软件中分别定义成 SCL 和 SDA。MCS-51 单片机实现 I²C 总线接口电路如图 8-26 所示。

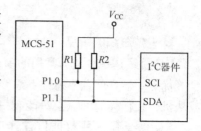

接口电路中单片机的 P1.0 引脚作为串行时钟线 SCL，P1.1 引脚作为串行数据线 SDA，通过程序模拟 I²C 串行总线的通信方式。I²C 总线适用于通信速度要求不高而体积要求较高的应用系统。

图 8-26　单片机与 I²C 连接电路图

3. I²C 总线数据传输

（1）I²C 总线数据位传输

I²C 总线上每传输一位数据都有一个时钟脉冲相对应，总线上依据器件功能不同可建立简单的主/从关系，只有带 CPU 的器件才可作主机。图 8-27 为 I²C 总线一次完整的数据传输。

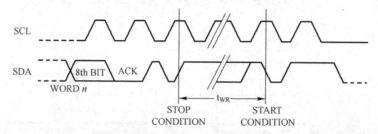

图 8-27　I²C 总线数据传输

在数据传输过程中，发送到 SDA 线上的每个字节必须是 8 bit，每次传输可以发送的字节数量不受限制。每个字节后必须跟一个响应位，传输数据时高位在前。

SCL 为高电平期间，SDA 线上的数据必须在时钟 SCL 为高电平期间保持稳定，SDA 线上的数据状态只有在时钟 SCL 为低电平时才允许改变，如图 8-28 所示。

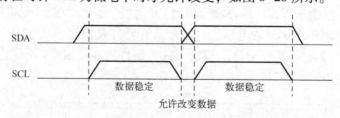

图 8-28　I²C 总线数据位传输

（2）I²C 总线数据传输的起始和停止信号

SCL 保持高电平期间，SDA 出现由高至低的转换将启动 I²C 总线，SDA 出现由低至高的转换将停止数据传输，如图 8-29 所示。起始和停止信号通常由主机产生。I²C 总线的信号时序有严格规定，具体应用可查看相应的芯片手册。

（3）I²C 总线数据传输的应答信号

I²C 总线上每传送一个字节后必须跟一个应答位，如图 8-30 所示。主机产生应答所需的时钟脉冲期间，发送器必须释放数据线（SDA 为高），以便接收器输出应答位。低电平为

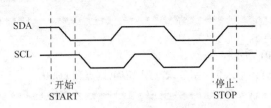

图 8-29 I²C 总线起始和停止信号时序图

应答信号,高电平为非应答信号。非应答信号是当主机作为接收器时,收到最后一个字节数据后,必须发送一个非应答信号给被控发送器,使被控发送器释放数据线,以便主机发停止信号,终止数据传送。当从机不能再接收字节时也会出现非应答信号这种情况。

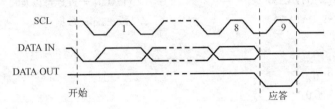

图 8-30 I²C 总线应答信号时序图

在数据传送中都是由主机控制,数据传送完后,主机都必须发停止信号。

4. 模拟 I²C 总线的 C51 程序

例 8-8 参照图 8-31 的电路,单片机的 P1.0 引脚作为串行时钟线 SCL,P1.1 引脚作为串行数据线 SDA,设计使用 I/O 口模拟 I²C 串行总线读写 AT24C01 的 C51 程序。

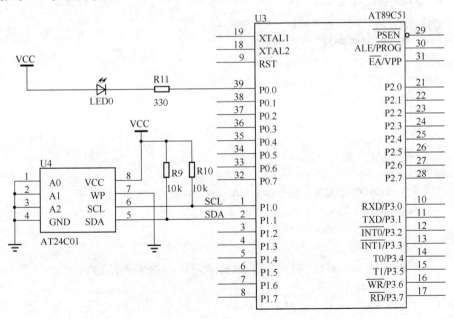

图 8-31 AT24C01 模拟 I²C 接口电路图

主机源程序代码及其说明(见注释)如下:

/**
 * Description: *
 * 读写 AT24C01 演示程序   *
 * 从地址 0 处开始写入 5 个字节,若写入正确,则点亮 LED0   *
 **/
```c
#include <reg51.h>
#include <intrins.h>
#define uchar unsigned char

#define OP_READ 0xa1                    //AT24C01 器件地址以及读取操作
#define OP_WRITE 0xa0                   //AT24C01 器件地址以及写入操作
#define TEST_DATA 'A'                   //写入的测试数据

sbit SDA = P1^1;
sbit SCL = P1^0;
sbit LED0 = P0^0;

//函数声明
void i2c_start();
void i2c_stop();
uchar i2c_read_8bit();
bit i2c_write_8bit(uchar write_data);
uchar read_byte(uchar addr);
void write_byte(uchar addr, uchar write_data);
void delayms(uchar ms);

void main(void) {
    uchar i;
    SDA = 1;
    SCL = 1;
    LED0 = 1;

    //从 AT24C01 的地址 0 处开始写入'A'、'B'、'C'、'D'、'E'的 ASCII 码
    for(i = 0; i < 5; i++) {
        write_byte(i, TEST_DATA + i);
    }
    //从 AT24C01 的地址 0 处开始读取数据,判断写入的数据是否正确
    for(i = 0; i < 5; i++) {
        if(read_byte(i) != (TEST_DATA + i)) {
            break;
        }
    }
    //若写入的数据全部正确,点亮 LED0
```

```c
    if(i>=5){LED0=0;}

    while(1);
}
//****************模拟I²C总线****************
void i2c_start()                          //模拟I²C开始位
{
    SDA=1;
    SCL=1;
    _nop_();_nop_();
    SDA=0;
    _nop_();_nop_();_nop_();_nop_();
    SCL=0;
}
void i2c_stop()                           //模拟I²C停止位
{
    SDA=0;
    _nop_();_nop_();
    SCL=1;
    _nop_();_nop_();_nop_();_nop_();
    SDA=1;
}

//功能:模拟I²C读取一个字节数据
uchar i2c_read_8bit()
{
    uchar i,read_data=0;
    for(i=0;i<8;i++){
        SCL=1;
        read_data<<=1;
        read_data|=(uchar)SDA;
        SCL=0;
    }
    return(read_data);
}

//功能:模拟I²C发送一个字节数据
bit i2c_write_8bit(uchar write_data)
{
    uchar i;
    bit ack_bit;
    for(i=0;i<8;i++){                     //循环移入8位
        SDA=(bit)(write_data & 0x80);
```

```
        _nop_();
        SCL = 1;
        _nop_();_nop_();
        SCL = 0;
        write_data <<= 1;
    }
    SDA = 1;                                    //释放 SDA 总线,读取应答位
    _nop_();_nop_();
    SCL = 1;
    _nop_();_nop_();_nop_();_nop_();
    ack_bit = SDA;                              //读取应答位
    SCL = 0;
    return ack_bit;                             //返回 I²C 应答位
}

//功能:向 AT24Cxx 的 addr 地址处,写入一个字节 write_data
void write_byte(uchar addr,uchar write_data)
{
    i2c_start();
    i2c_write_8bit(OP_WRITE);
    i2c_write_8bit(addr);
    i2c_write_8bit(write_data);
    i2c_stop();
    delayms(10);                                //写入周期
}

//功能:从 AT24Cxx 的 addr 地址处,读取一个字节
uchar read_byte(uchar addr)
{
    unsigned char read_data;
    i2c_start();
    i2c_write_8bit(OP_WRITE);
    i2c_write_8bit(addr);

    i2c_start();
    i2c_write_8bit(OP_READ);
    read_data = i2c_read_8bit();
    i2c_stop();
    return read_data;
}

//延时子程序
void delayms(uchar ms){
```

```
        uchar i;
        while(ms--) {
            for(i=0;i<120;i++);
        }
    }
```

8.4.4 SPI 串行总线应用及实例

1. SPI 串行总线介绍

SPI（The Serial Peripheral Interface），即串行外围设备接口，是一种同步串行传输规范，一般使用 3 线制或者 4 线制，如图 8-32 所示。信号线说明如下：

- MOSI：主机输出/从机输入（Master Output/Slave Input），主机的数据通过该信号线传输到从机。
- MISO：主机输入/从机输出（Master Input/Slave Output），从机的数据通过该信号线传输到主机。
- SCK：同步时钟信号由主机产生并通过该信号线传输到从机，双方数据的发送和接收都以该时钟信号为基准。

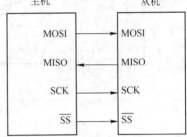

图 8-32 一种典型的 SPI 通信连接

- $\overline{SS}$：从机使能信号，低电平有效，由主机控制。从机只有在使能的情况下才响应 SCK 上的时钟信号。主机可以通过该信号控制通信的开始和结束。

2. SPI 的工作模式

根据 SCK 同步时钟极性（CPOL）和相位（CPHA）的不同，SPI 可以有 4 种工作模式，见表 8-3。SPI 数据的移出和采样锁存分别发生在 SCK 时钟信号二个不同的边沿，以保证有足够的时间使数据稳定。此外，SPI 还有 MSB（Most Significant Bit，最高位优先传输）和 LSB（Least Significant Bit，最低位优先传输）传输方式之分。主机和从机应该采用相同的工作模式，否则双方可能无法正常通信。

同步时钟的极性 CPOL 是指 SPI 总线空闲时，SCK 信号线的状态是高电平还是低电平。
- CPOL=0：SPI 总线空闲时，SCK 信号线保持在低电平状态。
- CPOL=1：SPI 总线空闲时，SCK 信号线保持在高电平状态。

同步时钟的相位 CPHA 是指传输时采样锁存数据发生在 SCK 同步时钟的前沿还是后沿。
- CPHA=0：在同步时钟的前沿采样数据。
- CPHA=1：在同步时钟的后沿采样数据。

表 8-3 SPI 的 4 种工作模式

CPOL	CPHA	总线空闲	数据采样	SPI 工作模式
0	0	SCK 为低电平	前沿（上升沿）	0
0	1	SCK 为低电平	后沿（下降沿）	1
1	0	SCK 为高电平	前沿（下降沿）	2
1	1	SCK 为高电平	后沿（上升沿）	3

图8-33是SPI的4种工作模式的时序图，图中的粗竖直线（SAMPLE I MOSI/MISO）表示采样数据的时刻对应的SCK时钟沿。

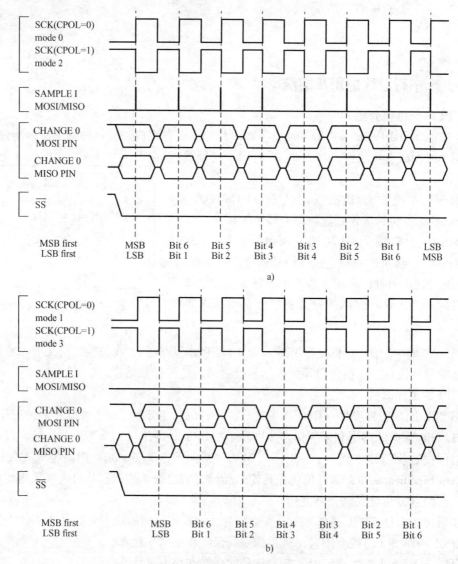

图8-33 SPI的4种工作模式时序图
a）CPHA=0时的2种工作模式 b）CPHA=1时的2种工作模式

3. 模拟SPI总线的C51程序

TLC2543是TI公司的串行SPI接口的12位模数转换器（ADC），使用逐次逼近技术完成A/D转换过程。TLC2543的引脚说明如图8-34所示。

模数转换器（Analog to Digital Converter，ADC），可以把电压模拟信号转换成数字信号。

ADC的基准电压（参考电压）指ADC的参考标准，也就是能够转换的最大电压，ADC的分辨率是指ADC输出数字量的位数，位数越多，对输入信号的分辨能力就越强。例如，假设TLC2543的参考电压V_{REF}为5 V，那么12位分辨率下能够区分的输入信号的最小电压为：

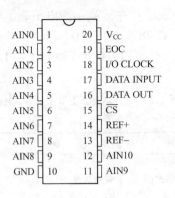

引脚号	名称	说明
1~9,11,12	AIN0~AIN10	11路模拟量输入端
13	REF−	基准电压的负端
14	REF+	基准电压的正端
15	CS	片选端，低电平有效
16	DATA OUT	串行SPI接口数据输出端
17	DATA INPUT	串行SPI接口数据输入端
18	I/O CLOCK	串行SPI接口时钟输入端
19	EOC	转换结束端
10	GND	GND
20	VCC	电源

图 8−34　TLC2543 引脚说明

$$\frac{V_{\text{REF}}}{2^{12}} = \frac{5\text{ V}}{4096} \approx 0.00122\text{ V}$$

TLC2543 可以把输入通道的模拟电压转换成数字量，根据 TLC2543 的输出数字量 ADV（12 位分辨率）计算模拟电压值 V_{IN} 的公式如下：

$$V_{\text{IN}} = \frac{\text{ADV} \times V_{\text{REF}}}{4096}$$

例 8−9　MCS51 并不具备 SPI 总线接口，可以使用 I/O 口模拟 SPI 总线通信。参考图 8−35，使用 AT89C51 的 I/O 口模拟 SPI 接口，读取 TLC2543 通道 0 的 A−D 转换结果，并计算出 A−D 值对应的电压。

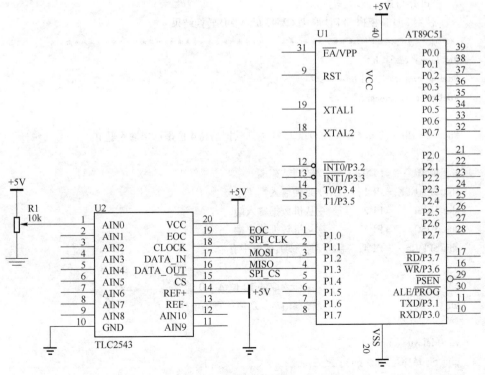

图 8−35　TLC2543 的 SPI 接口电路图

分析：EOC 是 TLC2543 的 A-D 转换完成标志，低电平表示正在转换，高电平表示转换完成。SPI 接口的 CLOCK、MOSI、MISO 和 CS 分别连接到 AT89C51 的 P1.0~P1.4，又由 TLC2543 的数据手册可知 TLC2543 符合 SPI 模式 0 的时序，这样我们只需要用 P1.0~P1.4 模拟 SPI 模式 0 的时序就可以和 TLC2543 进行通信。

TLC2543 的启动需要通过 SPI 接口发送长度为一个字节的数据，格式说明如下，其中高 4 位是选择输入通道。

D7	D6	D5	D4	D3	D2	D1	D0
输入通道选择： 0000：通道 0 0001：通道 1 … 1010：通道 10				输出数据长度： 01：8 位 00 或 10：12 位 11：16 位		输出数据格式： 0：MSB first 1：LSB first	极性选择： 0：单极性（0~4095） 1：双极性（-2048~2047）

在代码的 readADC( ) 函数中，使用 I/O 口模拟 SPI 工作模式 0，单片机在时钟 CLK 的上升沿，一位一位地发送和读取串行数据，一共发送和读取 12 位数据。发送的 12 位数据，前 8 位（一个字节）就是上述启动 TLC2543 所需的输入数据，后 4 位可以任意。读取的 12 位数据就是 TLC2543 转换的 12 位分辨率的 A-D 值，通过公式就可以计算出 A-D 值对应的电压值。

程序如下：

```
/***********************************************************
 *   Description:                                          *
 *   SPI 接口通信演示程序                                    *
 *   使用 I/O 口模拟 SPI 读取 TLC2543 的 A-D 转换结果         *
 ***********************************************************/
#include <reg51.h>
#define uint unsigned int
#define uchar unsigned char

#define CH0   (0<<4)     //TLC2543 输入数据的高 4 位是选择输入通道

sbit EOC     = P1^0;     //转换结束端
sbit SPI_CLK = P1^1;     //时钟输入端
sbit MOSI    = P1^2;     //从机数据输入端
sbit MISO    = P1^3;     //从机数据输出端
sbit SPI_CS  = P1^4;     //片选端,低电平有效

uint ad_val;             //保存读取的 12 位 A-D 值
float volt;              //保存由 A-D 值计算的电压

void delayms(uint ms);
uint readADC(uchar ch);
```

```c
main()
{
    //端口初始化
    EOC = 1;
    SPI_CLK = 0;
    SPI_CS = 1;
    MISO = 1;

    while(1) {
        delayms(100);
        ad_val = readADC(CH0);        //读取 TLC2543 的 A-D 转换结果
        volt = ad_val * 5.0/4096;     //计算出 A-D 值对应的电压。12 位分辨率,5 V 参考电压
    }
}

void delayms(uint ms) {
    uchar j;
    while(ms--) {for(j=0;j<120;j++);}
}
void delay() {
    uchar i = 5;
    while(i--);
}

//功能:读取 TLC2543 的 A-D 转换结果
//参数说明:ch,指定 AD 输入通道号
uint readADC(uchar ch)
{
    uchar i;
    uint temp = 0;

    while(EOC == 0);                  //等待 A-D 转换完成

    SPI_CS = 0;                       //CS 片选置 0 开始转换
    SPI_CLK = 0;
    delay();

    //读取上一次的转换结果
    for(i = 0;i < 12;i++) {
        MOSI = (ch & 0x80);           //发送串行数据,MSB first
        ch = ch << 1;
        SPI_CLK = 1;
        temp = temp << 1;
```

```
            temp | = MISO;              //在 SPI_CLK 的上升沿读取串行数据,MSB first
            SPI_CLK = 0;
    }
    SPI_CS = 1;                         //12 位读数完毕,CS 片选置 1
    return temp;
}
```

习题 8

1. 设计单片机控制发光二极管亮灭的最小系统。已知单片机的晶振为 4 MHz,LED 正向偏压时,两端电压 V_D 为 1.7 V,试选择适当的限流电阻 R,使发光二极管的电流 I_D 限制为 10 mA,并编程实现利用 P2.0 端口控制发光二极管约 1 s 亮灭一次。

2. 试分析如何实现单片机控制两只发光二极管循环亮灭的最小系统。

3. 写出图 8-6 所示单片机 LED 显示电路中,显示字母"A"、数字"5"对应的段码及对应的 P2 端口取值。

4. 参照图 8-6 所示电路,要求使用共阴 LED 显示器,试改画电路图并编写字符"P"的 1 s 闪烁显示子程序 (f_{osc} = 12 MHz)。

5. 参考图 8-7,编写使用定时器动态刷新数码管的程序。

6. 已知控制无源蜂鸣器发出音符 1(Do)、2(Re)、3(Mi)的方波频率分别是 523 Hz、587 Hz、659 Hz,参考图 8-15,编写利用定时器产生上述频率的方波,控制蜂鸣器发出音符 123 的程序 (f_{osc} = 12 MHz)。

7. I^2C 总线只有两根连线(数据线和时钟线),如何识别扩展器件的地址?

8. 写出 I^2C 总线器件地址 SLA 格式,如何识别相同器件地址?

9. 请描述 4 线制 SPI 的信号线的功能,SPI 的四种工作模式的特点是什么?

10. 参考图 8-35,思考如何读取 TLC2543 通道 1 的 A-D 转换结果?

第9章 MCS-51单片机总线系统与I/O口扩展

总线是信息传输的公共通道，MCS-51单片机的总线由地址总线、数据总线和控制总线组成。单片机通过总线方式的系统扩展主要有：I/O口的扩展、数据存储器（RAM）扩展、程序存储器（ROM）扩展等。

通过本章学习应理解单片机总线的概念，初步掌握I/O扩展的方法，了解单片机数据存储器扩展以及程序存储器扩展的基本方法。

9.1 单片机扩展总线概述

9.1.1 片外总线扩展结构

图9-1是单片机的三总线结构示意图，一般芯片的引脚都很多，要进行扩展，直接的问题是各种芯片如何与单片机连接。MCS-51系列单片机采用"总线"的方法进行扩展。所谓总线，实际上就是连接系统中主机与各扩展部件的一组公共信号线。各个外围功能芯片通过三组总线与单片机相连。这三组总线分别是地址总线、数据总线和控制总线，下面分别介绍。

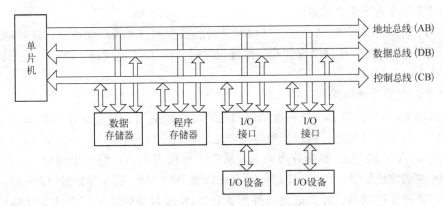

图9-1 单片机的三总线结构示意图

（1）数据总线（DB）：用于外围芯片和单片机之间进行数据传递，例如将外部存储器中的数据送到单片机的内部，或者将单片机中的数据送到外部的D/A转换器。在MCS-51单片机中，数据的传递是用8根线同时进行的，也就是MCS-51单片机的数据总线的宽度是8位，这8根线称为数据总线。数据总线是双向的，既可以由单片机传到外部芯片，也可以由外部芯片传入单片机。

（2）地址总线（AB）：如果单片机扩展外部的存储器芯片，在一个存储器芯片中有许多存储单元，要依靠地址进行区分，在单片机和存储器芯片之间要用一些地址线相连。除存储器之外，其他扩展芯片也有地址问题，也需要和单片机之间用地址线连接，各个外围芯片共同使用的地址线构成了地址总线。地址总线也是公用总线中的一种，用于单片机向外部输出地址信号，它是一种单向的总线。地址总线的数量决定了单片机可以访问的存储单元数量和I/O端口的数量。有 n 根线，则可以产生 2^n 个地址编码，访问 2^n 个地址单元。

（3）控制总线（CB）：用来传送控制信号和时序信号。有的是微处理器送往存储器和I/O接口电路的，如读/写信号、片选信号、中断响应信号等；也有是其他部件反馈给CPU的，比如：中断请求信号、复位信号、总线请求信号、准备就绪信号等。因此，控制总线的传送方向就其某一根而言是单向的，可能是单片机送出的控制信号，也可能是外部送到单片机的控制信号，但就其总体而言，则是双向的，因为控制总线里面有几根是送出的，有几根是接收的，所以在图9-1中，以双向的方式来表示控制总线。AT89C51控制总线引脚功能见本书第2章。

9.1.2 三总线扩展的方法

AT89C51单片机有4个8位的并行口，已占用了32条引线，而AT89C51单片机总共只有40个引脚，这8根数据线和16根地址线必须采用引脚复用的方法，也就是一根引脚必须有两种或更多种功能，才能满足需要，某一根引脚究竟作何用，则根据硬件的要求进行设计，从而使用不同的功能。

1. P0口作为数据总线和低8位地址线

MCS-51单片机的P0口是一个多功能口，如果扩展外围芯片，P0口就可以作为数据总线和低8位的地址总线来使用。CPU先从P0口送出低8位地址，然后从P0口送出数据或接收数据。

2. 以P2口作为高8位地址线

在MCS-51访问外部存储器或I/O口时，可能需要超过8位的地址线，这时就用P2作为高8位的地址线。在P0口出现低8位地址信号时，P2口也出现高8位的地址线，这样一共就可以有16根地址线。

3. 地址、数据分离电路

单片机的P0口作为数据总线和低8位的地址总线来使用，P0口送出地址和收发数据是分时进行的，需要设计地址、数据分离电路将地址和数据区分开。

图9-2是P0口的地址/数据复用关系，从图中可以看出，在每一个周期里，P2口始终是输出高8位的地址信号，而P0口却分时出现数据D7~D0、低8位地址A7~A0，以及高阻状态，用来连接存储器、外部电路与外部设备。P0端口是使用最广泛的I/O端口。在访问外部程序存储器时，P0口输出低8位地址信息后，将变为数据总线，以便读取外部程序存储器送到总线上的数据（指令码）。

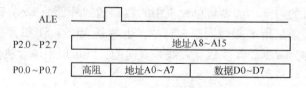

图9-2 P0口地址、数据复用示意图

ALE信号就是MCS-51单片机提供的专用于数据/地址分离的一个引脚。

9.1.3 AT89CXX系列单片机的片内存储容量

在目前广泛使用的 AT89C51 系列单片机中，提供了大容量内部数据存储器和外部存储器的芯片。表 9-1 给出了部分 AT89C51 系列单片机的存储器及 I/O 端口参数。

表 9-1 AT89C51 系列单片机参数表

Device	Flash/KB	EEPROM/KB	RAM/B	I/O Pins
AT89C2051	2	—	128	15
AT89C4051	4	—	128	15
AT89C5115	16	2	512	20
AT89C51AC2	32	2	1280	34
AT89C51ID2	64	2	2048	32
AT89C51RB2	16	—	1280	32
AT89C51RC	32	—	512	32
AT89C51RC2	32	—	1280	32
AT89C51RD2	64	—	2048	32
AT89C55WD	20	—	256	32

由上表可以看出，目前部分单片机片内的 RAM 和 ROM 容量可以达到很大，在设计时可优先选择满足要求的单片机型号。AT89C51 单片机共可扩展 16 位的地址线，可以构成 64 KB 的寻址空间，寻址范围 0000H ~ FFFFH。由于单片机在访问外部的数据存储器和程序存储器时使用了不同的控制信号，ROM 和 RAM 可以同时使用 0000H ~ FFFFH 地址段而不会冲突，因此 MCS-51 单片机的片外扩展能力是外部数据存储器和外部程序存储器各 64 KB。

9.2 MCS-51 单片机 I/O 口扩展及编址技术

9.2.1 单片机 I/O 口扩展

51 系列单片机内部有 4 个双向的并行 I/O 端口 P0 ~ P3，共占 32 根引脚。P0 口的每一位可以驱动 8 个 TTL 负载，P1 ~ P3 口的负载能力为 3 个 TTL 负载。

在无片外存储器扩展的系统中，这 4 个端口都可以作为准双向通用 I/O 口使用。在具有片外扩展存储器的系统中，通过 9.1 节的介绍，我们知道，P0 口分时地作为低 8 位地址线和数据线，P2 口作为高 8 位地址线，这时，P0 口和 P2 口无法再作通用 I/O 口了。P3 口具有第二功能，在应用系统中也常被使用。因此，在使用片外扩展存储器类型的地址译码的 MCS-51 单片机应用电路中，可供直接使用的 I/O 口不多。

综上所述，MCS-51 单片机的 I/O 端口通常需要扩充，以便和更多的外设（如显示器、键盘）进行通信。

简单的 I/O 口扩展，通常是采用 TTL 或 CMOS 电路锁存器、三态门等作为扩展芯片，通过 P0 口来实现扩展。它具有电路简单、成本低、配置灵活的特点。实际中可使用 74LS244、

74LS245 等芯片作为并行输入口进行扩展，使用 74LS273、74LS377 等芯片作为并行输出口进行扩展。图 9-3 为采用 74LS244 作为扩展输入、74LS273 作为扩展输出的简单 I/O 口扩展。

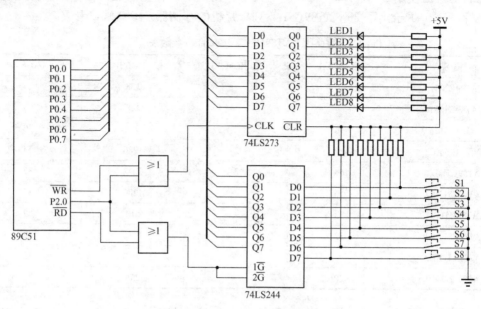

图 9-3 简单 I/O 口扩展电路

（1）74LS244 芯片介绍

74LS244 为 8 同相三态缓冲/驱动器，图 9-4 为其引脚示意图及真值表。片内由二组三态缓冲器构成。每组有 4 个三态缓冲器，分别由一个门控制。

第一组：

1A1～1A4：输入端。1Y1～1Y4：输出端。$1\overline{G}$：控制端。

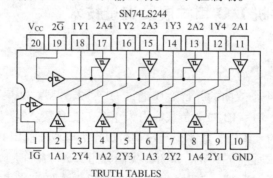

TRUTH TABLES

SN74LS240			SN74LS244			
INPUTS		OUTPUT	INPUTS		OUTPUT	
$1\overline{G},2\overline{G}$	D		$1\overline{G},2\overline{G}$	D		
L	L	H	L	L	L	H=HIGH Voltage Level
L	H	L	L	H	H	L=LOW Voltage Level
H	X	(Z)	H	X	(Z)	X=Immaterial
						Z=HIGH Impedance

图 9-4 74LS244 引脚示意图及真值表

210

第二组：

2A1～2A4：输入端。2Y1～2Y4：输出端。2$\overline{G}$：控制端。

1$\overline{G}$、2$\overline{G}$为低电平有效的使能端。当对应门控制端为低电平时，输入端信号从输出端输出；当二者之一为高电平时，输出端为高阻。

（2）74LS273 芯片介绍

74LS273 芯片是 8 输入、8 输出的锁存器。图 9-5 为其引脚示意图及真值表。

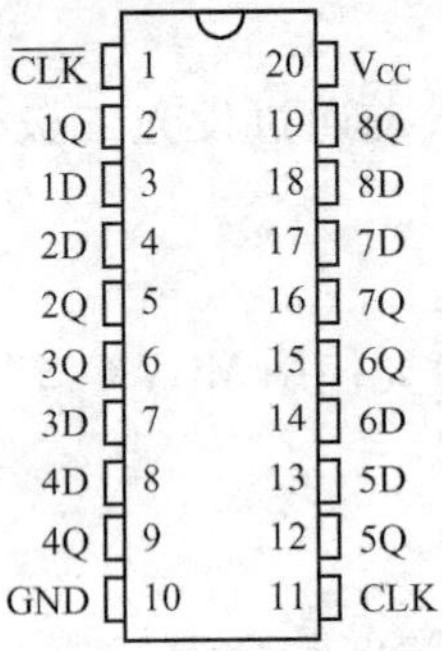

FUNCTION TABLE
(each flip-flop)

INPUTS			OUTPUT
CLEAR	CLOCK	D	Q
L	X	X	L
H	↑	H	H
H	↑	L	L
H	L	X	Q_0

图 9-5　74LS273 引脚示意图及真值表

74LS273 为 8D 三态同相触发器，

1D～8D：输入端。1Q～8Q：输出端。$\overline{CLR}$、CLK：控制端。

$\overline{CLR}$为低电平有效的清除端，当$\overline{CLR}$=0 时，输出全为 0 且与其他输入端无关；CLK 端是时钟信号，当 CLK 由低电平向高电平跳变时刻，D 端输入数据传送到 Q 输出端，并锁存保持，直到 CLK 的下一个上升沿。

（3）I/O 口扩展电路说明

从图 9-3 可知，P0 口作为双向 8 位数据线，既能够从 74LS244 输入数据，又能够从 74LS273 输出数据。输入控制信号由 P2.0 和$\overline{RD}$相“或”后形成。当二者都为 0 时，74LS244 的控制端 1$\overline{G}$、2$\overline{G}$有效，选通 74LS244，外部的信息输入到 P0 数据总线上。

其中，P2.0 决定了 74LS244 的地址为：XXXX　XXX0　XXXX　XXXXB，其中“X”代表任意电平。由于地址线中有无关位，且无关位可组成多种状态，因此会出现“地址重叠”问题。所谓“地址重叠”，是指一个扩展芯片占有多个额定地址空间。如果假设无关位取“1”。确定了地址以后，就可以读入扩展输入口的内容。程序如下：

```
MOV     DPTR,#0FEFFH     ;确定扩展芯片地址
MOVX    A,@DPTR          ;将扩展输入口内容读入累加器 A
```

当与 74LS244 相连的按键都没有按下时，输入全为 1，若按下某键，则所在线输入为 0。

图 2-9，是 MOVX A,@DPTR 的时序图，在$\overline{RD}$的上升沿读入数据。从图中可见，在$\overline{RD}$上升沿，数据时序正好在 P0 上有效，同时，P2 口输出 DPTR 内高 8 位的地址。结合图 9-3 可知，当$\overline{RD}$和 P2.0 都是低电平时，“或”门输出为 0，74LS244 选通，按键状态从 P0 读入数据到累加器 A。

输出控制信号由 P2.0 和$\overline{WR}$相“或”后形成。当二者都为 0 时，74LS273 的控制端有

效，选通74LS273，P0上的数据锁存到74LS273的输出端，控制发光二极管LED，芯片地址与74LS244的选通地址相同（都是XXXX XXX0 XXXX XXXXB，通常取为FEFFH）。当某线输出为0时，相应的LED发光。

说明：虽然两个芯片的口地址都为FEFFH，但是由于分别由$\overline{RD}$和$\overline{WR}$控制，两个信号不可能同时为0（执行输入指令，例如MOVX A,@DPTR 或 MOVX A,@Ri 时，$\overline{RD}$有效；执行输出指令，例如MOVX @DPTR,A 或 MOVX @Ri,A 时，$\overline{WR}$有效），所以逻辑上二者不会发生冲突。

例9-1 参照图9-3，编写程序实现把按钮开关状态通过发光二极管（LED）显示出来。

分析：首先根据电路确定输入/输出扩展芯片的地址。

读入输入口的数据，并用此内容控制输出端口（注意要使用MOVX指令）。

循环检测并输出。

汇编语言程序如下：

```
        MOV   DPTR,#0FEFFH    ;确定扩展输入/输出芯片地址
LOOP:   MOVX  A,@DPTR         ;将扩展输入端口内容读入累加器A
        MOVX  @DPTR,A         ;将读入的数据送到扩展输出端口
        SJMP  LOOP            ;循环检测
```

C51语言程序如下：

```
#include <reg51.h>                   //定义MCS-51的特殊功能寄存器SFR
unsigned char xdataaddr _at_ 0xFEFF; //定义扩展输入/输出芯片地址(参见4.4.2)
main(){
    unsigned char x;                 //定义8位数据变量
    while(1){
        x = addr;                    //读入扩展输入端口内容
        addr = x;                    //将读入的数据送到扩展输出端口
    }
}
```

9.2.2 AT89C51单片机总线扩展的编址技术

当用单片机进行总线扩展时，若外部接口芯片或存储器芯片多于一片时，必须利用片选信号来确定各芯片的地址分配（编址）。可供使用的编址方法有两种，即线选法和译码法。

线选法就是直接以系统的地址作为外部接口芯片或存储芯片的片选信号，为此，只需把高位地址线与芯片的片选信号直接连接即可。特点是简单明了，不需另外增加电路。缺点是存储空间不连续，"地址浪费"比较多，适用于小规模单片机系统的总线扩展。

译码法就是使用译码器对系统的高位地址进行译码，以其译码输出作为存储芯片的片选信号。这是一种最常用的存储器编址方法，能有效地利用空间，特点是存储空间连续，适用于大容量多芯片存储器扩展。常用译码器来完成译码功能。

译码器是一个多输入、多输出的组合逻辑电路。它的作用是把给定的代码进行"翻译",变成相应的状态,使输出通道中相应的一路有信号输出。不同的功能可选用不同种类的译码器,如2线－4线、3线－8线和4线－16线译码器。若有 n 个输入变量,则有 2^n 个不同的组合状态,就有 2^n 个输出端供其使用。常用的译码芯片有74LS139(双2－4译码器)和74LS138(3－8译码器)等,它们的CMOS型芯片分别是74HC139和74HC138。

1. 3线－8线译码器74LS138

74LS138是目前常用的3线－8线译码器,它有三根输入线,可以输入三位二进制数码,共有八种状态组合,即可译出8个输出信号,图9-6分别为其引脚示意图及真值表。表中L为低电平、H为高电平、X为任意电平。

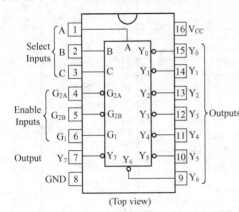

Inputs					Outputs							
Enable		Select										
G1	G2	C	B	A	Y0	Y1	Y2	Y3	Y4	Y5	Y6	Y7
X	H	X	X	X	H	H	H	H	H	H	H	H
L	X	X	X	X	H	H	H	H	H	H	H	H
H	L	L	L	L	L	H	H	H	H	H	H	H
H	L	L	L	H	H	L	H	H	H	H	H	H
H	L	L	H	L	H	H	L	H	H	H	H	H
H	L	L	H	H	H	H	H	L	H	H	H	H
H	L	H	L	L	H	H	H	H	L	H	H	H
H	L	H	L	H	H	H	H	H	H	L	H	H
H	L	H	H	L	H	H	H	H	H	H	L	H
H	L	H	H	H	H	H	H	H	H	H	H	L

图9-6 74LS138引脚示意图及真值表

C、B、A:地址线输入端,C是高位。

Y7、Y6、…、Y0:译码状态信号输出端,8种状态中只会有一种有效。

G2A、G2B:控制端,低电平使能引脚,若G2A或G2B为1,则74LS138不工作,输出引脚(Y7、Y6、…、Y0)将全部输出为1。若G2A与G2B都为0,则74LS138才可能正常工作。

G1:控制端,高电平使能引脚,若本引脚为0,则74LS138不工作,输出引脚(Y7、Y6、…、Y0)将全部输出为1。若本引脚为1,则74LS138才可能正常工作。

根据输入地址的不同组合能译出唯一地址,故74LS138常用作地址译码器。译码器硬件电路稍复杂,但它可以充分利用存储空间,同时还可以避免地址重叠现象。译码电路的另一个优点是若译码器输出端留有剩余端线未用时,便于继续扩展存储器或I/O接口电路。图9-7为采用74LS138芯片扩展I/O接口及存储器电路。

从图9-7可知,分别使用74LS138芯片译码输出Y0、Y1、Y2作为扩展I/O端口和存储器的选通信号。74LS244输入控制信号由Y1和$\overline{RD}$相"或"后形成,当Y1和$\overline{RD}$都为0时,74LS244的控制端1$\overline{G}$、2$\overline{G}$有效,选通74LS244,外部的信息输入到P0数据总线上。

Y0、Y1、Y2由74LS138的输入信号A、B、C决定。因此P2.7、P2.6、P2.5的编码为001时,对应Y1=0。从而可以确定74LS244对应的地址为:001X XXXX XXXXB,其中"X"代表任意电平。若无关位取"1"。则可确定扩展输入芯片74LS244的地址为3FFFH。同理,可确定扩展输出芯片74LS273的地址为1FFFH。

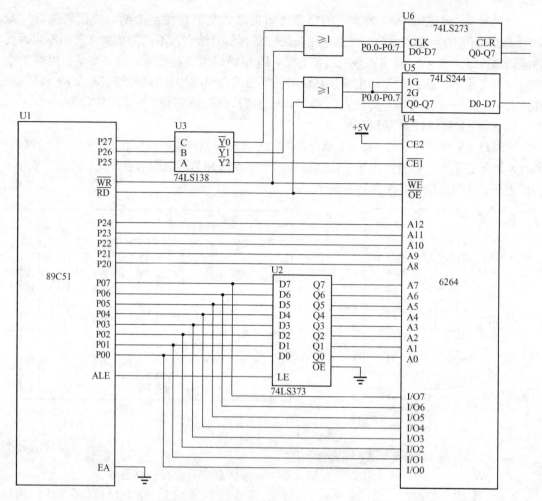

图9-7 74LS138扩展I/O口及存储器电路图

6264为数据存储器,关于存储器及其扩展将在下一节做详细介绍。

2. 地址锁存器74LS373

解决地址锁存问题可用的芯片很多,只要其控制逻辑与CPU时序能有效搭配,均可选用。常用的两类芯片是D触发器和D锁存器。

D触发器:如74LS273、74LS377等。

D锁存器:如74LS373、8282等。

图9-8为最常用的芯片74LS373的引脚分配图及功能表。它是8D锁存器,使用方法及控制逻辑如下:

引脚图中,Dn——输入端;Qn——输出端;$\overline{OE}$、LE为控制端,该片如何工作由功能表确定,表中L为低电平、H为高电平、Z为高阻抗(相当开路)、X为任意电平。在单片机地址数据分离电路中,将$\overline{OE}$接低电平,LE接ALE,如图9-7所示。

图9-7电路中,74LS373的控制逻辑为:

1) $\overline{OE}$低电平、LE高电平时,D通向Q。即ALE高电平时,74LS373输出低8位地址。

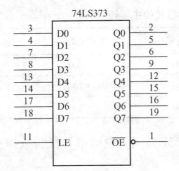

图 9-8　74LS373 引脚图和功能表

2）$\overline{OE}$ 低电平、LE 低电平时，Q 保持前一状态不变（LE 下降沿时锁存）。即 ALE 下降沿时，使 Q 与 D 隔开。

3）$\overline{OE}$ 高电平时 D 与 Q 之间呈高阻状态。

9.3　MCS-51 存储器扩展技术

存储器是单片机系统的重要组成部分，用于存储单片机工作所必须的数据和程序，AT89C51 及 AT89C52 的存储器说明参见第 2 章。存储器的主要技术指标包括存储容量、存取速度、可靠性、功耗、工作温度范围和封装形式，其中，最重要的是存储容量和存取速度。

（1）存储容量

存储容量是存储器的一个重要指标，是指存储器可以存储的二进制信息量，即：

$$存储容量 = 字数 \times 字长$$

通常使用存储的字节数来表示存储容量，并以 KB（1 KB = 1024 B）作为容量的单位。如 64 KB 表示 65536 B。

（2）存取速度（最大存取时间）

存储器的存取速度定义为存储器从接收存储单元地址码开始，到取出或存入数据为止所需的时间，其上限值称为最大存取时间。存取时间的大小反映了存储速度的快慢，存取时间越短，则存取速度越快。

对于无 ROM 型的单片机，如 8031，存储器的扩展是必需的，但现代常用的单片机越来越强调"单片"的应用，所以在制定方案时可参照表 9-1 提供的参数正确选择适合存储器大小的单片机芯片。但是对数据存储器和程序存储器的扩展原理和方法还是有必要掌握的。

9.3.1　AT89C51 单片机的数据存储器扩展

数据存储器主要用来存取要处理的数据，在 MCS-51 系列单片机产品中片内数据存储器容量一般为 128～2048 B。当数据量较大时，就需要在外部扩展 RAM 数据存储器。扩展容量最大可达 64 KB。

数据存储器扩展常使用随机存储器芯片，如静态 RAM（SRAM）6116 容量为 2 KB、6264 容量为 8 KB、62256 容量为 32 KB。其性能见表 9-2：

表 9-2　常用 SRAM 芯片的主要性能

型号 \ 性能	容量/bit	读写时间/ns	额定功耗/mW	封装
6116	2K×8	200	200	DIP24
6264	8K×8	200	200	DIP28
62256	32K×8	200	200	DIP28

下面以单片机应用系统中扩展 2 KB 静态 RAM 为例，说明单片机与数据存储器的扩展方法。

(1) 芯片选择

单片机扩展数据存储器常用的静态 RAM 芯片有 6116（2K×8 位）、6264（8K×8 位）、62256（32K×8 位）等。

根据题目容量的要求，我们选用 SRAM 6116，它是一种采用 CMOS 工艺制成的 SRAM，采用单一 +5V 供电，输入输出电平均与 TTL 电平兼容，具有低功耗操作方式。当 CPU 没有选中该芯片时（$\overline{CE}=1$），芯片处于低功耗状态，可以减少 80% 以上的功耗。

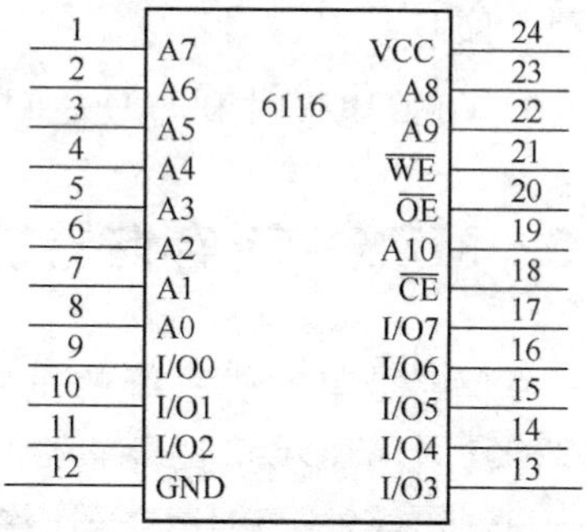

6116 引脚图如图 9-9 所示。

6116 有 11 条地址线 A0～A10；8 条双向数据线 I/O0～I/O7；$\overline{CE}$ 为片选线，低电平有效；$\overline{WE}$ 写允许线，低电平有效；$\overline{OE}$ 读允许线，低电平有效。6116 的操作方式见表 9-3。

图 9-9　6116 引脚图

表 9-3　6116 的操作方式

$\overline{CE}$	$\overline{OE}$	$\overline{WE}$	方式	I/O0～I/O7
H	×	×	未选中	高阻
L	L	H	读	O0～O7
L	H	L	写	I0～I7
L	L	L	写	I0—I7

(2) 硬件电路

单片机与 6116 的硬件连接如图 9-10 所示。

(3) 连线说明

6116 与单片机的连线如下：

地址线：A0～A10 连接单片机地址总线的 A0～A10，即 P0.0～P0.7、P2.0、P2.1、P2.2 共 11 根。

数据线：I/O0～I/O7 连接单片机的数据线，即 P0.0～P0.7。

控制线：片选端 $\overline{CE}$ 连接单片机的 P2.7，即单片机地址总线的最高位 A15。

读允许线 $\overline{OE}$ 连接单片机的读数据存储器控制线 $\overline{RD}$。

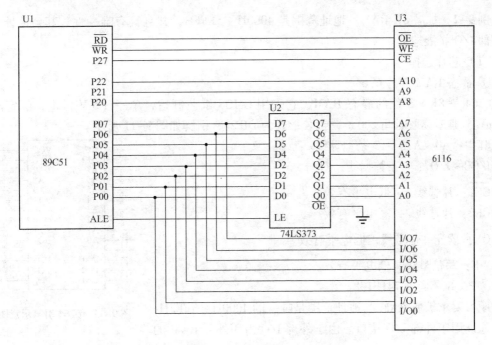

图 9-10 单片机扩展 2K RAM 电路

写允许线 $\overline{\text{WE}}$ 连接单片机的写数据存储器控制线 $\overline{\text{WR}}$。

（4）片外 RAM 地址范围的确定及使用

按照图 9-10 的连线，片选端 $\overline{\text{CE}}$ 直接与某一地址线 P2.7 相连，这种扩展方法称为线选法。显然，只有 P2.7=0，才能够选中该片 6116，故其地址范围确定见表 9-4。

表 9-4 片外 RAM 地址范围

AT89C51	$P_{2.7}$	$P_{2.6}$	$P_{2.5}$	$P_{2.4}$	$P_{2.3}$	$P_{2.2}$	$P_{2.1}$	$P_{2.0}$	$P_{1.7}$	$P_{1.6}$	$P_{1.5}$	$P_{1.4}$	$P_{1.3}$	$P_{1.2}$	$P_{1.1}$	$P_{1.0}$
	A15	A14	A13	A12	A11	A10	A9	A8	A7	A6	A5	A4	A3	A2	A1	A0
6116	$\overline{\text{CE}}$					A10	A9	A8	A7	A6	A5	A4	A3	A2	A1	A0
	0	x	x	x	x	0	0	0	0	0	0	0	0	0	0	0
	0	x	x	x	x	0	0	0	0	0	0	0	0	0	0	1
	0	x	x	x	x	0	0	0	0	0	0	0	0	0	1	0
	0	x	x	x	x	0	0	0	0	0	0	0	0	0	1	1
	⋮	⋮	⋮	⋮	⋮	⋮	⋮	⋮	⋮	⋮	⋮	⋮	⋮	⋮	⋮	⋮
	0	x	x	x	x	1	1	1	1	1	1	1	1	1	1	1

其中的"x"表示与 6116 无关的引脚，取 0 或 1 都可以。

如果与 6116 无关的引脚取 0，那么 6116 的地址范围是 0000H~07FFH；如果与 6116 无关的引脚取 1，那么 6116 的地址范围是 7800H~7FFFH。

单片机对片外 RAM 的读写可以使用：

    MOVX   @DPTR,A   ;64 KB 内写入数据
    MOVX   A,@DPTR   ;64 KB 内读取数据

例 9-2 扩展 8K RAM，地址范围是 4000H~5FFFH，并且具有唯一性；其余地址均作为外部 I/O 扩展地址。

（1）芯片选择

① 静态 RAM 芯片 6264。

6264 是 8K×8 位的静态 RAM，它采用 CMOS 工艺制造，单一 +5 V 供电，额定功耗 200 mW，典型读取时间 200 ns，封装形式为 DIP28，引脚如图 9-11 所示。

其中：A0~A12：13 条地址线。

I/O0~I/O7：8 条数据线，双向。

$\overline{CE1}$：片选线 1，低电平有效。

CE2：片选线 2，高电平有效。

$\overline{OE}$：读允许信号线，低电平有效。

$\overline{WE}$：写信号线，低电平有效。

② 3-8 译码器 74LS138。

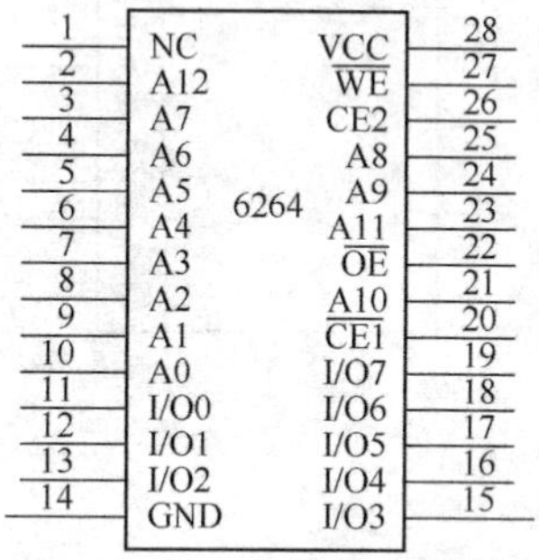

题目要求扩展 RAM 的地址范围是唯一的 4000H~5FFFH，其余地址用于外部 I/O 接口。由于外部 I/O 占用外部 RAM 的地址范围，操作指令都是 MOVX 指令，因此，I/O 和 RAM 同时扩展时必须进行存储器空间的合理分配。这里采用全译码方式，6264 的存储容量是 8K×8 位，占用了单片机的 13 条地址线 A0~A12，剩余的 3 条地址线 A13~A15 通过 74LS138 来进行全译码。

图 9-11 6264 引脚示意图

（2）硬件连线

用单片机扩展 8K SRAM 的硬件连线图如图 9-7 所示。

单片机的高三位地址线 A13、A14、A15 用来进行 3-8 译码，译码输出的 $\overline{Y2}$ 接 6264 的片选线 $\overline{CE1}$；剩余的译码输出用于选通其他 I/O 扩展接口。

6264 的片选线 CE2 直接接高电平，+5 V。

6264 的输出允许信号接单片机的 $\overline{RD}$，写允许信号接单片机的 $\overline{WR}$。

（3）6264 的地址范围

根据片选线 $\overline{CE1}$ 及地址线的连接，确定 6264 的地址范围，见表 9-5。

表 9-5 片外 RAM 地址范围

AT89C51	P2.7	P2.6	P2.5	P2.4	P2.3	P2.2	P2.1	P2.0	P1.7	P1.6	P1.5	P1.4	P1.3	P1.2	P1.1	P1.0
	A15	A14	A13	A12	A11	A10	A9	A8	A7	A6	A5	A4	A3	A2	A1	A0
6264		$\overline{CE1}$		A12	A11	A10	A9	A8	A7	A6	A5	A4	A3	A2	A1	A0
	0	1	0	0	0	0	0	0	0	0	0	0	0	0	0	0
	0	1	0	0	0	0	0	0	0	0	0	0	0	0	0	1
	0	1	0	0	0	0	0	0	0	0	0	0	0	0	1	0
	0	1	0	0	0	0	0	0	0	0	0	0	0	0	1	1
	⋮	⋮	⋮	⋮	⋮	⋮	⋮	⋮	⋮	⋮	⋮	⋮	⋮	⋮	⋮	⋮
	0	1	0	1	1	1	1	1	1	1	1	1	1	1	1	1

因此，6264 的地址范围为 4000H~5FFFH。

从例 9-2 和例 9-3 中可以看出，存储器扩展主要是地址总线（AB）、数据总线（DB）和控制总线（CB）与 CPU 的连接。

例如，扩展一片 6264（8 KB），需考虑步骤如下：

(1) 确定地址线根数。

已知 1 KB = 1024 B，则 $1K = 2^{10}$，$8K = 2^{13}$。所以需要 13 根地址线，A0~A12。

(2) 确定地址总线 AB 及其连接。

地址总线 AB：低 8 位地址 A0~A7 从 P0 口输出，由于 P0 口是复用口，所以需通过 74LS373 锁存。高 5 位地址 A8~A12 直接从 P2 口输出，其中 A12 为最高位。

(3) 确定数据总线 DB 及其连接。

数据总线 DB：直接接 P0 口，即 D0~D7。

(4) 确定控制总线 CB 及其连接。

控制总线 CB：与扩展数据存储器有关的控制信号如下：

地址锁存信号 ALE：接 74LS373 的 LE 端；当它为高电平时输出低 8 位地址，在它的下降沿锁存地址。

存储器输出信号 $\overline{OE}$ 和单片机读信号 $\overline{RD}$ 相连，即和 P3.7 相连。

存储器写信号 $\overline{WE}$ 和单片机写信号 $\overline{WD}$ 相连，即和 P3.6 相连。

数据存储器的片选线 $\overline{CE1}$ 必须低电平才可工作，如例 9-3 由单片机的 P2.5~P2.7 端口通过 74LS138 译码后控制。

数据存储器使用时应注意，访问外部数据存储器 RAM 时，应使用 MOVX 指令，由 $\overline{RD}$ 选通 RAM 的 $\overline{OE}$ 端，$\overline{WD}$ 选通 RAM 的 $\overline{WE}$ 端。

9.3.2 AT89C51 单片机的程序存储器扩展

通常扩展的外部程序存储器使用 EPROM 或 E^2PROM，其特点是掉电后内部数据不丢失。常见的 EPROM 芯片见表 9-6。

表 9-6 扩展 EPROM 程序存储器

芯片	2716	2732	2764	27128	27256	27512
存储量	2 KB	4 KB	8 KB	16 KB	32 KB	64 KB

单片机与程序存储器的连接方法和数据存储器的连接方法大致相同，简述如下：

1) 地址线的连接，与数据存储器连法相同。

2) 数据线的连接，与数据存储器连法相同。

3) 控制线的连接，主要有下列控制信号。

ALE：其连接方法与数据存储器相同。

程序存储器读取信号 $\overline{PSEN}$：$\overline{PSEN}$ 接程序存储器的允许输出端 $\overline{OE}$，当 $\overline{PSEN}$ 低电平，亦即 $\overline{OE}$ 低电平，被选中单元内的数据通过数据线读入 CPU。

程序存储器的连接方法参见数据存储器的连接，使用时应注意，访问外部数据存储器 RAM 时，应使用 MOVX 指令，由 $\overline{RD}$ 选通 RAM 的 $\overline{OE}$ 端，$\overline{WD}$ 选通 RAM 的 $\overline{WE}$ 端。读写外部

ROM 时，应使用 MOVC 指令，由$\overline{PSEN}$选通 ROM 的$\overline{OE}$端。

下面结合图 9-12 简要地介绍一下用 AT89C51 单片机扩展程序存储器 27C64 的原理和方法。

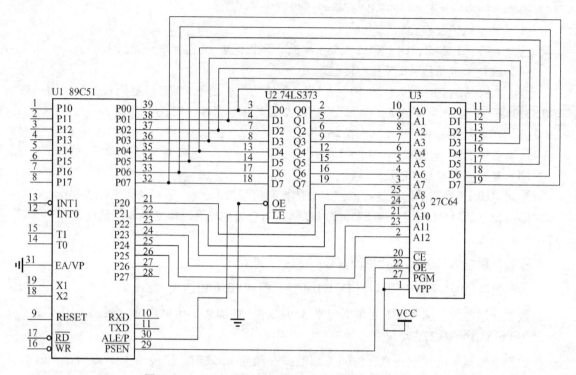

图 9-12　AT89C51 单片机扩展程序存储器 27C64 的连接

AT89C51 的$\overline{EA}$引脚为外部程序存储器允许访问选择端。当$\overline{EA}$ = 1 时，CPU 从片内程序存储器开始读取指令。当程序计数器 PC 的值超过 0FFFH 时（AT89C51 片内程序存储器为 4 KB），将自动转向执行片外程序存储器的指令。当 EA = 0 时，CPU 仅访问片外程序存储器。

P0 口是地址/数据复用口，分时输出低 8 位地址和输入数据，因此硬件上采取措施，使用 74LS273 将地址信息与数据信息隔开。

当 ALE 高电平时，低 8 位地址信息从 P0 口输出，当 ALE 由高变低时，该下降沿使低 8 位地址锁存。高 8 位地址信息从 P2 口直接输出。当$\overline{PSEN}$低电平有效时，选中的地址单元的内容从 P0 口读入 AT89C51 的 CPU 内。

例 9-3　采用译码器法扩展 2 片 8 KB EPROM，2 片 8 KB RAM。EPROM 选用 2764，RAM 选用 6264。共扩展 4 片芯片，扩展接口电路见图 9-13。写出 4 片存储芯片的地址范围。

图 9-13 为用 74LS138 作译码器的扩展存储器接口电路，74LS138 的地址线输入端 A、B、C 分别接 P2.5、P2.6、P2.7；译码状态信号输出端 Y0、Y1、Y2、Y3 分别接存储芯片 IC1、IC2、IC3、IC4 的$\overline{CE}$端。因此 P2.7、P2.6、P2.5 的编码分别为 000 ~ 011 时，对应 Y0、Y1、Y2、Y3 的输出有效。因此各芯片的地址范围见表 9-7。

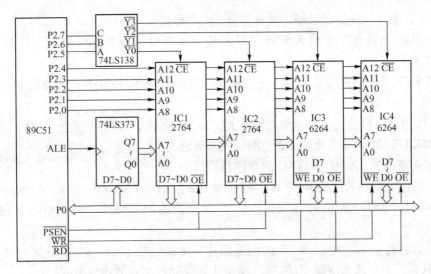

图 9-13 74LS138 扩展存储器接口电路

表 9-7 74LS138 译码法扩展 4 片存储器地址分配表

	片选地址线 P2.7 - P2.5	8K 地址线 P2.4 - P2.0	8K 地址线 P0.7 - P0.0	地址范围 十六进制表示
IC1	000	0 0000	0000 0000	0000H ~ 1FFFH
	...	...	...	
	000	1 1111	1111 1111	
IC2	001	0 0000	0000 0000	2000H ~ 3FFFH
	...	...	...	
	001	1 1111	1111 1111	
IC3	010	0 0000	0000 0000	4000H ~ 5FFFH
	...	...	...	
	010	1 1111	1111 1111	
IC4	011	0 0000	0000 0000	6000H ~ 7FFFH
	...	...	...	
	011	1 1111	1111 1111	

习题 9

1. AT89C51 能扩展多少 RAM、ROM 容量？
2. 简述 74LS138 的性能和使用方法。
3. 当扩展外部存储器或 I/O 口时，P2 口有什么作用？
4. CPU 与内存或 I/O 接口相连的系统总线通常由 _____、_____、_____ 三种信号线组成。
5. 三态缓冲寄存器的"三态"是指 _____、_____ 和 _____。

6. 一个 2 输入二进制译码器,共有_____个输出。

7. 74LS138 是具有 3 个输入的译码器芯片,其输出作为片选信号时,最多可以选中_____块芯片。

8. 74LS273 通常用来作简单_____接口扩展;而 74LS244 则常用来作简单_____接口扩展。

9. 12 根地址线可选_____个存储单元,32 KB 存储单元需要_____根地址线。

10. 32 KB RAM 的首地址若为 2000H,则末地址为_____。

11. 起止范围为 0000H～3FFFH 的存储器容量为_____KB。

12. 欲增加 8 KB×8 位的 RAM 区,若选用 SRAM2114(1 KB×4 位)需购_____片;若改用 SRAM6116(2KB×8 位),需购_____片,若改用 SRAM6264(1 KB×8 位),需购_____片。

13. 已知并行扩展 2 片 8 KB×8 的存储芯片,用线选法 P2.6、P2.7 分别对其片选,试画出连接电路。无关地址位取"1"时,指出 2 片存储器芯片的地址范围。

14. 在 MCS-51 单片机系统中,外接程序存储器和数据存储器共用 16 位地址线和 8 位数据线,为什么不会发生冲突?

15. 试以 SRAM6116 组成一个数据存储器的存储器扩展系统,请画出逻辑连接图。并说明芯片的地址范围。

16. 以译码编址方式把 4 片 SRAM6116 组成 8 KB 的数据存储器,请画出逻辑连接图,并说明各芯片地址范围。

第 10 章　AT89C51 单片机应用实例

一个完整的单片机系统的设计需要合理地应用单片机的片内资源，设计人机接口，设计扩展 I/O 接口，根据接口芯片的技术手册进行接口硬件设计、接口驱动软件设计。

10.1　单片机系统设计方法

单片机系统本身就是一个硬件和软件结合非常紧密的系统，要求设计者具有硬件设计和软件设计两方面的综合能力，具有对单片机以及各种外围设备的接口电路和驱动电路的应用能力。

单片机应用系统的设计应按照以下几个步骤来进行。

1. 总体方案设计

在这一阶段，设计者需要考察实际应用环境的需要，确定系统的整体设计方案。

首先是可行性分析，确定能否使用单片机系统达到设计目标，达到目标需要的经济成本是否超出可接受的范围。

其次是对系统中的核心——单片机的选型，这涉及应用系统本身对数据处理能力、I/O 接口、存储器大小、生产成本等的要求。

最后是对系统各项功能的划分，确认软件和硬件的分工问题。经过这一阶段的设计，设计者应该已经有比较成型的系统设计框架，对软硬件系统的分工有较明确的方案。可以开始进行系统的硬件设计工作了。

2. 系统硬件设计

在系统硬件设计阶段，设计者需要对各个模块的硬件部分进行具体设计。这部分包括单片机系统的设计，外围功能模块的选择，I/O 口的分配，单片机与外围模块、单片机与其他 CPU 之间通信方式的选择，模拟输入/输出通道电路设计等方面。

当具体的硬件系统功能框图完成后，可以绘制电路的原理图，电路原理图可以选用 Protel、OrCAD 等工具软件进行设计。

完成电路原理图的绘制后，再绘制硬件系统的 PCB 印制电路板图，这时需要确定器件的封装，结合产品的尺寸在电路板上排列分布器件，完成信号线和电源线的布线等。常用的绘制 PCB 印制电路板图的工具软件有 Protel、OrCAD、PowerPCB 等。绘制完成的 PCB 版图交给专业的电路板制造厂商生产样板。

3. 系统软件设计

一个完整的单片机系统只有硬件还不能工作，必须有软件来控制整个系统的运行。单片机的软件部分的主要任务包括系统的初始化、各模块参数的设置、中断请求管理、定时器管理、外围模块读写、功能算法实现、可靠性和抗干扰设计等方面。

单片机系统的软件设计主要使用汇编语言或 C51 语言。C51 语言是软件设计的首选语言，结构清晰、可读性好、开发周期短、可移植性好，在多数应用方面执行效率与汇编语言相近,近年来得到了极为广泛的应用。

4. 系统调试

电路板制作完成后,设计者需要按照 PCB 板的绘制图焊接各个元件,同时检测硬件方面的设计错误。发现问题后,如果能够补救,可以使用飞线等手段修改硬件设计,如果出现无法解决的错误,就只好推倒整个硬件设计,重新进行 PCB 版图的绘制等工作了。

可以使用仿真器进行系统功能的调试。对可能出现的问题,需要从软件和硬件两个方面考虑,这一阶段需要大量的测试程序对系统的各个部分进行分别测试,才能找到问题所在。

5. 系统完善与升级

当确定硬件和软件调试没有问题后,可能还需要根据调试过程中积累的经验重新设计 PCB 版图,有时需要反复很多次才能达到预期的设计要求。最后,设计者还需要对整个产品进行进一步的优化和组合,并在可允许的情况下为系统预留升级和功能扩展的接口。

10.2 温度采集与显示系统的设计

10.2.1 温度采集与显示系统原理

为综合前面所学习的知识,本节给出了一个简单的单片机系统。该系统是单片机 AT89C51 采集温度信号并显示的实例,主要介绍其硬件和软件设计的原理。温度传感器选用目前常用的数字温度传感器 DS18B20,采用数码 LED 显示,显示驱动为 MAX7219。

首先设计系统的总体框图,如图 10-1 所示。

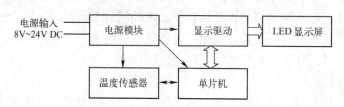

图 10-1 温度采集与显示系统原理框图

系统可以简单地分为 5 个模块,由外部提供 8~24 V 直流电源供电。电源模块将输入的 8~24 V 直流电源转换为 5 V,为系统中的芯片供电,可以使用 7805 等常用的三端稳压器芯片;温度传感器采集温度信号,温度传感器有模拟输出和数字输出两种形式,这里选用具有数字输出的 DS18B20;单片机是系统的核心,选用 AT89C51;系统采用 LED 数码显示器显示温度值;LED 显示屏采用独立的显示驱动芯片 MAX7219,单片机将待显示的字符写入 MAX7219 后,MAX7219 将会动态地刷新显示内容,无需占用单片机过多的资源。

尽管 DS18B20 的分辨率可以达到 0.0625℃,但其测量精度为 0.5℃。因此设计 4 位数的 LED 数码显示管就已足够,显示 3 位整数(负温度时,为 2 位整数),1 位小数。

根据系统的总体设计,在充分理解选用的各个芯片的原理以及与单片机接口原理、编程原理的基础上,进行电路原理图的设计。原理图参见附录 B。以下对各个部分的工作原理、硬件设计和软件编程方法进行简单介绍。

10.2.2　一总线（1-Wire）数字温度传感器 DS18B20

DS18B20 数字温度计提供 9 位~12 位（二进制）温度读数，指示器件的温度。数据经过单线接口送入 DS18B20 或从 DS18B20 送出，因此从主机 CPU 到 DS18B20 仅需一条线 DQ（和地线 GND）。DS18B20 的电源可以从外部提供芯片的 VDD 输入，也可以由数据线本身提供而无需再接外部电源（从数据线"窃"电），称为寄生电源方式。

每一个 DS18B20 在出厂时，已经设定了唯一的 64 位长的序号，因此可以将多个 DS18B20 连接在同一条单线总线上。这就可以在许多地方放置 DS18B20，并使用一条总线连接在一起。DS18B20 的测量范围为 -55~125℃，最小分辨率为 0.0625℃。DS18B20 采用与常见的小功率晶体管相同的 TO-92 封装方式，如图 10-2 所示。引脚 1 为地线 GND；引脚 2 为数据线，应与主 CPU 的 I/O 相接；引脚 3 接外部电源，如采用寄生电源方式，该引脚悬空。

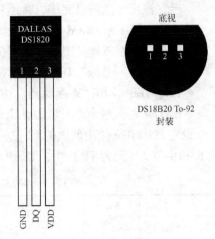

图 10-2　DB18B20 封装与引脚

DS18B20 内部 RAM 共 9 个字节，地址分配如表 10-1 所示。其中字节 0 和字节 1 存放 DS18B20 的温度测量值；字节 4 存放配置字节，用于设定温度测量的分辨率等参数；字节 8 是 DS18B20 自己生成的循环冗余校验码（CRC），在主 CPU 读取 DS18B20 数据时，用于检查读取数据的正确性。

表 10-1　DS18B20 内部 RAM 分配

字节 0（BYTE0）	温度值低字节（TL）
字节 1（BYTE1）	温度值高字节（TH）
字节 2（BYTE2）	TL 或用户 BYTE1
字节 3（BYTE3）	TH 或用户 BYTE2
字节 4（BYTE4）	配置字节（CONFIG）
字节 5（BYTE5）	保留
字节 6（BYTE6）	保留
字节 7（BYTE7）	保留
字节 8（BYTE8）	CRC 校验字节

主 CPU 经 DQ 向 DS18B20 发送温度测量（变换）等命令，DS18B20 将测量的温度值存放在 DS18B20 的 RAM 的字节 0 和字节 1 中。除温度变换命令外，再介绍几个命令，见表 10-2。

表 10-2　DS18B20 的部分命令

指　　令	代码（十六进制）
Skip ROM（跳过 ROM）	CCH
Convert Temperature（温度变换）	44H
Read Scratchpad（读 RAM）	BEH
Write Scratchpad（写 RAM）	4EH

- 命令 CCH，跳过 ROM。该命令跳过 ROM 中 64 位长的序号，即不关心每一个 DS18B20 中唯一的序号，因此该命令只能在"一总线"上仅接有一个 DS18B20 时应用。在仅使用单只的 DS18B20 时，使用该命令可以简化编程。
- 命令 44H，温度变换。DS18B20 接收到该命令后将触发温度测量，收到命令数百毫秒后，温度才能测量完毕，将测量的值存入 RAM 的字节 0 和字节 1 中。
- 命令 BEH，读 RAM 存储器。该命令读取 DS18B20 内部 RAM 中的数据。读取数据中的头两个字节就是测量的温度值。DS18B20 收到 BEH 命令后，将内部 RAM 中的数据释放到"一总线"DQ 上。
- 命令 4Eh，写 RAM 存储器。该命令发出向 DS18B20 内部 RAM 的 BYTE2、BYTE3 和 BYTE4 写数据命令，紧跟该命令之后，是传送三个字节的数据。

设定 DS18B20 使用默认的 12 位转换，DS18B20 内部 RAM 中温度值存放在字节 0（记为 TL）和字节 1（记为 TH）中，TL 和 TH 的格式见表 10-3。

表 10-3 DS18B20 内部 RAM 中温度值的存放格式

	bit7	bit6	bit5	bit4	bit3	bit2	bit1	bit0
TL（BYTE0）	2^3	2^2	2^1	2^0	2^{-1}	2^{-2}	2^{-3}	2^{-4}
	bit15	bit14	bit13	bit12	bit11	bit10	bit9	bit8
TH（BYTE1）	S	S	S	S	S	2^6	2^5	2^4

温度测量值共 16 位（bit15~bit0），存储在 DS18B20 内部 RAM 的 BYTE0（TL）和 BYTE1（TH）中，TH 存储高 8 位（bit15~bit8），TL 存储低 8 位（bit7~bit0）。存储器 TH 中的 bit15~bit11 为符号位，如果温度为负数，则 bit15~bit11 全为 1，否则全为 0。存储器 TH 的 bit10~bit8 及存储器 TL 的 bit7~bit0 共 12 位存储温度值。TL 的 bit3~bit0 存储温度的小数部分，TL 的 LSB（最低位）的"1"表示 0.0625℃。将存储器中的二进制数求补，再分别将整数部分和小数部分转换成十进制数合并后就得到被测温度值（-55℃~125℃）。

表 10-4 是 DS18B20 中测量数据与温度值对应关系的例子。

比如，当 DS18B20 的数据为"0000 0000 1010 0010"时，即 TH = $(0000\ 0000)_2$、TL = $(1010\ 0010)_2$，根据 TL 和 TH 的格式计算温度值为：

$2^6 \times 0 + 2^5 \times 0 + 2^4 \times 0 + 2^3 \times 1 + 2^2 \times 0 + 2^1 \times 1 + 2^{-1} \times 0 + 2^{-2} \times 0 + 2^3 \times 1 + 2^4 \times 0$
= 10.125℃

由于 TH 中的 S 为 0，所以得到的数为正，即 +10.125℃。

表 10-4 输出与温度的对应关系举例

温度	二进制输出	十六进制输出
+125℃	0000 0111 1101 0000	07D0h
+85℃	0000 0101 0101 0000	0550h
+25.0625℃	0000 0001 1001 0001	0191h
+10.125℃	0000 0000 1010 0010	00A2h

(续)

温 度	二进制输出	十六进制输出
+0.5℃	0000 0000 0000 1000	0008H
0℃	0000 0000 0000 0000	0000H
-0.5℃	1111 1111 1111 1000	FFF8H
-10.125℃	1111 1111 0101 1110	FF5EH
-25.0625℃	1111 1110 0110 1111	FF6FH
-55℃	1111 1100 1001 0000	FC90H

10.2.3 AT89C51 单片机与 DS18B20 的接口

可以使用 AT89C51 的任意一个 I/O 口连接 DS18B20。如图 10-3 所示，将 DS18B20 的数据引脚 DQ 与单片机的 P1.7 相连，DS18B20 使用外接电源，R1 为上拉电阻。只需要占用单片机的一个 I/O 口，使用方便。每只 DS18B20 都可以设置成两种供电方式，即数据总线供电方式和外部供电方式。采取数据总线供电方式可以节省一根导线，但完成温度测量的时间较长；采用外部供电方式则多用一根导线，但测量速度较快。

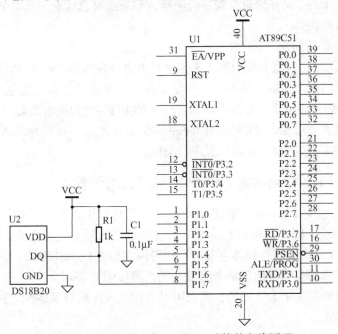

图 10-3 AT89C51 与 DS18B20 连接的电路原理

注意：单片机与 DS18B20 通过一总线进行数据交换，无论读和写均是从最低位（LSB）开始。数据线 DQ 是双向的，既承担单片机向 DS18B20 传输命令，也是 DS18B20 向单片机回送温度等数据的通道。因此时序关系十分重要，有三个关键时序需要掌握。

(1) DS18B20 的初始化

DS18B20 的初始化，是由单片机控制的，是 DS18B20 一切命令的初始条件。DS18B20 的初始化时序如图 10-4 所示。主机发送一个复位脉冲（最短为 480 μs 的低电平信号），接着释放总线并进入接收状态。DS18B20 会在检测到上升沿后等待 15~60 μs，然后发送一个低电平的存在脉冲（60～240μs）告知主机，主机在60～240μs的期间接收到低电平，即表示DS18B20存在，并已初始化成功。

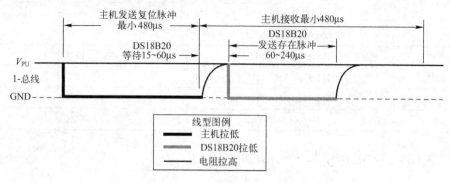

图10-4　DS18B20初始化的时序图

（2）DS18B20的写时序

整个写时间隙需要持续至少60μs，连续写2位的间隔最少1μs。主机将总线由高电平拉至低电平后就触发了一个写时间隙，主机必须在15μs内将所写的位送到总线上。DS18B20在15μs～60μs间开始对总线进行采样，如果此时总线上为低电平，写入的位是0，若为高电平，写入的位是1。

（3）DS18B20的读时序

由图10-5所示，主机将总线由高电平拉至低电平并在保持1μs后释放总线就产生了一个读时间隙。读时间隙产生后，DS18B20会将1或0传至总线，若传送0，则拉低总线，若传送1，则保持总线为高电平。在读时间隙产生后的15μs内为主机采集数据时间。

由以上的时序关系可见，DS18B20的时序关系十分严格，很好地掌握其时序关系也是编写AT89C51单片机与DS18B20接口程序的关键。

10.2.4　AT89C51单片机读取DS18B20温度值的编程

DS18B20使用外部供电方式，在进行转换时，DS18B20会占用（拉低）总线，完成后会释放（拉高）总线。因此只要检测总线的状态即可得知转换是否完成。读DS18B20暂存存储器RAM功能在读取所需存储器字节后，即可由主机复位DS18B20，不必将9个字节完全读出。在此只需读出存储器的前两个字节（被测温度值）即可。

因为单片机仅连接一个DS18B20，所以可以省掉读取序列号及匹配等过程。直接使用命令［CC］跳过ROM。

按照DS18B20工作的操作顺序，先进行DS18B20的初始化（复位DS18B20）。一总线上DS18B20的所有操作均从初始化开始。

* 对DS18B20的初始化（复位）

对DS18B20进行初始化的函数为Init18B20( )。

先令P1.7口为高电平，即保证总线处于高电平状态。延迟一段时间后令P1.7口为低，触发DS18B20的初始化。在按要求保证低电平持续480μs后释放总线。然后读取P1.7口的状态，直到P1.7的状态再次回到高电平，则证明初始化操作完成，此时可进行其他的操作。

例10-1　编写对DS18B20初始化的函数。

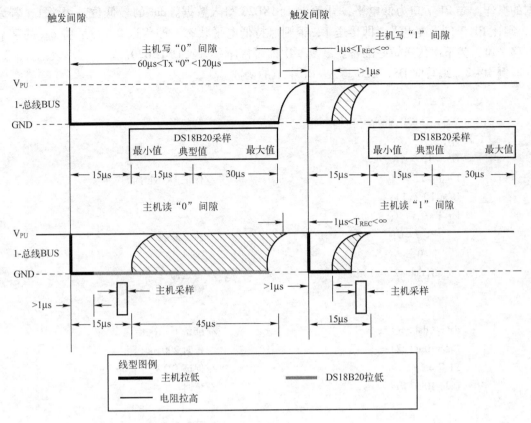

图 10-5　DS18B20 读/写的时序图

```
sbit P1_7 = P1^7
void Init18B20( ){                //18B20 初始化
    unsigned char i = 0;
    EA = 0;                       //关中断
    P1_7 = 1;                     //保证处于高的状态
    Delay10us (1);                //延时
    P1_7 = 0;                     //单片机将 DQ 拉低
    Delay10us (49);               //延时,大于 480 μs
    P1_7 = 1;                     //拉高总线
    i = 0;                        //延时
    while(P1_7 == 1);             //等待,直到 18B20 有响应
    EA = 1;                       //开中断
}
```

● 向 DS18B20 写命令

单片机向 DS18B20 写入一个字节的程序为 Write_18B20(unsigned char dat)。待写入的字节定义为 dat。

单片机向 DS18B20 写命令字节从最低位(LSB)开始,逐位写入。

先令 P1.7 口为高电平,即保证总线处于高电平状态。延迟一段时间后,开始进行写数据的操作。令 P1.7 口为低电平，开始向 DS18B20 写入数据。dat 的最低位是否为 1，若为 1，则让 P1.7 口为高电平，即传送 1；否则保持低电平状态，即传送 0。然后将 dat 的字节右移一位，为下次传送做好准备。重复 8 次即可将命令写入 DS18B20。

例 10-2 编写向 DS18B20 写入一个字节的函数。

```
sbit P1_7 = P1^7;
void Write_18B20(unsigned char dat){        //写数据
char i,j;
    EA = 0;                                  //关中断
    P1_7 = 1;                                //保证 DQ 处于高电平
    Delay10us(1);
    for(i = 0;i < 8;i ++){
        P1_7 = 0;                            //拉低总线
        j = 0;                               //延时
        if(dat%2 == 1){                      //传送命令
            P1_7 = 1;
        }
        dat = (dat >>1);                     //准备下一次传送
        Delay10us(22);                       //延时 200 μs 以上
        P1_7 = 1;                            //保证 DQ 处于高电平
        Delay10us(1);                        //延时
    }
    EA = 0;                                  //开中断
}
```

接下来，向 DS18B20 写入 ROM 操作命令 Skip ROM[CCh]，以跳过读取序列号及匹配等的 ROM 操作。

- 从 DS18B20 中读数据

单片机从 DS18B20 读取一个字节的程序为 unsigned char Read_18B20(void)，返回一个字节数据。

DS18B20 输出的数据是从最低位（LSB）开始的，逐位输出。

先定义一个无符号的变量 dat 存储来自 DS18B20 的数据，然后开始读数据。

首先令 P1.7 口为高电平，即保证总线处于高电平状态。延迟一段时间后，开始进行读数据的操作。将 dat 清零，为存储接收的数据做好准备。然后拉低总线，触发 DS18B20 开始发送数据。P1.7 口释放总线，开始接收数据。判断总线的状态，如果为 1，则在 dat 的最高位存入 1，否则不对 dat 做任何操作。当下一次 dat 右移时即存入了 0。如此重复 8 次，就完成了一个字节的读操作。

例 10-3 编程从 DS18B20 读入一个字节的函数。

```
sbit P1_7 = P1^7;
unsigned char Read_18B20(void){             //读数据
unsigned char i,j;
unsigned char dat;
```

```
            EA = 0;
            dat = 0x00;
            for(i = 0;i < 8;i ++){
                P1_7 = 1;
                Delay(1);                          //延时
                dat = (dat >> 1);                  //存入 0
                P1_7 = 0;                          //拉低总线
                j = 0;                             //延时 1us 以上
                P1_7 = 1;                          //释放总线
                j ++;                              //延时
                if(P1_7 == 1)dat = dat | 0x80;     //存入 1
                Delay(1);                          //延时 50 μs
                P1_7 = 1;                          //本次传送结束
            }
            return(dat);                           //返回数据
        }
```

- 单片机采集 DS18B20 中温度值的操作顺序

因为单片机仅连接一个 DS18B20，所以可以省掉读取序列号及匹配等过程。直接使用命令 [CC] 跳过 ROM。单片机启动 DS18B20，并读取温度值的操作顺序为：

初始化 DS18B20
跳过 ROM[CCH]
温度变化[44H]
等待温度变换完成
初始化 DS18B20
跳过 ROM[CCH]
读暂存存储器[BEH]

即使用以下程序的顺序进行：

```
            Init18B20();                         //初始化 18B20
            Write_18B20(0xCC);                   //执行 skip 命令,直接进入功能命令
            Write_18B20(0x44);                   //温度转换
            while(P1_7 == 0);                    //等待 18B20 转换完成
            Init18B20();                         //复位
            Write_18B20(0xCC);                   //执行 skip 命令,直接进入功能命令
            Write_18B20(0xBE);                   //读取温度寄存器
            lowbyte = Read_18B20();              //读取温度值低字节
            hightbyte = Read_18B20();            //读取温度值高字节
```

在使用读取温度值命令 [BEH]，读入温度存储器[BEH]TH、TL 前，应使用温度转换命令启动 DS18B20 的温度转换 [44H]，才能保证读入的是当前的温度值。转换过程中，DS18B20 会拉低总线直至转换完成。因此可通过读取总线的状态判断温度转换是否完成。或者根据 DS18B20 采用 12 位时最大转换时间为 750 ms 的特点，延时 750 ms 以上，使转换完

成,再读取 TH 和 TL。这里采用读取总线状态的方法判断温度转换是否完成。

当转换完成后,再次初始化 DS18B20,仍用 Skip ROM[CCh]命令,跳过 ROM 直接进入 Read Temperature[BEH]命令,读取温度值。

因为温度值是存储在 DS18B20 的 byte0 和 byte1 中的,所以要进行两次读操作以读取全部的温度数据。然后分别将两个字节的温度值存入先前设置好的变量 lowbyte,hightbyte 中。这样就完成了 DS18B20 的温度采集过程。

例 10-4 编写从 DS18B20 采集温度存储器 TH、TL 的函数。

```
sbit P1_7 = P1^7
unsigned int Read_Temperatur(void) {            //读取温度
unsigned char lowbyte;
unsigned char hightbyte;
    EA = 0;                                     //关中断
    lowbyte = 0x00;
    hightbyte = 0x00;
    Init18B20();                                //复位 18B20
    Write_18B20(0xCC);                          //执行 skip 命令,直接进入功能命令
    Write_18B20(0x44);                          //温度转换
    while (P1_7 == 0);                          //等待 18B20 转换
    Init18B20();                                //复位
    Write_18B20(0xCC);                          //执行 skip 命令,直接进入功能命令
    Write_18B20(0xBE);                          //读取温度寄存器
    lowbyte = Read_18B20();                     //读温度低位
    hightbyte = Read_18B20();                   //读温度高位

}
```

- DS18B20 存储器 RAM 中配置字节(CONFIG)的作用

DS18B20 配置字节(CONFIG)位于存储器 RAM 的 BYTE4,见表 10-1。

DS18B20 的分辨率可在 9~12 bit 内由程序设置,分辨率越高,每次温度转换的时间就越长。在上述程序例中,表现为:写入命令[44H]后,等待的时间越长。默认的分辨率为 12 bit,每次温度转换所需最大时间为 750 ms。

DS18B20 的配置字节就是用于设置分辨率的,需要用写 DS18B20 存储器命令(命令代码 4EH)写入。参见 DS18B20 的 DATASHEET。

10.2.5 显示驱动芯片 MAX7219

在本系统中使用七段 LED 数码显示器显示温度值,LED 采用 MAX7219 进行驱动。将待显示的温度值通过单片机处理后送至 MAX7219 驱动 LED 进行显示。

MAX7219 是美国 MAXIM 公司推出的多功能串行 LED 显示驱动器,采用 3 线串行接口传送数据,可直接与单片机连接。它内含硬件动态扫描显示控制,每片可驱动 8 个 LED 数码管,因此也可用于直接驱动 64 段 LED 条图显示器。当多片 MAX7219 级联时,可控制更多的 LED。亦可以将 MAX7219 的一部分用于数字显示,一部分用于条图显示。

MAX7219 是共阴极显示驱动器，Iset 通过一个电阻与电源相连，以提供给 LED 段的峰值电流，V+ 接 +5V 电源，为 MAX7219 提供电源。

SEG A～SEG G 和 SEG DP 为 LED 七段显示器段和小数点驱动端。SEG A～SEG G 分别对应 LED 七段显示器的 A～G 段的显示，SEG DP 对应小数点的显示。习惯上把 SEG A～SEG G 和 SEG DP 称为"段码"。

DIG 0～DIG 7 为 8 位数字驱动线，输出位选信号，分别连接 8 个 LED 数码管，用于动态扫描 8 个 LED 数码管的显示。每一个 LED 数码管显示一个十进制位，称为一个位码，因此，8 个 LED 数码管可显示 8 个位码。习惯上把 DIG 0～DIG 7 称为"位码"。

MAX7219 提供串行接口与单片机相连，DIN 为串行数据输入端；CLK 为串行时钟输入端；DOUT 为串行数据输出端，在级联时传到下一片 MAX7219 的 DIN 端；LOAD 为装入数据控制端。MAX7219 封装图如图 10-6 所示。

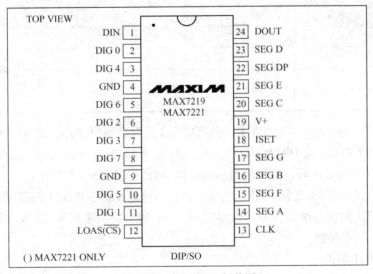

图 10-6 MAX7219 封装图

单片机每次用串行方式向 MAX7219 传送 16 位信息，格式见表 10-5，其中 D8～D11 为地址，D0～D7 为数据，D12～D15 的数据任意。

表 10-5 MAX7219 串行数据的格式

D15	D14	D13	D12	D11	D10	D9	D8	D7	D6	D5	D4	D3	D2	D1	D0
任意				地址				数据							

通过设置 MAX7219 内部的寄存器，控制 LED 的显示方式和显示内容。

MAX7219 片内包含 14 个寄存器，其中位码寄存器 8 个。由单片机通过串行数据接口对其操作。各寄存器的地址见表 10-6。

表 10-6 MAX7219 寄存器及其地址列表

| 寄存器 | 地址 | | | | 十六进制 |
	D15～D12	D11	D10	D9	D8	
空操作	x	0	0	0	0	x0h

(续)

寄存器	地 址					十六进制
	D15~D12	D11	D10	D9	D8	
Digit 0	x	0	0	0	1	x1h
Digit 1	x	0	0	1	0	x2h
Digit 2	x	0	0	1	1	x3h
Digit 3	x	0	1	0	0	x4h
Digit 4	x	0	1	0	1	x5h
Digit 5	x	0	1	1	0	x6h
Digit 6	x	0	1	1	1	x7h
Digit 7	x	1	0	0	0	x8h
译码方式寄存器	x	1	0	0	1	x9h
亮度控制寄存器	x	1	0	1	0	xAh
扫描范围寄存器	x	1	0	1	1	xBh
关断寄存器	x	1	1	0	0	xCh
显示测试寄存器	x	1	1	1	1	xFh

表中的"x"表示无关，可以是0，也可以是1，为编程时方便，均设定为0。Digit 0~Digit 7 对应与 MAX7219 的 DIG 0~DIG 7 相连的 8 个 LED 数码显示器，即地址 0x01 对应 DIG 0 上的 LED 数码显示器，具体的显示内容由串行数据的 D0~D7 决定。

也就是说，MAX7219 上各个 LED 的显示内容由地址 0x01~0x08 的寄存器（称为位码寄存器）中 D0~D7 的内容决定。显示内容与 D0~D7 的对应关系见表 10-8。表 10-6 后面的 5 个寄存器为控制寄存器。

● 译码方式寄存器

可以设置 MAX7219 的每一个"位码"工作在 BCD 译码或非译码两种方式。译码方式寄存器决定位码寄存器的译码方式。BCD 译码方式适用于驱动 LED 数码管；非译码方式适用于驱动条图显示器。译码方式寄存器的每位对应一个位码，1 为 BCD 码方式，0 为非译码方式。表 10-7 为译码方式寄存器的例子。

表 10-7 译码方式寄存器举例

译码方式	寄存器数据								十六进制
	D7	D6	D5	D4	D3	D2	D1	D0	
Digit 0~7 非译码	0	0	0	0	0	0	0	0	00H
Digit 0 为 BCD 译码 Digit 1~7 非译码	0	0	0	0	0	0	0	1	01H
Digit 0~3 为 BCD 译码 Digit 4~7 非译码	0	0	0	0	1	1	1	1	0FH
Digit 0~7 均 BCD 译码	1	1	1	1	1	1	1	1	FFH

例如，向 MAX7219 寄存器地址 0x09（译码方式寄存器）写入数据 0x0F，也可以说向 MAX7219 连续写入 16 位数据 0x090F，则表示将位码 Digit 0~3 设置为 BCD 译码，位码 Digit

4~7设置为非译码。

- 位码数据（位码寄存器）

向表10-6中地址x1H~x8H写入的8位数据，分别是Digit 0~7的位码数据。参见表10-8，位码数据决定该位码LED显示的内容。采用BCD码方式时，要在指定位码上显示字符，只要按BCD码字符表将字符代码写入相应的位码寄存器即可。例如向MAX7219地址0x01中写入0x00，则位码Digit 0显示"0"；向MAX7219地址0x03中写入0x05，则位码Digit 2显示"5"。

而采用非译码方式时，写入的数据将与LED数码管的段码对应，如表10-8中段码DP、A、…、G分别与写入数据的D7、D6、…、D0对应，位值为"1"，表示相应的段"亮"。例如，要在位码Digit 3显示"0"，需向MAX7219地址0x04中写入0x7E；要显示"8"，则需向MAX7219地址0x04中写入0xFF。

很显然，当采用BCD译码方式时，编程简单；而非译码方式，需要按第8章叙述的方法先建立LED显示的码值表，存放在单片机的程序存储区，根据显示的内容查表取得码值，然后送显。但是，相比于BCD译码方式，非译码方式的显示更加灵活，BCD译码方式只能显示表10-8中的16个字符，而非译码方式可以显示由7段LED显示器中各段组合的各种符号。例如，在非译码方式下，当向MAX7219地址0x01中写入0x0C，将会显示"⊦"。

当需要显示小数点时，将该位码中数据的D7位设置为"1"。例如，在BCD译码方式时，要将位码Digit 1的显示设置为"5."（注意，数据5后有小数点），需向MAX7219地址0x02中写入0x85（0x85 = 0x05 | 0x80）。

表10-8 位码数据与显示字符的关系

7段字符	BCD译码时的寄存器数据						非译码时的寄存器数据							
	D7	D6~D4	D3	D2	D1	D0	DP	A	B	C	D	E	F	G
0		x	0	0	0	0		1	1	1	1	1	1	0
1		x	0	0	0	1		0	1	1	0	0	0	0
2		x	0	0	1	0		1	1	0	1	1	0	1
3		x	0	0	1	1		1	1	1	1	0	0	1
4		x	0	1	0	0		0	1	1	0	0	1	1
5		x	0	1	0	1		1	0	1	1	0	1	1
6		x	0	1	1	0		1	0	1	1	1	1	1
7		x	0	1	1	1		1	1	1	0	0	0	0
8		x	1	0	0	0		1	1	1	1	1	1	1
9		x	1	0	0	1		1	1	1	1	0	1	1
-		x	1	0	1	0		0	0	0	0	0	0	1
E		x	1	0	1	1		1	0	0	1	1	1	1
H		x	1	1	0	0		0	1	1	0	1	1	1
L		x	1	1	0	1		0	0	0	1	1	1	0
P		x	1	1	1	0		1	1	0	0	1	1	1
空白		x	1	1	1	1		0	0	0	0	0	0	0

- 扫描范围寄存器

扫描范围寄存器设置显示数据位的个数。该寄存器的低 3 位（D0～D2）指定要扫描的位码数。高 5 位（D3～D7）取值任意，假设各位均取"0"。当寄存器的数值为 0x00 表示仅显示 Digit 0 位码，数值为 0x01 表示仅显示 Digit 0～1 位码……数值为 0x07 表示显示全部位码 Digit 0～7。

- 关断寄存器

关断寄存器中 D1～D7 为任意值，D0 为 0，关闭所有显示器，但各寄存器中的数据保持不变；D1 为 1，正常显示。

- 亮度控制寄存器

当采用数字控制方式时，可通过寄存器的 D3～D0 来控制 LED 段电流的平均值，从而控制 LED 的亮度。寄存器的 D7～D4 位任意。D3～D0 的值越大，LED 显示越亮。也可以使用模拟方式控制亮度，调节 V+ 与 Iset 端之间的外接电阻 Rset 的阻值，控制 LED 段电流的大小，达到硬件调节亮度的目的。

- 显示测试寄存器

显示测试寄存器用于检查各 LED 或数码管各段的好坏。其中 D7～D0 位任意，D0 为 1，LED 处于显示测试状态，所有 8 位 LED 的段被扫描点亮；D0 为 0，处于正常工作状态。

10.2.6 AT89C51 单片机与 MAX7219 的接口与编程

MAX7219 提供串行接口与单片机相连，DIN 为串行数据输入端；CLK 为串行时钟输入端；单片机与 MAX7219 使用同步串行方式进行通信，直接使用 AT89C51 的 I/O 口与 MAX7219 相接，接线原理如图 10-7 所示。

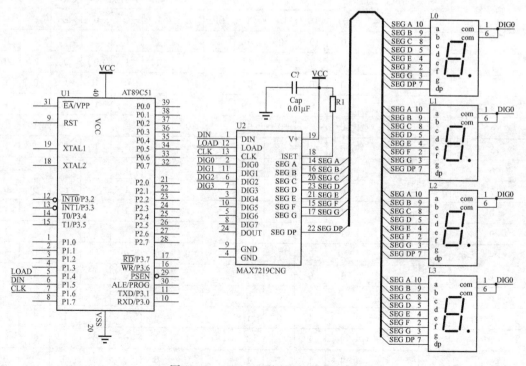

图 10-7　AT89C51 的 LED 显示电路

1. 向 MAX7219 传送数据

AT89C51 每次用串行方式向 MAX7219 传送 16 bit 的数据，其中高 8 bit 是地址信息（寄存器地址），低 8 bit 是相应的寄存器中要写入的数据，见表 10-5。

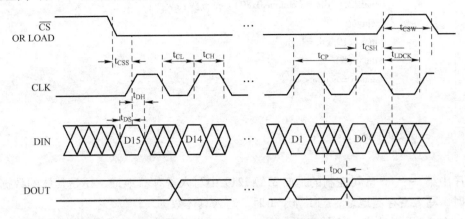

图 10-8　MAX7219 串行通信的时序图

图 10-8 是 MAX7219 串行通信的时序图，传输顺序是高位（MSB）先传。分析图中的时序关系是单片机与 MAX7219 通信编程的关键，可以看出数据传输的步骤。

首先，将使 LOAD 变低，选中 MAX7219。LOAD 是 MAX7219 的片选信号，在不通信时，LOAD（CS）为高电平。

然后，将待传送数据的最高位 D15 送到 DIN 脚，随后产生 CLK 的上升沿，在 CLK 的上升沿，DIN 上的数据就送入到 MAX7219，完成了第一位的传送，将 CLK 置低，准备下一位的传送；将 D14 送到从 DIN 脚，产生 CLK 的上升沿，完成了第二位的传送；直到最后一位 D0 传送完毕。

最后，将使 LOAD 变高，完成了将整个 16 bit 传送给 MAX18B20 的步骤。

设计传送的子程序 write7219_data(0xAA,0xDD)，实现上述数据传送过程。参数"AA"是写入的寄存器地址，参数"DD"是向相应的寄存器中写入的数据，均为 unsigned char 型，共有 16 bit。

例 10-5　编写单片机向 MAX7219 数据传输的程序。

```
sbit max7219_load = P1^4;        //定义 P1.4 为 LOAD 线
sbit max7219_din = P1^5;         //定义 P1.5 为 DIN 线
sbit max7219_clk = P1^6;         //定义 P1.6 为 CLK 线
void write7219_data( unsigned char comm,unsigned char dat ) {
    unsigned char i,j;
    #define high_V 1;             // 以 high_V 代表高电平
    #define low_V 0;              // 以 low_V 代表低电平
    max7219_load = high_V;        //将 load 置高
        max7219_clk =  low_V;     //将 clk 置低
        max7219_load =  low_V;    //将 load 置低,开始新数据的传输
        for( i = 0;i < 2;i ++ )  {
            if( i == 1)comm = dat;
```

```
            for(j=0;j<8;j++){
                delay(5);
                max7219_clk = low_V;
                max7219_din = (comm&0x80)? high_V:low_V;
                delay(5);
                max7219_clk = high_V;
                delay(5);
                comm = comm<<1;
            }
        }
        max7219_load = high_V;
    }
```

程序中第一个 for 语句控制的是向 MAX7219 中写入寄存器地址，还是具体的数据，当 i 等于 0 时，写入寄存器地址；当 i 等于 1 时，写入具体数据。

第二个 for 语句是将八位的二进制数，一位一位地写入寄存器，具体实施时运用"?"语句来进行判断，当与 0x80 进行逻辑与运算时，comm 中的第 0 到 6 位为 0，第 7 位保持不变，当"()"内为逻辑真（不等于 0，表明最高位是 1）时，给 max7219_din 写入 1，当"()"内为逻辑假时（等于 0，表明最高位是 0），给 max7219_din 写入 0，在 clk 的上升沿将数据写入寄存器，然后把 comm 中的数据左移一位，为写入下一位数据做准备。最后将 LOAD 拉高，完成整个写入过程。

2. MAX7219 的初始化

在使用 MAX7219 前，应对其进行初始化，设置 MAX7219 的译码方式、扫描范围等寄存器参数。

例 10-6 MAX7219 的初始化程序。

```
    void init_7219(void){
    unsigned char i;
    write7219_data(0x0f,0x00);        //MAX7219 在工作模式,非显示测试模式
    write7219_data(0x0b,0x07);        //数码管扫描范围,digit 0 ~ digit 7
    write7219_data(0x0c,0x01);        //开 LED 显示
    write7219_data(0x0a,0x08);        //LED 显示亮度设置
    write7219_data(0x09,0xff);        //译码工作方式
    }
```

3. 数据显示

假设待显示的数据为 4 位十进制数，包含一位小数，为避免浮点数，将该数乘以 10 后在子程序 display7219(bit neg,unsigned int dis_dat)中进行显示，当位变量 neg 等于 1，代表 dis_dat 为负值，相反，当位变量 neg 等于 0，代表 dis_dat 为正值，dis_dat 为绝对值，是显示数据的 10 倍。

使用 LED 数码管的 digit 0 ~ digit 3 位码显示 dis_dat 的 4 位十进制数码，digit 1 位码一定有小数点。

当 neg 等于 0，则 LED 的 digit 3 位码显示"-"，否则显示 dis_dat 的最高位。显然数据

的范围是 -99.9~999.9。

例 10-7　编程使用 MAX7219 驱动显示 4 位十进制数。

```
void display7219(bit neg,unsigned int dis_dat){
    unsigned char dis_b;
        if(neg==1){                          //查看显示数据的正负标记
            write_data(0x04,0x0a);           //为负时,Digit3 显示负号
        }else{
            dis_b = dis_dat/1000;            //取数据的"千"位
            dis_dat = dis_dat%1000;          //求余,千位后的 3 位数据
            write_data(0x04,dis_dat);        //为正时,显示 dat[3]中的数据
        }
        dis_b = dis_dat/100;                 //取数据的"百"位
        dis_dat = dis_dat%100;               //求余,百位后的 2 位数据
        write_data(0x03,dis_b);              //向 Digit2 中写入数据
        dis_b = dis_dat/10;                  //取数据的"十"位
        dis_b = dis_b | 0x80;                // Digit1 中包含小数点
        write_data(0x02,dis_b);              //向 Digit1 中写入数据
        dis_b = dis_dat%10;                  //求余,结果是 1 位十进制数
        write_data(0x01,dis_b);              //向 Digit0 中写入数据
}
```

10.2.7　温度的采集处理与显示程序

以上介绍了 DS18B20 的原理,以及单片机从 DS18B20 读取温度的编程方法;还介绍了 LED 显示器驱动芯片 MAX7219 的原理与使用方法。本节综合以前的内容,介绍在 LED 上显示温度的完整程序。

在编写完整程序前,还需要解决一个问题:在例 10-4 中采集得到的温度"码":lowbyte 和 highbyte,还需要做必要的处理才能用 display7219() 函数进行显示。

lowbyte 和 highbyte 中包含了测量温度的信息,存放格式见表 10-3。需编写数据处理程序从 lowbyte 和 highbyte 的二进制数据中求得温度的十进制表达,保留一位小数。处理的过程分为处理符号位,处理小数位,处理整数位。

为方便后面处理,温度值采用绝对数值加符号位的表示方法,用整型数据变量存放温度的绝对值的十倍。用位变量存放温度的符号,区分正/负温度。

1. 处理符号位

因为 hightbyte 变量中存储了 DS18B20 byte1 中的数据。因此只要判断 hightbyte 高四位的数据即可得知符号位。若高四位全为 1,则判定符号为负,在全局位变量 neg_mark 中标记 1,并且由于 lowbyte,hightbyte 中的数据为其补码,将其转换为绝对温度值的形式。若高四位全为 0,则判定符号为正,在全局位变量 neg_mark 中标记 0。

```
    if((highbyte&0xF0)==0xF0){          //判断符号位
        neg_mark = 1;                   //标记为负数
```

```
                highbyte = ~ highbyte + 1;      //若是负数则取原码
                lowbyte = ~ lowbyte + 1;
        } else {
                neg_mark = 0;
        }
```

2. 处理小数部分

lowbyte 变量中存储了 DS18B20 的 byte 0 中的数据，低 4 位表示温度值的小数部分。用 12 bit 转换时，DS18B20 的分辨率是 0.0625℃。所以 lowbyte 最低位为 1 时即表示 0.0625℃，次低位表示 0.125℃。

考虑到 DS18B20 的精度为 0.5℃，决定仅显示一位小数。用加权的方法可求取温度值的小数部分，然后用四舍五入的方法保留一位小数。

lowbyte 中每一位的权见表 10-3，小数部分 bit 0 ~ bit 3 的权分别为 2^{-4}、2^{-3}、2^{-2}、2^{-1}，即分别为：0.0625℃、0.125℃、0.25℃、0.5℃，使用一种简单的整数计算方法从 lowbyte 中求取小数点后的第 1 位。先定义一个 unsigned char 的变量 temfrac。如果 lowbyte 中 bit 0 为 1，temfrac 赋值 6；bit 1 为 1，temfrac 加 13；bit 2 为 1，temfrac 加 25；bit 3 为 1，temfrac 加 50；最后得到不大于 94 的 temfrac 值，取 temfrac 十进制的高位（十位），对低位（个位）四舍五入，即得到了比保留 1 位小数的温度值大 10 倍的整数值。

```
        if(lowbyte&0x01! = 0) temfrac = 6;      //bit 0 的权为 0.06℃
        lowbyte = lowbyte >> 1;                 //右移 1 位,为判断 bit 1 做准备
        if(lowbyte&0x01! = 0) temfrac += 13;    //bit 1 的权为 0.13℃
        lowbyte = lowbyte >> 1;
        if(lowbyte&0x01! = 0) temfrac += 25;    //bit 2 的权为 0.25℃
        lowbyte = lowbyte >> 1;
        if(lowbyte&0x01! = 1) temfrac += 50;    //bit 3 的权为 0.50℃
        temfrac += 5;                           //对小数部分四舍五入
        temfrac = temfrac/10;                   //只保留一位小数
```

3. 处理整数部分

整数部分可不做变换直接使用。因为整个程序均不考虑小数运算，一律扩大十倍成为整数，因此温度的整数部分扩大十倍后和小数部分相加得到处理后的最终值。

```
        highbyte = highbyte <<4;                //左移四位,去除 4 个符号位
        tem = highbyte | (lowbyte >>4);         //hightbyte 的低 4 位与 lowbyte 的高 4 位拼
                                                //装成温度值的整数部分
        tem = tem * 10;
        tem = tem + temfrac;                    //小数点后第 1 位和整数位合并,整体扩大 10 倍
        return(tem);                            //返回扩大 10 倍后的温度值
```

4. 完整程序清单

```
        /* ex10 -8.c 温度采集与显示
                电路原理图:ch10.dsn;
                keil c compiler V7.50
```

```c
*/
#include <reg51.h>
unsigned int tem;                           //定义温度存储变量
bit neg_mark;                               //温度正/负号标记
// ======= MAX7219 引脚定义 ===========
sbit max7219_load = P1^4;                   //定义 P1.3 为 LOAD 线
sbit max7219_din = P1^5;                    //定义 P1.3 为 DIN 线
sbit max7219_clk = P1^6;                    //定义 P1.3 为 CLK 线
// ======== DS18B20 引脚定义 =============
sbit DQ18B20 = P1^7;
// ======== 延时 1 =====================
void delay(unsigned char i){
unsigned char j;
while(i--)j++;
}
// =========== 向 MAX7219 中写入数据 =============
void write7219_data(unsigned char comm,unsigned char dat){
unsigned char i,j;
#define high_V 1;                           // 以 high_V 代表高电平
#define low_V 0;                            // 以 low_V 代表低电平
    max7219_load = high_V;                  //将 load 置高
    max7219_clk = low_V;                    //将 clk 置低
    max7219_load = low_V;                   //将 load 置低,开始新数据的传输
    for(i=0;i<2;i++){
        if(i==1)comm = dat;
        for(j=0;j<8;j++){
            delay(5);
            max7219_clk = low_V;
            if(comm&0x80){
                max7219_din = high_V;
            }else{
                max7219_din = low_V;
            }
            delay(5);
            max7219_clk = high_V;
            delay(5);
            comm = comm<<1;
        }
    }
    max7219_load = high_V;
}
// ============ 初始化 MAX7219 ================
void init_7219(void){
```

```c
        write7219_data(0x0f,0x00);            //MAX7219 在工作模式,非显示测试模式
        write7219_data(0x0b,0x07);            //数码管扫描范围,digit 0 ~ digit 7
        write7219_data(0x0c,0x01);            //开 LED 显示
        write7219_data(0x0a,0x08);            //LED 显示亮度设置
        write7219_data(0x09,0xff);            //译码工作方式
}

// ==========用 LED 数码管显示温度子程序 ==========
void display7219(bit neg,unsigned int dis_dat){
    unsigned char dis_b;
    if(neg ==1){                              //查看显示数据的正负标记
        write7219_data(0x04,0x0a);            //为负时,Digit3 显示负号
    } else{
        dis_b = dis_dat/1000;                 //取数据的"千"位
        dis_dat = dis_dat%1000;               //求余,千位后的 3 位数据
        write7219_data(0x04,dis_b);           //为正时,显示千位的数据
    }
    dis_b = dis_dat/100;                      //取数据的"百"位
    dis_dat = dis_dat%100;                    //求余,百位后的 2 位数据
    write7219_data(0x03,dis_b);               //向 Digit2 中写入数据
    dis_b = dis_dat/10;                       //取数据的"十"位
    dis_b = dis_b | 0x80;                     // Digit1 中包含小数点
    write7219_data(0x02,dis_b);               //向 Digit1 中写入数据
    dis_b = dis_dat%10;                       //求余,结果是 1 位十进制数
    write7219_data(0x01,dis_b);               //向 Digit0 中写入数据
}
// ===============初始化 DS18B20 ==================
void Init18B20(){                             //18B20 初始化
unsigned char i =0;
    EA =0;                                    //关中断
    DQ18B20 =1;                               //保证处于高的状态
    delay(1);                                 //延时
    DQ18B20 =0;                               //单片机将 DQ 拉低
    delay (49);                               //延时,大于 480μs
    DQ18B20 =1;                               //拉高总线
    i =0;                                     //延时
    while(DQ18B20 ==1);                       //等待,直到 18B20 有响应
    EA =1;                                    //开中断
}
// ================ 向 DS18B20 写数据 ================
void write_18B20(unsigned char dat){
    char i,j;
    EA =0;                                    //关中断
```

```c
        DQ18B20 = 1;                    //保证 DQ 处于高电平
        delay(1);
        for(i=0;i<8;i++){
            DQ18B20 = 0;                //拉低总线
            j = 0;                      //延时
            if(dat%2 == 1){             //传送命令
                DQ18B20 = 1;
            }
            dat = (dat>>1);             //准备下一次传送
            delay(22);                  //延时 200 μs 以上
            DQ18B20 = 1;                //保证 DQ 处于高电平
            delay(1);                   //延时
        }
        EA = 0;                         //开中断
}
// ================= 读 DS18B20 数据 =================
unsigned char read_18B20(void){
    unsigned char i,j;
    unsigned char dat;
        EA = 0;
        dat = 0x00;
        for (i=0;i<8;i++){
            DQ18B20 = 1;
            delay(1);                   //延时
            dat = (dat>>1);             //存入 0
            DQ18B20 = 0;                //拉低总线
            j = 0;                      //延时 1 μs 以上
            DQ18B20 = 1;                //释放总线
            j++;                        //延时
            if(DQ18B20 == 1)dat = dat|0x80;  //存入 1
            delay(1);                   //延时 50 μs
            DQ18B20 = 1;                //本次传送结束
        }
        return(dat);                    //返回数据
}
// ================= 读取 DS18B20 温度传给单片机 ===============
unsigned int read_temperature(void){
    unsigned char lowbyte;
    unsigned char highbyte;
    unsigned char temfrac;
        EA = 0;                         //关中断
        lowbyte = 0x00;
        highbyte = 0x00;
```

```c
    Init18B20();                              //复位18B20
    write_18B20(0xCC);                        //执行skip命令,直接进入功能命令
    write_18B20(0x44);                        //温度转换
    while(DQ18B20==0);                        //等待18B20转换
    Init18B20();                              //复位
    write_18B20(0xCC);                        //执行skip命令,直接进入功能命令
    write_18B20(0xBE);                        //读取温度寄存器
    lowbyte = read_18B20();                   //读温度低位
    highbyte = read_18B20();                  //读温度高位

    if((highbyte&0xF0)==0xF0){                //判断符号位
        neg_mark = 1;                         //标记为负数
        highbyte = ~highbyte + 1;             //若是负数则取原码
    lowbyte = ~lowbyte + 1;
    }else{
        neg_mark = 0;
    }
    if(lowbyte&0x01!=0) temfrac = 6;          //bit 0 的权为0.06℃
    lowbyte = lowbyte >> 1;                   //右移1位,为判断bit 1做准备
    if(lowbyte&0x01!=0) temfrac += 13;        //bit 1 的权为0.13℃
    lowbyte = lowbyte >> 1;
    if(lowbyte&0x01!=0) temfrac += 25;        //bit 2 的权为0.25℃
    lowbyte = lowbyte >> 1;
    if(lowbyte&0x01!=1) temfrac += 50;        //bit 3 的权为0.50℃
    temfrac += 5;                             //对小数部分四舍五入
    temfrac = temfrac/10;                     //只保留一位小数

    highbyte = highbyte << 4;                 //左移四位,去除4个符号位
    tem = highbyte | (lowbyte >> 4);          // hightbyte的低4位与lowbyte的高4位拼
                                              //装成温度值的整数部分

    tem = tem * 10;
    tem = tem + temfrac;                      //小数点后第1位和整数位合并,整体扩大十倍
    return(tem);                              //返回扩大十倍后的温度值
}

// ================= 主程序 =======================
void main(void){
    unsigned int wendu;                       //定义温度变量
    init_7219();                              //初始化MAX7219
    EA = 0;
    while(1){//主循环
        wendu = read_temperature();           //读温度
        display7219(neg_mark,wendu);          //显示温度
```

```
        delay(500);
    }
}
```

习题 10

如果只需要采集和显示温度的整数部分,使用 3 个 LED 数码显示器,请编写相应的完整程序。

附　录

附录A　MCS-51指令简表

助　记　符	操作码	功　能　说　明	对标志位的影响 P	OV	AC	CY	字节	振荡周期
ACALL addrll	*1	绝对子程序调用	×	×	×	×	2	24
ADD A,Rn	28~2F	寄存器和A相加	√	√	√	√	1	12
ADD A,direct	25	直接字节和A相加	√	√	√	√	2	12
ADD A,@Ri	26,27	间接RAM和A相加	√	√	√	√	1	12
ADD A,#data	24	立即数和A相加	√	√	√	√	2	12
ADDC A,Rn	38~3F	寄存器、进位位和A相加	√	√	√	√	1	12
ADDC A,dircet	35	直接字节、进位位和A相加	√	√	√	√	2	12
ADDC A,@Ri	36,37	间接RAM、进位位和A相加	√	√	√	√	1	12
ADDC A,dircet	34	立即数、进位位和A相加	√	√	√	√	2	12
AJMP addrll	*1	绝对转移	×	×	×	×	2	24
ANL A,Rn	58~5F	寄存器和A相"与"	√	×	×	×	1	12
ANL A,direct	55	直接字节和A相"与"	√	×	×	×	2	12
ANL A,@Ri	56,57	间接RAM和A相"与"	√	×	×	×	1	12
ANL A,#data	54	立即数和A相"与"	√	×	×	×	2	12
ANL direct,A	52	A和直接字节相"与"	×	×	×	×	2	12
ANL direct,#data	53	立即数和直接字节相"与"	×	×	×	×	3	24
ANL C,bit	82	直接位和进位相"与"	×	×	×	√	2	24
ANL C,/bit	B0	直接位的反和进位相"与"	×	×	×	√	2	24
CJNE A,dircet,rel	B5	直接字节与A比较，不相等则相对转移	×	×	×	√	3	24
CJNE A,#data,rel	B4	立即数与A比较，不相等则相对转移	×	×	×	√	3	24
CJNE Rn,#data,rel	B8~BF	立即数与寄存器相比较，不相等则相对转移	×	×	×	√	3	24
CJNE @R,#data,rel	B6,B7	立即数与间接RAM相比较，不相等则相对转移	×	×	×	√	3	24

(续)

助 记 符	操作码	功能说明	P	OV	AC	CY	字节	振荡周期
CLR A	E4	A 清零	√	×	×	×	1	12
CLR bit	C2	直接位清零	×	×	×	×	2	12
CLR C	C3	进位清零	×	×	×	√	1	12
CPL A	F4	A 取反	×	×	×	×	1	12
CPL bit	B2	直接位取反	×	×	×	×	2	12
CPL C	B3	进位取反	×	×	×	√	1	12
DA A	D4	A 的十进制加法调整	√	×	√	√	1	12
DEC A	14	A 减 1	√	×	×	×	1	12
DEC Rn	18 ~ 1F	寄存器减 1	×	×	×	×	1	12
DEC direct	15	直接字节减 1	×	×	×	×	2	12
DEC @Ri	16, 17	间接 RAM 减 1	×	×	×	×	1	12
DIV AB	84	A 除以 B	√	√	×	√	1	48
DJNZ Rn,rel	DB ~ DF	寄存器减 1，不为零则相对转移	×	×	×	×	3	24
DJNZ direct,rel	D5	直接字节减 1，不为零则相对转移	×	×	×	×	3	24
INC A	04	A 加 1	√	×	×	×	1	12
INC Rn	08 ~ 0F	寄存器加 1	×	×	×	×	1	12
INC direct	05	直接字节加 1	×	×	×	×	2	12
INC @Ri	06, 07	间接 RAM 加 1	×	×	×	×	1	12
INC DPTR	A3	数据指针加 1	×	×	×	×	1	24
JB bit,rel	20	直接位为 1，则相对转移	×	×	×	×	3	24
JBC bit,rel	10	直接位为 1，则相对转移，然后该位清 0	×	×	×	×	3	24
JC rel	40	进位为 1，则相对转移	×	×	×	×	2	24
JMP @A+DPTR	73	转移到 A + DPTR 所指的地址	×	×	×	×	1	24
JNB bit,rel	30	直接位为 0，则相对转移	×	×	×	×	3	24
JNC rel	50	进位为 0，则相对转移	×	×	×	×	2	24
JNZ rel	70	A 不为零，则相对转移	×	×	×	×	2	24
JZ rel	60	A 为零，则相对转移	×	×	×	×	2	24
LCALL addr16	12	长子程序调用	×	×	×	×	3	24
LJMP addr16	02	长转移	×	×	×	×	3	24
MOV A,Rn	E8 ~ EF	寄存器送 A	√	×	×	×	1	12
MOV A,direct	E5	直接字节送 A	√	×	×	×	2	12

(续)

助 记 符	操作码	功能说明	对标志位的影响				字节	振荡周期
			P	OV	AC	CY		
MOV A,@Ri	E6, E7	间接 RAM 送 A	√	×	×	×	1	12
MOV A,#data	74	立即数送 A	√	×	×	×	2	12
MOV Rn,A	F8~FF	A 送寄存器	×	×	×	×	1	12
MOV Rn,direct	A8~AF	直接字节送寄存器	×	×	×	×	2	24
MOV Rn,#data	78~7F	立即数送寄存器	×	×	×	×	2	12
MOV direct,A	F5	A 送直接字节	×	×	×	×	2	12
MOV direct,Rn	88~8F	寄存器送直接字节	×	×	×	×	2	24
MOV direct,direct	85	直接字节送直接字节	×	×	×	×	3	24
MOV direct,@Ri	86, 87	间接 RAM 送直接字节	×	×	×	×	2	24
MOV direct,#data	75	立即数送直接字节	×	×	×	×	3	24
MOV @Ri,A	F6, F7	A 送间接 RAM	×	×	×	×	1	12
MOV @Ri,direct	A6, A7	直接字节送间接 RAM	×	×	×	×	2	24
MOV @Ri,#data	76, 77	立即数送间接 RAM	×	×	×	×	2	12
MOV C,bit	A2	直接位送进位	×	×	×	√	2	12
MOV bit,C	92	进位送直接位	×	×	×	×	2	24
MOV DPTR,#data16	90	16 位常数送数据指针	×	×	×	×	3	24
MOVC A,@A+DPTR	93	由 A+DPTR 寻址的 ROM 字节送 A	√	×	×	×	1	24
MOVC A,@A+PC	83	由 A+PC 寻址的 ROM 字节送 A	√	×	×	×	1	24
MOVX A,@Ri	E2, E3	外部 RAM（8 位地址）送 A	√	×	×	×	1	24
MOVX A,@DPTR	E0	外部 RAM（16 位地址）送 A	√	×	×	×	1	24
MOVX @Ri,A	F2, F3	A 送外部 RAM（8 位地址）	×	×	×	×	1	24
MOVX @DPTR,A	F0	A 送外部 RAM（16 位地址）	×	×	×	×	1	24
MUL AB	A4	A 乘以 B	√	√	×	√	1	48
NOP	00	空操作	×	×	×	×	1	12
ORL A,Rn	48~4F	寄存器和 A 相"或"	√	×	×	×	1	12
ORL A,direct	45	直接字节和 A 相"或"	√	×	×	×	2	12
ORL A,@Ri	46, 47	间接 RAM 和 A 相"或"	√	×	×	×	1	12
ORL A,#data	44	立即数和 A 相"或"	√	×	×	×	2	12
ORL direct,A	42	A 和直接字节相"或"	×	×	×	×	2	12
ORL dircect,#data	43	立即数和直接字节相"或"	×	×	×	×	3	24
ORL C,bit	72	直接位和进位相"或"	×	×	×	√	2	24

(续)

助 记 符	操作码	功 能 说 明	对标志位的影响				字节	振荡周期
			P	OV	AC	CY		
ORL C,/bit	A0	直接位的反和进位相"或"	×	×	×	√	2	24
POP direct	D0	直接字节退栈，SP 减 1	×	×	×	×	2	24
PUSH direct	C0	SP 加 1，直接字节进栈	×	×	×	×	2	24
RET	22	子程序调用返回	×	×	×	×	1	24
RETI	32	中断返回	×	×	×	×	1	24
RL A	23	A 左环移	×	×	×	×	1	12
RLC A	33	A 带进位左环移	√	×	×	√	1	12
RR A	03	A 右环移	×	×	×	×	1	12
RRC A	13	A 带进位右环移	√	×	×	√	1	12
SETB bit	D2	直接位置位	×	×	×	×	2	12
SETB C	D3	进位位置位	×	×	×	√	1	12
SJMP rel	80	短转移	×	×	×	×	2	24
SUBB A,Rn	98~F	A 减去寄存器及进位位	√	√	√	√	1	12
SUBB A,direct	95	A 减去直接字节及进位位	√	√	√	√	2	12
SUBB A,@Ri	96，97	A 减去间接 RAM 及进位位	√	√	√	√	1	12
SUBB A,#data	94	A 减去立即数及进位位	√	√	√	√	2	12
SWAP A	C4	A 的高半字节和低半字节交换	×	×	×	×	1	12
XCH A,Rn	C8~CF	A 和寄存器交换	√	×	×	×	1	12
XCH A,direct	C5	A 和直接字节交换	√	×	×	×	2	12
XCH A,@Ri	C6，C7	A 和间接 RAM 交换	√	×	×	×	1	12
XCHD A,@Ri	D6，D7	A 和间接 RAM 的低四位交换	√	×	×	×	1	12
XRL A,Rn	68~6F	寄存器和 A 相"异或"	√	×	×	×	1	12
XRL A,direct	65	直接字节和 A 相"异或"	√	×	×	×	2	12
XRL A,@Ri	66，67	间接 RAM 和 A 相"异或"	√	×	×	×	1	12
XRL A,#data	64	立即数和 A 相"异或"	√	×	×	×	2	12
XRL direct,A	62	A 和直接字节相"异或"	×	×	×	×	2	12
XRL direct,#data	63	立即数和直接字节相"异或"	×	×	×	×	3	24

附录 B 温度测量与显示系统原理图

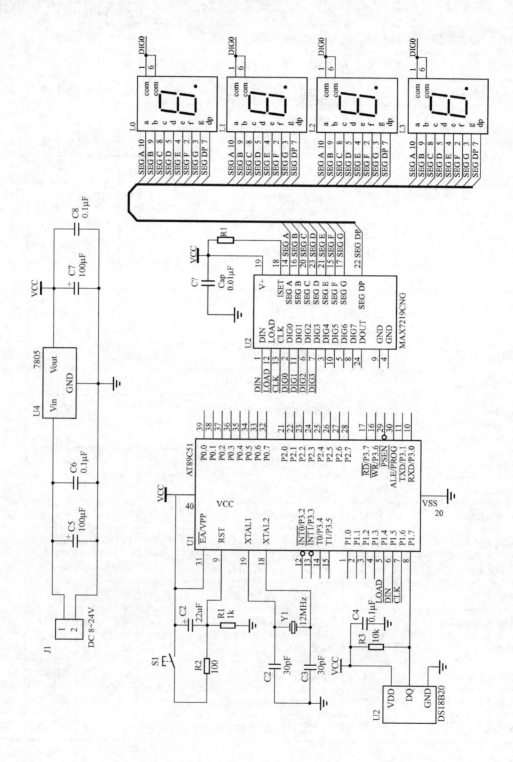

附录 C Keil C51 简介

Keil C51 是美国 Keil Software 公司出品的 51 系列兼容单片机 C 语言软件开发系统，提供了丰富的库函数和功能强大的集成开发调试工具，全 Windows 界面。Keil C51 编译后生成的目标代码效率非常高，多数语句生成的汇编代码很紧凑，容易理解。

同时，Keil C51 支持 C 语言与汇编语言混合编译，在开发大型软件时更能体现高级语言和汇编语言的各自优势。

- uVision2 集成开发环境

uVision2 集成开发环境（IDE）是一个基于 Windows 的 C51 开发平台，支持所有的 KEIL 8051 工具，内部包括 C 编译器、宏汇编器、链接/定位器、目标代码到 HEX 的转换器。

uVision2 可以完成编辑、编译、链接、调试、仿真等整个开发流程。开发人员可用 IDE 本身或其他编辑器编辑 C 或汇编源文件。然后分别由 C51 及 A51 编译器编译生成目标文件（.OBJ）。目标文件可由 LIB51 创建生成库文件，也可以与库文件一起经 L51 链接定位生成绝对目标文件（.ABS）。ABS 文件由 OH51 转换成标准的 Hex 文件，以供调试器 dScope51 或 tScope51 使用，进行源代码级调试，也可由仿真器使用直接对目标板进行调试，还可以直接写入程序存储器，如 EPROM 中。

图 C-1 可以很好地表述此开发流程。

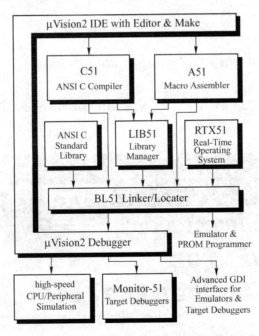

图 C-1 一个完整的 8051 工具集框图

- uVision2 集成开发环境的使用。

uVision2 是一个标准 Windows 应用程序，直接点击程序图标就可以启动它，界面如图 C-2 所示。uVision2 允许同时浏览多个源文件。

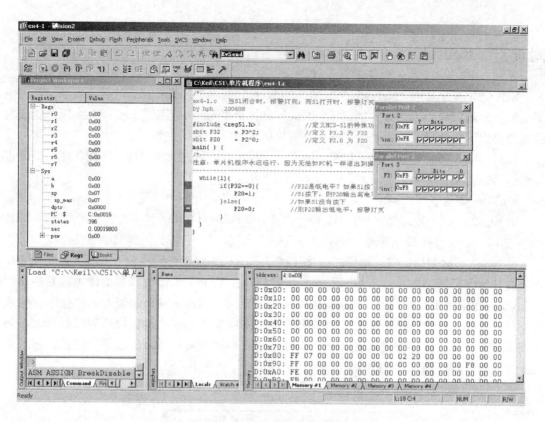

图 C-2 uVision2 程序界面

下面以本书 4-1 程序为例，说明如何使用 uVision2 集成开发环境。

1. 运行 uVision2

点击程序图标 启动 uVision2，将显示 IDE for Microcontroller 主窗口，如图 C-3 所示。

图 C-3 IDE for Microcontroller 主窗口

2. 创建新项目

要新建一个项目文件，从 uVision2 的 Project 菜单中选择 New Project…，如图 C-4

所示。

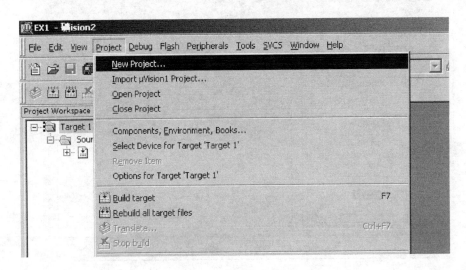

图 C-4　创建新项目

在打开的标准 Windows 对话框中输入新项目的文件名，创建项目时最好为每个项目建一个单独的文件夹（可以在弹出的对话框中单击新建文件夹的图标来得到一个空的文件夹），然后选择该文件夹并键入项目的名称，如创建"单片机程序"的文件夹，键入项目文件名为 ex4 – 1。uVision2 将创建一个名为 ex4 – 1. uv2 的新项目文件，如图 C-5 所示。新的项目文件包含了一个以默认的文件名命名的目标和文件组。

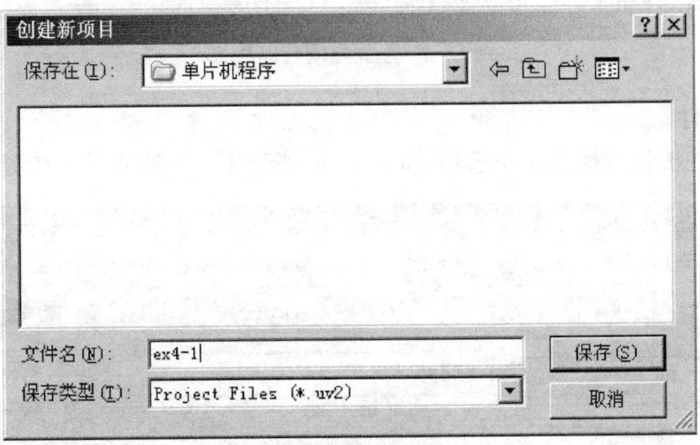

图 C-5　创建新项目对话框

创建新项目后会自动弹出"选择器件对话框"，Keil C51 几乎支持所有的 51 核的单片机。在此选择 Atmel 公司的 AT89C51 芯片，如图 C-6 所示。

该选择就为 AT89C51 器件设置了工具选项，这种方式简化了工具的配置。器件对话框中 Description 是对所选择器件的基本说明。然后单击"确定"按钮。

在弹出的选择项中选择是否将启动文件 STARTUP. A51 复制到项目文件夹中。

253

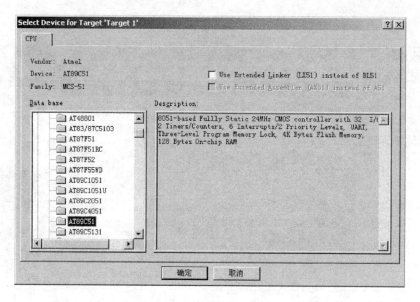

图 C-6 选择器件对话框

图 C-7 添加启动代码选择

3. 新建源文件

点击新建文件按钮或执行菜单选项 File – New 来新建一个源文件，如图 C-8 所示。

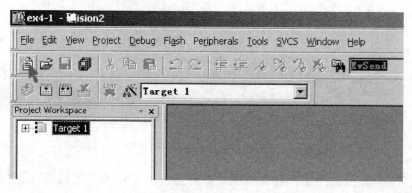

图 C-8 新建源文件

这将打开一个空的编辑窗口输入程序源代码，如图 C-9 所示。

输入程序源代码后，将此文件另存为 ex4 – 1.c，如图 C-10 所示。后缀为 *.c 的文件说明源代码采用 C51 语言编写。

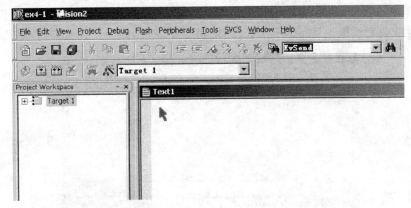

图 C-9 输入程序源代码

图 C-10 保存 C 语言源文件

说明：如果使用汇编语言，则将源文件后缀改为 asm，其余步骤不变。

保存后的源代码，uVision2 将高亮显示 C 语言语法字符。然后将源文件添加到项目中，右击 Project 窗口 - Files 页中的文件组来弹出快捷菜单，如图 C-11 所示。

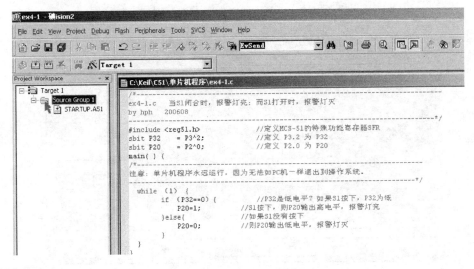

图 C-11 保存 C 语言源文件

使用菜单中的 Add Files to Group…按钮把文件 ex4 – 1.c 添加到项目中。Add Files 选项打开一个标准的文件对话框,从对话框中选择刚刚生成的文件 ex4 – 1.c,如图 C-12 所示。

图 C-12　添加源文件到项目组

4. 为目标设置工具选项

uVision2 允许为目标硬件设置选项。Options for Target 对话框可以通过工具条图标打开,如图 C-13 所示。

图 C-13　Options for Target 工具条图标

在目标的各个页中,可以定义和目标硬件及所选器件的片上元件相关的所有参数。图 C-14 显示了本例的设置。

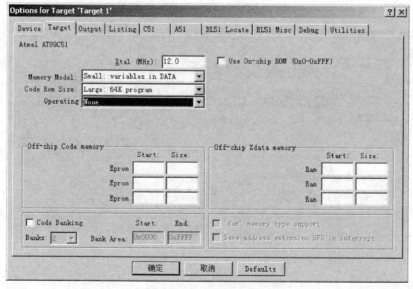

图 C-14　设置目标硬件选项

表 C-1 描述了目标对话框的一些选项：

表 C-1　Options for Target 对话框相关条目描述

对话框条目	描　述
Xtal	定义 CPU 时钟，大多数应用和实际的 XTAL 频率相同
Memory Model	定义编译器的存储模式。对于一个新的应用，默认的是 SMALL 模式。具体选择参照本书 4.3.3 存储模式的介绍
Allocate On-chip Use multiple DPTR registers	定义在启动代码中使能的片上元器件的使用。如果使用片上 xdata RAM，应该在文件 STAR-TUP. A51 中使能 XRAM 的访问
Off-chip Memory	在此定义目标硬件上所有的外部存储器区域
Code Banking Xdata Banking	为代码和数据的分段（Banking）定义参数

在此对话框中还可以对单片机目标文件进行设置。通常输出为 HEX 文件，该文件可以通过烧录器烧录到目标硬件的程序存储器中。图 C-15 显示了本例的设置：

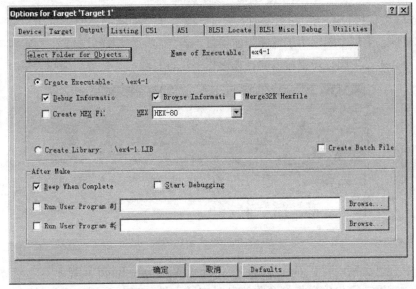

图 C-15　设置输出文件选项

Debug 选项对 uVision2 的调试器进行设置，如图 C-16。

其中各项参数说明如下：

Use Simulator：选择 uVision2 软件仿真器作为调试引擎。

Use Keil Monitor-51 Driver：使用 uVision2 内嵌的具有图形用户接口的目标系统调试模块，调试用户的硬件电路。

Settings：打开所选择的仿真器或 Monitor-51 调试器的设置对话框。

Restore Debug Session Settings：重新启动调试器时，将保持上一次调试所进行的断点、工具栏、内存和观察点等设置不变。

5. Build 项目并生成 HEX 文件

通常情况下，在 Options-Target 对话框中的设置已经足够开始一个新的应用。通过单击工

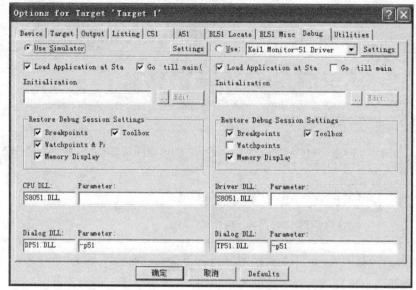

图 C-16 设置 Debug 选项

具条上的 Build 图标进行编译，如图 C-17 所示。框中 3 个图标都是编译按钮，第一个图标用于编译单个文件。第二个图标用于编译当前项目，若先前一次编译后源文件内容没有改动，则不会重新编译。第三个图标是重新编译，无论程序是否有改动都会重新编译链接。

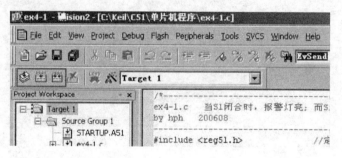

图 C-17 编译项目图标

当应用中有语法错误时，uVision2 将在 Output Window – Build 页显示这些错误和告警信息。双击一个错误或警告信息将打开此信息对应的文件并定位到语法错误处。如果显示"0 Error(s)"表示编译通过。一旦语法检查通过，则成功地生成了该项目的应用，如图 C-18 所示。

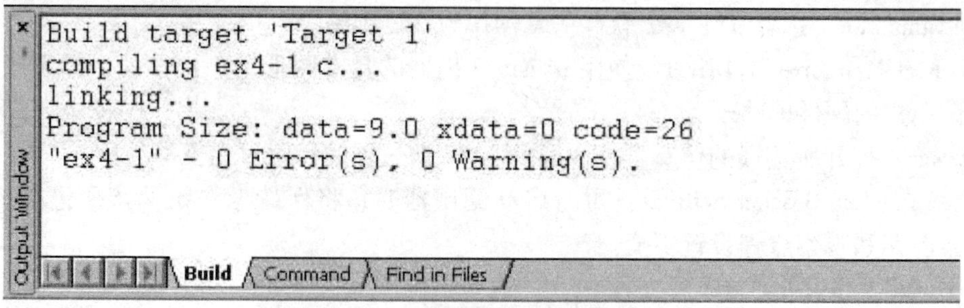

图 C-18 输出窗口显示编译通过

编译通过一段程序或一个工程后,并不意味着程序已经可以正常工作了。为了排除程序中的 bug,可以利用 uVision2 的调试工具找到问题并进一步完善程序。

6. 调试程序

从 uVision2 的 Debug 菜单中选择 Start/Stop Debug Session 或单击对应的工具按钮,如图 C-19 所示。这个选项可以打开调试器也可以关闭调试器。

图 C-19　调试器工具按钮

进入调试界面后,为了检测单片机的运行状况,可以根据程序需要打开如下子窗口。

(1) 左侧的 Project Workspace

调试界面中的 Register 选项,如图 C-20 所示。

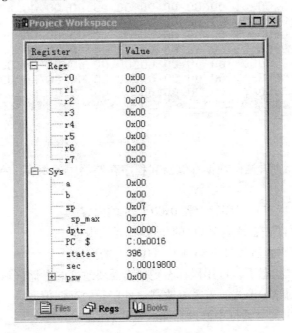

图 C-20　Register 选项卡

Regs 是片内工作寄存器区 r0 ~ r7 的值。

Sys 是系统的一些累加器、计数器等。

a——累加器 ACC,往往在运算前暂存一个操作数(如被加数),而运算后又保存其结果(如代数和)。

b——寄存器 B,主要用于乘法和除法操作。

sp——堆栈指针。

dptr——数据指针 DPTR。

PC $——程序计数器。

259

states——执行指令的数量。

sec——执行指令的时间累计。

psw——程序状态标志寄存器 PSW，8 位寄存器，用来存放运算结果的一些特征，如有无进位、借位等。

根据指令执行的不同，上述值会有相应的变化，也正是为了监测这些在单片机中看不到的值而达到调试的目的。

（2）存储器窗口

从 uVision2 的 View 菜单中选择 Memory Windows 选项，打开 Memory 对话框，如图 C-21 所示。

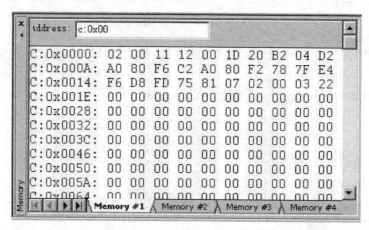

图 C-21 存储器窗口

通过该对话框可以查看当前数据存储器和程序存储器中的内容，在 Address 文本框中输入合适的表达式即可。

输入 c：0x00，可以查看程序存储器 0x00 单元的内容。

输入 d：0x00，可以查看片内 RAM 的 0x00 单元的内容。

输入 x：0x00，可以查看片外 RAM 的 0x00 单元的内容。

在程序运行或调试状态下，可用鼠标右键单击需要改变的存储区域，在弹出的快捷菜单中设置存储单元内容的显示形式。若需修改某地址单元的存储值时，可选择"Modify Memory at …"命令，在弹出的对话框中修改存储区域的数值。

（3）变量窗口

从 View 菜单中选择 Watch & Stack Windows 选项，打开 Watches 对话框，如图 C-22 所示。

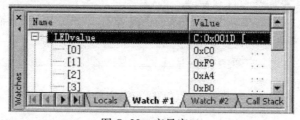

图 C-22 变量窗口

在这个对话框中可以查看局部变量（Locals）、全局变量（Watch#1、Watch#2）以及程序调用堆栈（Call Stack）等。

（4）外设窗口

Keil 调试模式下的外设窗口可以从 Peripherals 菜单中选择对应选项，如图 C-23 所示。

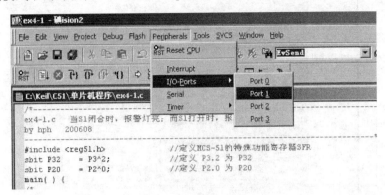

图 C-23　Peripherals 菜单

在 Peripherals 下拉菜单中可依次打开 Interrupt System 对话框、I/O‐Ports 对话框、Serial 对话框、Timer 对话框。如 I/O‐Ports 选项中 Port0，Port1，Port2，Port3 就分别对应于单片机的 P0，P1，P2，P3 口，共 32 个引脚。打开外设窗口，如图 C-24 所示。

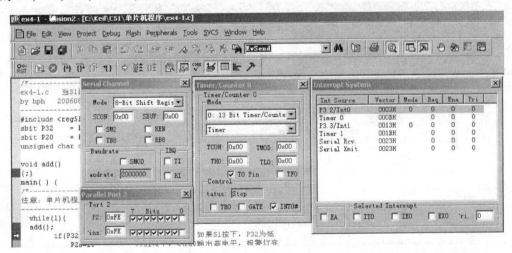

图 C-24　外设窗口

（5）其他窗口

在 View 下拉菜单中可打开其他观察窗口。如图 C-25 所示。

选择 Disassembly Windows 选项后，打开 C51 反汇编窗口如图 C-26 所示。可查看 C51 程序编译后生成的汇编程序，由此可以理解单片机硬件具体的执行过程，并对 C51 程序编程的效率进行了解。

除此之外，还有 Code Coverage Windows（代码报告窗口）、Serial Window #1（串口1观察窗口）等。在此不作赘述。

261

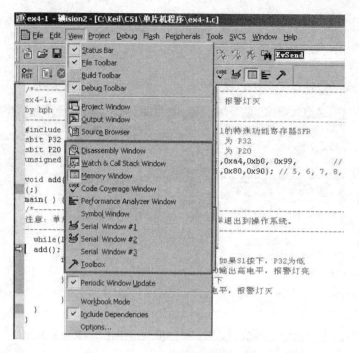

图 C-25 View 菜单

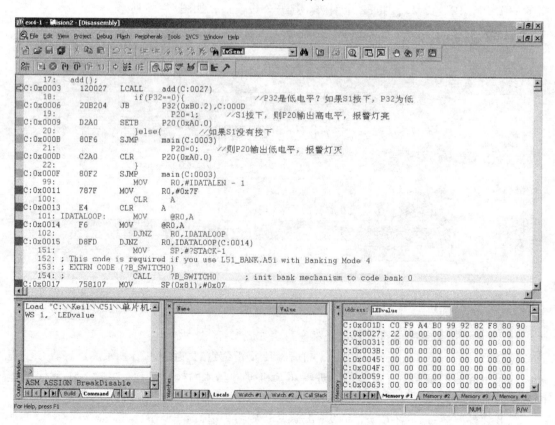

图 C-26 C51 反汇编窗口